高等学校摄影测量与遥感系列教材

航空与航天摄影技术

韩　玲　李　斌　顾俊凯　杨淑静　编著

武汉大学出版社

图书在版编目(CIP)数据

航空与航天摄影技术/韩玲,李斌,顾俊凯,杨淑静编著.—武汉:武汉大学出版社,2008.11(2023.6重印)
高等学校摄影测量与遥感系列教材
ISBN 978-7-307-06613-7

Ⅰ.航… Ⅱ.①韩… ②李… ③顾… ④杨… Ⅲ.①航空摄影—高等学校—教材 ②航天摄影—高等学校—教材 Ⅳ.P231

中国版本图书馆 CIP 数据核字(2008)第 164322 号

责任编辑:王金龙　　责任校对:黄添生　　版式设计:支　笛

出版发行:**武汉大学出版社**　　(430072　武昌　珞珈山)
（电子邮箱:cbs22@whu.edu.cn 网址:www.wdp.com.cn）
印刷:武汉邮科印务有限公司
开本:787×1092　1/16　印张:16　字数:383 千字
版次:2008 年 11 月第 1 版　2023 年 6 月第 3 次印刷
ISBN 978-7-307-06613-7/P·140　　　定价:48.00 元

版权所有,不得翻印;凡购买我社的图书,如有质量问题,请与当地图书销售部门联系调换。

前 言

本书是根据长安大学遥感科学技术专业的"航空与航天摄影技术"教学大纲编写而成的。经长安大学教材编写委员会审定,作为遥感科学技术等相关专业本科生的教材。

在编写本书的过程中,编者尽可能反映国内外最新的技术资料,对航空摄影技术及航天摄影系统中各参数的确定、各项技术要求等方面都作了较深入的调查和分析,在专业术语上要求与当代遥感技术中的术语相一致。

本书共分四部分。第一部分即第 1 章,介绍了航空与航天摄影的物理基础,与一般遥感技术不同,除介绍具有共性的内容之外,重点介绍辐射传输方程,分析其对航空与航天摄影的影响。航空与航天摄影是以摄影学为基础的,在第 1 章中对感光测定的理论及色的基本知识也作了介绍。第二部分由第 2 章、第 3 章和第 4 章组成,介绍航空摄影技术,对航摄仪及其附件的结构和原理,尤其是现代数码相机、航空摄影技术要求及技术过程进行了系统阐述。第三部分由第 5 章、第 6 章组成,介绍航天摄影技术。介绍了当代航天摄影型遥感器及航天摄影测量,对像片重叠度、像片比例尺、影像分辨率、航天摄影机的几何精度及胶片性能的技术要求,对航天摄影飞行计划的制订及所得图像增强处理方法进行了系统的阐述。第四部分由第 7 章组成。重点介绍模拟/数字成像系统调制传递函数的基本概念及其测定方法。

本书第 1 章由顾俊凯讲师编写,第 2 章由杨淑静讲师编写,第 7 章由李斌副教授编写,第 3 章、第 4 章、第 5 章、第 6 章由韩玲教授编写,全书由韩玲教授统一审阅。

在编写本书过程中,得到了长安大学地质工程与测绘学院测绘工程系同志们的许多帮助和支持,他们对初稿提出了许多宝贵意见。书稿得到长安大学地质工程与测绘学院隋立春教授的初审和复审,同时也得到了西安科技大学张春森副教授的初审和复审,并提出了许多宝贵意见,在此谨表示衷心的感谢。

本书在编写中力求方便教学,由于作者水平有限,加之现代航空与航天摄影技术飞速发展,书中出现一些错误和不足之处在所难免,谨希读者不吝指正。

编 者
2008 年 5 月于西安

目 录

第1章 航空与航天摄影物理基础 ··· 1
1.1 电磁波与电磁波谱 ··· 1
1.2 太阳辐射和大气的影响 ··· 3
1.3 地球的辐射与地物波谱 ··· 12
1.4 感光材料基本特性的测定 ··· 23
1.5 航空(航天)摄影的要求 ··· 31
1.6 色的基本知识及加色法与减色法 ·· 35

第2章 航空摄影仪 ·· 43
2.1 概述 ·· 43
2.2 航摄仪的基本结构 ·· 44
2.3 航摄仪物镜的光学特性 ··· 48
2.4 我国摄影测量常用的几种航摄仪 ·· 55
2.5 航空数码相机 ·· 62
2.6 无人机航空摄影 ··· 74

第3章 航空摄影技术要求 ··· 79
3.1 航摄滤光片 ··· 79
3.2 航摄仪重叠度调整器的工作原理 ·· 81
3.3 航摄仪的影像位移补偿装置 ·· 83
3.4 航摄仪的自动测光系统和曝光时间的计算 ·································· 91
3.5 航摄仪内方位元素和物镜畸变差的测定 ····································· 97

第4章 航空摄影技术过程 ··· 104
4.1 概述 ·· 104
4.2 摄影测量对航空摄影技术的要求 ·· 110
4.3 航空摄影技术计划 ·· 113
4.4 对航摄资料质量的要求 ··· 125
4.5 航摄胶片的冲洗 ··· 130
4.6 航摄资料质量的检查和评定 ·· 132
4.7 彩色航空摄影 ·· 137
4.8 大比例尺航空摄影 ·· 144

1

第5章 航天摄影型遥感器 ······ 148
5.1 航天遥感器概述 ······ 148
5.2 框幅式摄影机 ······ 151
5.3 缝隙式摄影机 ······ 152
5.4 全景式摄影机 ······ 155
5.5 多光谱摄影机 ······ 157
5.6 线阵列固体扫描仪 ······ 159
5.7 侧视雷达 ······ 162

第6章 航天摄影测量技术要求 ······ 165
6.1 航天摄影测量对卫星轨道的要求 ······ 165
6.2 航天摄影测量对像片重叠的要求 ······ 169
6.3 航天摄影测量对像比例尺的要求 ······ 171
6.4 航天摄影测量对影像分辨率的要求 ······ 177
6.5 航天摄影测量对摄影机几何精度的要求 ······ 181
6.6 航天摄影测量对摄影胶片性能的要求 ······ 184
6.7 航天摄影图像的光学处理 ······ 186
6.8 航天摄影图像的数字增强处理的几种方法 ······ 199
6.9 航天摄影飞行计划的制订 ······ 210

第7章 遥感图像的质量评定 ······ 215
7.1 概述 ······ 215
7.2 像质评价的基本原则 ······ 216
7.3 摄影系统的调制传递函数 ······ 221
7.4 在航摄负片上测定调制传递函数的方法 ······ 231
7.5 调制传递函数的应用 ······ 233
7.6 航摄资料质量的综合评估 ······ 237
7.7 数字扫描图像的有效比特数 ······ 239
7.8 数字扫描成像系统调制传递函数的测定 ······ 243
7.9 遥感影像质量评价方法 ······ 246

主要参考文献 ······ 249

第1章 航空与航天摄影物理基础

航空(航天)摄影与普通的地面摄影相比,虽无本质上的差别,但却有其自身的特点。因为航空(航天)摄影是从空中对地面进行摄影,其摄影质量必然会受到大气条件和地面景物特征的影响。为了获得满意的摄影效果并从原始资料中提取更多的地物信息,就必须分析摄影的具体条件和要求。本章所述内容着重于辐射传输方程和地物的波谱反射特性,这是保证航摄质量的技术关键。

1.1 电磁波与电磁波谱

辐射传输方程和地物的波谱反射特性建立在物体的电磁波特性上,而电磁波是物体运动的一种形式,任何运动着的物质都包含实物(电子、原子、分子以及由它们组成的集合体)和场(物质之间相互作用的媒介和作用形式,如电磁场、引力场等)两种基本形态,其中电磁场在空间的传播就是电磁波。电磁场的性质是由组成物质的电子、原子、分子的数量和结构决定的,因而不同的物质就具有不同的电磁波特性。直到19世纪中期,物理学证明,光实际上是一种电磁波。从本质上讲,光和无线电波并无区别,一个发光体就是一个电磁波的辐射源,其发射的电磁波向周围空间进行传播。描述电磁波可以用波长 λ,也可以用频率 ν,电磁波在真空中的传播速度为常数,即 $c=3\times10^8$ m/s,因此

$$c = \lambda\nu \tag{1-1-1}$$

电磁波所具有的能量 E 为

$$E = h\nu \tag{1-1-2}$$

式中:h 为普朗克恒量,$h = 6.626\times10^{-34}$ J·s。

显然,波长越短、频率越高的电磁波具有的能量也越大。

根据波长和频率的大小,将电磁波依次排列起来,这样的电磁波序列称为电磁波谱,如图1-1-1所示。

各种波长单位之间的关系为:

1m(米) = 10^2 cm(厘米) = 10^3 mm(毫米) = 10^6 μm(微米) = 10^9 nm(纳米)

目前,在遥感技术中常用的电磁波谱段有以下几种。

1. γ射线($10^{-4} \sim 3\times10^{-2}$ nm)

这是由放射性元素所辐射的电磁波,可在低空用γ射线探测仪在飞机上进行探测,是地质勘探中早已应用的一种遥感技术。

2. 紫外线($0.01 \sim 0.39$ μm)

在低空中获取有关土壤含水量、农作物种类和石油普查等方面的信息,一般用紫外分光光度计或紫外线摄影进行探测。由于普通光学玻璃会吸收紫外线,因此,紫外线摄影时必须

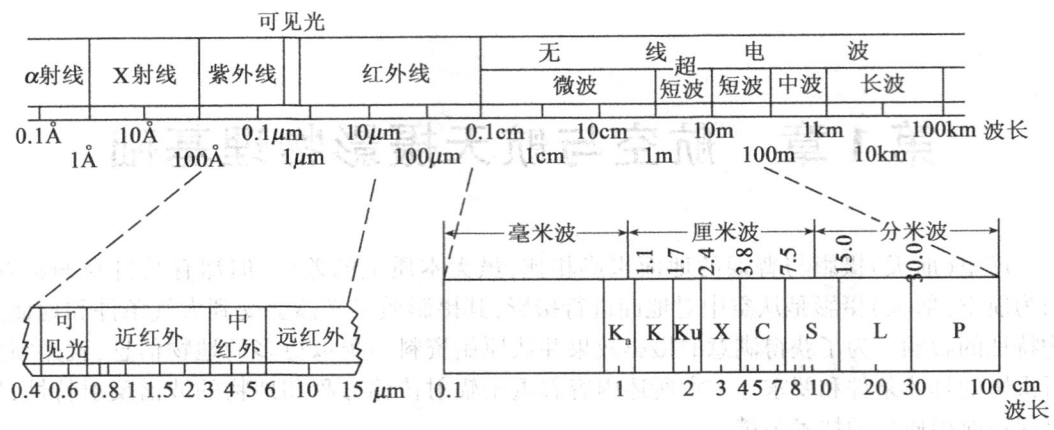

图 1-1-1 电磁波谱

采用石英或萤石玻璃(氟化锂、氟化钙)制成的物镜。此外,制造感光材料时也不能采用动物胶作为卤化银的支持剂,因为动物胶将吸收波长在 $0.23\mu m$ 以下的紫外线。

3. 可见光($0.39\sim0.7\mu m$)

它是遥感技术中识别物体的主要波谱段,因为人眼在该波谱段具有敏锐的分辨和感知能力,因此习惯上也称该波谱段为光谱段,航空与航天摄影主要就是利用这一波谱段。

4. 红外线($0.7\sim1000\mu m$)

遥感中常用的红外波谱段可分为 3 种,即近红外($0.7\sim3\mu m$),中红外($3\sim6\mu m$)和远红外($6\sim15\mu m$)。其中近红外波谱段主要用于探测地表湿度分布、植物种类和生长活动以及在军事上用于揭露伪装。这是由于叶绿素对近红外反射特别强烈以及水分吸收红外辐射的缘故。中、远红外也称热红外,在中、远红外波谱区,主要用于探测地表湿度、水流流向、海水污染、岩石和土壤的类型以及对火山、林火、地热等进行监测,即热红外主要用于探测与物体温度有关的场合。

一般近红外称为反射红外波谱段,其中在 $0.7\sim0.9\mu m$ 波谱段可用摄影方法获取有关信息,虽然感光材料的感色范围可达到 $1.2\mu m$,但由于这种胶片必须保存在 $-18^\circ C$ 的条件下,在生产实践中难以推广。中、远红外是物体的热辐射,一般用热红外敏感探测器探测。大于 $15\mu m$ 的热红外因其绝大部分被大气中的水蒸气所吸收而无法使用。

5. 微波($0.1\sim100cm$)

分 8 个波段(K_a:$0.8\sim1.1cm$;K:$1.1\sim1.7cm$;Ku:$1.7\sim2.4cm$;X:$2.4\sim3.8cm$;C:$3.8\sim7.5cm$;S:$7.5\sim15cm$;L:$15\sim30cm$;P:$30\sim100cm$)。常用的有 3 个波段,即 K_a、X 和 L 波段,其中 $0.86cm$(K_a)、$3cm$ 和 $3.2cm$(X)及 $25cm$(L)是雷达成像最常用的波段。

微波的波长比一般的无线电波的波长要短得多,当遇到障碍物尤其是金属时,就会被反射回来,利用这一特性,可以确定物体的方位、距离、大小和形状。此外,微波还可以穿透云、雾、植被,对岩石和土壤也有一定的穿透能力,因此微波遥感不但用于揭露伪装、地质探矿和探测海水盐分的变化,而且也是一种全天候、全天时的遥感技术。

为什么在航空与航天摄影物理基础中,首先要了解电磁波谱的有关概念呢?因为自然

2

界的一切物质都是由电子、原子和分子按一定的物质结构规律所组成的,而电子、原子和分子是永远在运动的,这种运动一般分为3种形式:电子绕原子核作轨道运动及轨道跃迁、原子核在其平衡位置上的原子振动和分子绕其质量中心的转动。在正常情况下,这些运动都处于平衡状态,但是当任何一种运动状态发生变化时,便将打破原来的能量平衡,这种运动状态的改变(包括能量的增加或减少)将以发射、反射、吸收和透射电磁波的形式表现出来,如温度的变化(大于-273.16℃)或外力的作用(太阳光的照射)等都会产生电磁波。因此,可以根据物体所辐射的电磁波的波长来识别物体,研究物体的属性和异常(火山、地震)。一般来说,电子轨道的跃迁产生从紫外到近红外的辐射,原子振动产生红外辐射,分子转动产生红外及微波辐射。由于上述三种运动形式的存在,以及由此产生的各具一定属性的电磁波谱,为发展多种类型的航空与航天摄影打下了基础。

辐射有两种意思,既可表示发射,如"热辐射",也可表示发射、反射、吸收和透射的统称,即电磁波的传播也可称为辐射,如"物体是电磁波的辐射源"等。

波谱段简称"波段",严格地说,只有可见光波谱段才可简称为"光谱段"。

1.2 太阳辐射和大气的影响

航摄仪(航空航天照相机)从空中对地面进行摄影时,所接收的是一种由地物反射或辐射的合成能量,即接收的能量中包括许多辐射分量,而这些辐射分量都要通过大气层后才能在航摄胶片上感光,显然,摄影的条件和其影像质量必然会受到大气层对这些辐射分量散射和吸收的影响,因此,必须了解大气的成分和结构、太阳辐射和大气的影响以及大气窗口等基本概念。

1.2.1 大气的成分和结构

大气是包围整个地球的气状介质,地球周围的大气圈并无确切界限,一般取大气层的厚度(高度)为1000km。由于大气的密度从地球表面向上逐渐减小,至40km高度时,大气质量已占整个大气层的99.9%,到达80km时,大气已经相当稀薄,所以也可以把大气层的厚度取为80km。

大气中的主要成分是氮(78%)、氧(21%)、氩(约占1%)和二氧化碳(0.03%),都分布在20km高度以下,这些成分在地球各处都是不变的。大气中还有可变成分,主要是臭氧和水蒸气。臭氧一般在25~30km的大气中才能发现,由于臭氧对紫外线(波长小于$0.36\mu m$)的吸收能力很强,因此入射阳光中能够到达地面的紫外线是少量的。水蒸气主要位于5km以下,超过12km就不再存在,水蒸气能强烈地吸收红外线,它的含量因温度和地理条件的影响变化很大。

大气内除了上述气状介质外,还有许多悬浮在大气中的微粒,如液态、固态水(雾、霾、云、雪和水晶)和尘埃,工业污染物(如一氧化碳、硫化氢、氧化硫等)。通常这些微粒比气体分子大得多,而且在大气中的含量也是变化的,其中以半径$0.1\sim20\mu m$的微粒最为重要。因为这些微粒悬浮在大气中,并包以液体的外层,所以常称它们为"气溶胶"。大气中的气溶胶易形成霾(微粒半径小于$0.5\mu m$)、雾和云(微粒半径大于$1\mu m$)等天气现象。

大气层随高度可分为对流层(0~12km)、平流层(12~80km)和电离层(80~1000km)。

在对流层中,气体密度大,对流运动强烈,天气过程主要发生在这一层中,其中在1.2～3km高度上是最容易形成云的区域,而这也是航空摄影常用的高度。在平流层中,气体密度大为减小,气体分子数量很少,也没有天气现象。在电离层中,气体密度更小,因太阳辐射而使稀薄大气电离。

大气对地面有一种压力。高度增加时,大气压力会因大气上层质量的减小而降低。

表1-2-1表示大气压力随高度变化的一般情况,第三栏内所列的数值表示从一定高度到地球表面之间的大气质量与整个大气层质量的比值。

表1-2-1 　　　　　　　　　　大气压力随高度的变化

高　度(km)	大气压力(Pa)	大气质量的百分比(%)
地球表面	101324.72	—
1	90125.67	11
2	79593.23	22
3	70260.69	31
4	61861.41	39
5	54262.05	46.5
6	47462.63	53
7	41329.82	60
8	35996.94	65
9	30930.70	70
10	26664.4	74
15	12265.62	88
20	5599.52	94.5
25	2799.76	97.5
30	1199.90	98.5
35	533.29	99.2
40	266.64	99.9

大气层内的温度并不是呈线性变化的,气温的垂直分布一般以中纬度地区的年平均温度表示。一般来说,在对流层内,从地表面往上至对流层顶,温度递减,每千米下降6℃左右。平流层内,分同温层(12～25km,温度逐渐降低至-55℃)、暖层(25～55km,温度逐渐升至100℃,温度上升主要是由于暖层中25～30km处有臭氧层,因吸收紫外线能量的缘故)和

冷层(55~80km,温度逐渐降至-70℃)。在电离层中,在80~90km处,温度逐渐降低,每千米下降3℃左右,最低温度可达-95℃,而后由于太阳辐射的强电离作用,随着高度而增加,在500km处可上升至230℃,1000km处可达到600~800℃。在电离层以上才可以认为是等温的。

在航空与航天摄影中,掌握大气成分的变化规律,大气层内温度、湿度(水汽含量)和压力的变化情况,对航摄仪的研制、获取原始数据时的要求和对资料的正确使用等均有重要的意义。

1.2.2 太阳辐射

太阳是被动遥感最主要的辐射源。太阳辐射有时习惯称做太阳光,太阳光通过地球大气照射到地面,经过地面物体反射又返回,再经过大气到达传感器。这时传感器探测到的辐射强度与太阳辐射到达地球大气上空时的辐射强度相比,已有了很大的变化,包括入射与反射后两次经过大气的影响和地物反射的影响。

1. 太阳常数

太阳是太阳系的中心天体。受太阳影响的范围是直径大约120亿千米的广阔空间。在太阳系空间,除了包括地球及其卫星在内的行星系统、彗星、流星等天体外,还布满了从太阳发射的电磁波的全波辐射及粒子流。地球上的能源主要来自太阳。

太阳常数是指不受大气影响,在距太阳一个天文单位内,垂直于太阳光辐射方向上,单位面积单位时间黑体所接收的太阳辐射能量:

$$I_\odot = 1.360 \times 10 \text{W/m}^2 \quad (1\text{-}2\text{-}1)$$

可以认为太阳常数是在大气顶端接受的太阳能量。长期观测表明,太阳常数的变化不会超过1%,由太阳常数的测量和已知的日地距离很容易计算太阳的总辐射通量 $\phi_\odot = 3.826 \times 10^{26}$ W。反过来,由太阳的总辐射通量和太阳线半径,也可以计算出太阳的辐射出射度 $M_\odot$。

2. 太阳光谱

太阳的光谱通常指光球产生的光谱,光球发射的能量大部分集中于可见光波段,如图1-2-1所示,图中清楚地描绘了黑体在6000 K时的辐射曲线,在大气层外接收到的太阳辐照度曲线及太阳辐射穿过大气层后在海平面接收到的太阳辐照度曲线。

从大气层外太阳辐照度曲线可以看出,太阳辐射的光谱是连续光谱,且辐射特性与绝对黑体辐射特性基本一致。但是用高分辨率光谱仪观察太阳光谱时,会发现连续光谱的明亮背景上有许多离散的暗谱线,叫做夫琅和费吸收线,大约有26000条,由这些吸收线已认证出太阳光球中存在的69种元素及它们在太阳大气中所占的比例,如H占78.4%,He占19.8%,O占0.8%等。太阳辐射能量各个波段所占比例如表1-2-2所示,这个比例仅表示通常情况。太阳辐射从近紫外到中红外这一波段区间能量最集中而且相对来说最稳定,太阳强度变化最小。在其他波段如X射线、γ射线、远紫外及微波波段,尽管它们的能量加起来不到1%,可是却变化很大,一旦太阳活动剧烈,如黑子和耀斑爆发,其强度也会有剧烈增长,最大时可差上千倍甚至更多。因此会影响地球磁场,中断或干扰无线电通讯,也会影响宇航员或飞行员的飞行。但就遥感而言,被动遥感主要利用可见光、红外等稳定辐射,使太阳活动对遥感的影响减至最小。

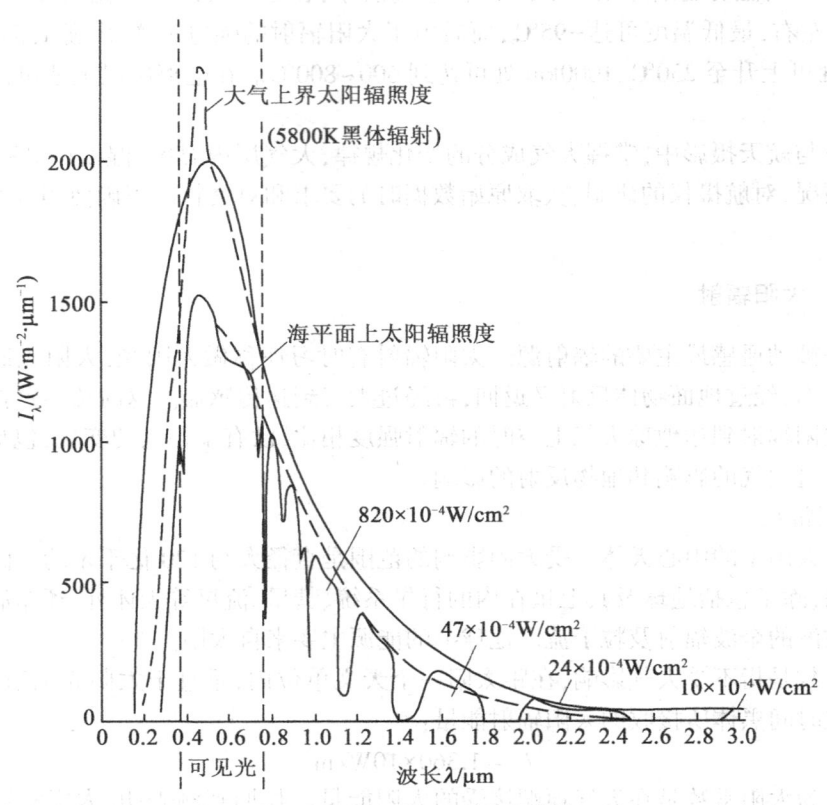

图 1-2-1　太阳辐照度分布曲线

表 1-2-2　　　　　　　　　　太阳辐射能量各个波段所占比例

波长/μm	波段名称	能量比例/%
小于 10^{-3}	X、γ 射线	0.02
0.001~0.2	远紫外	
0.20~0.31	中紫外	1.95
0.31~0.38	近紫外	5.32
0.38~0.76	可见光	43.50
0.76~1.5	近红外	36.80
1.5~5.6	中红外	12.00
5.6~1000	远红外	0.41
大于 1000	微波	

图 1-2-1 中海平面处的太阳辐照度曲线与大气层外的曲线有很大不同,其差异主要是地球大气引起的。由于大气中的水、氧、臭氧、二氧化碳等分子对太阳辐射的吸收作用,加之大气的散射使太阳辐射产生很大衰减,图中那些衰减最大的区间便是大气分子吸收的最强波段。

图 1-2-2 中所示的辐照度是太阳垂直投射到被测平面上的测量值。如果太阳倾斜入射,则辐照度必然产生变化并与太阳入射光线及地平面产生夹角,即与太阳高度角有关。图 1-2-2 表示太阳光线射入地平面的一个剖面,h 为高度角,I 为垂直于太阳入射方向的辐照度,I' 为斜入射到地面上时的辐照度,辐射通量 Φ 不变,则 AB 间面积为 S,BC 间面积为 $S \cdot \sin h$。

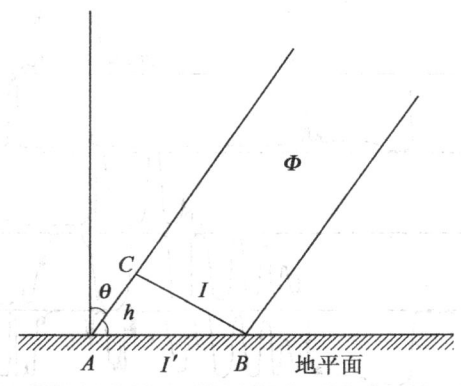

图 1-2-2 辐照度随高度角的变化

$$\Phi = I' \cdot S = I \cdot S \cdot \sin h$$
$$I' = I \cdot \sin h$$

如果用太阳常数 $I_\odot$ 计算,设 D 为日地之间距离,则

$$I' = \frac{I_\odot \sin h}{D^2}$$

由于太阳高度角的年内变化,因此同一观测点太阳辐照度经常变化。如果取太阳入射光线与地平面垂线的夹角为 θ(即天顶距或天顶角),因为 $h+\theta=90°$,则上式变为:

$$I' = \frac{I_\odot \cos\theta}{D^2} \tag{1-2-2}$$

1.2.3 大气吸收的传输特性

1. 大气对辐射的吸收作用

太阳辐射穿过大气层时,大气分子对电磁波的某些波段有吸收作用。吸收作用使辐射能量转变为分子的内能,从而引起这些波段太阳辐射强度的衰减,某些波段的电磁波甚至完全不能通过大气。因此在太阳辐射到达地面时,形成了电磁波的某些缺失带。图 1-2-3 为大气中几种主要分子对太阳辐射的吸收率,从图中可以看出每种分子形成吸收带的位置。

其中水的吸收带主要有 2.5~3.0μm，5~7μm，0.94μm，1.13μm，1.38μm，1.86μm，3.24μm 以及 24μm 以上对微波的强吸收带；二氧化碳的吸收峰主要是 2.8μm 和 4.3μm；臭氧在 10~40km 高度对 0.2~0.32μm 有很强的吸收带，此外 0.6μm 和 9.6μm 的吸收也很强；氧气主要吸收小于 0.2μm 的辐射，0.6μm 和 0.76μm 也有窄带吸收。大气中的其他微粒虽然也有吸收作用，但不起主导作用。

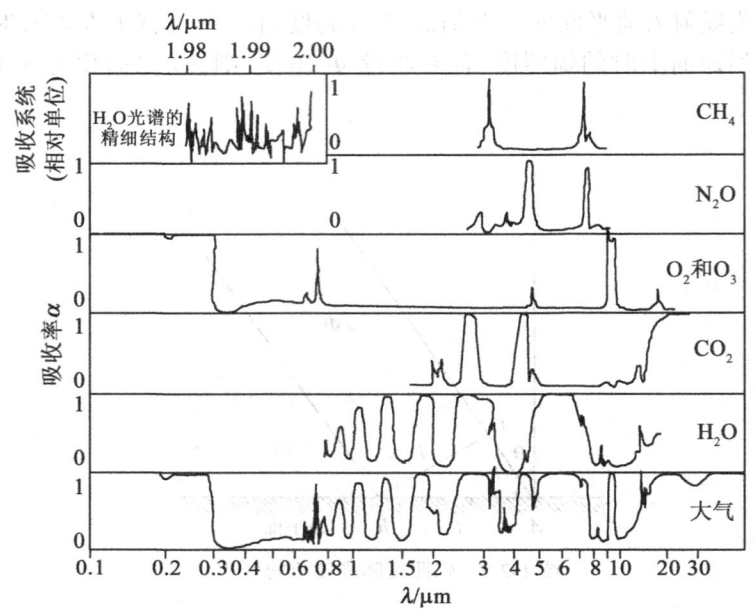

图 1-2-3　大气吸收谱

图 1-2-3 最下面一条曲线综合了大气中几种主要分子的吸收作用，反映出大气吸收带的分布规律。对比图 1-2-1 中最下面一条曲线，即海平面上太阳辐照度曲线，则发现该曲线与图 1-2-3 的曲线形态相反，再与大气层外太阳辐照度曲线对比，发现海平面上辐照度减小的部分正是吸收率高的光谱段。

2. 大气对太阳辐射的散射作用

辐射在传播过程中遇到小微粒而使传播方向改变，并向各个方向散开，称为散射。散射使原传播方向的辐射强度减弱，而增加向其他各方向的辐射。尽管强度不大，但从航空、航天获取数据角度分析，太阳辐射在照到地面又反射到传感器的过程中，两次通过大气，在照射地面时，由于散射增加了漫入射的成分，使反射的辐射成分有所改变。返回传感器时，除反射光外还增加了散射光进入传感器。通过二次影响增加了信号中的噪声成分，造成所得图像的质量下降。

散射现象的实质是电磁波在传输中遇到大气微粒而产生的一种衍射现象。因此，这种现象只有当大气中的分子或其他微粒的直径小于或相当于辐射波长时才发生。大气散射有 3 种情况：

（1）瑞利散射

大气中粒子的直径比波长小得多时发生的散射称为瑞利散射。这种散射主要由大气中的原子和分子(如氮、二氧化碳、臭氧和氧分子等)引起。特别是对可见光而言,瑞利散射现象非常明显,因为这种散射的特点是散射强度与波长的四次方(λ^4)成反比,即 $I \propto \lambda^{-4}$,即波长越长,散射越弱。当向四面八方的散射光线较弱时,原传播方向上的透过率便增强。当太阳辐射垂直穿过大气层时,可见光波段损失的能量可达10%。

瑞利散射对可见光的影响很大,如图1-2-4所示。无云的晴空呈现蓝色,就是因为蓝光波长短,散射强度较大,因此蓝光向四面八方散射,使整个天空蔚蓝,使太阳辐射传播方向的蓝光被大大削弱。这种现象在日出和日落时更为明显,因为这时太阳高度角小,阳光斜射向地面,通过的大气层比阳光直射时要厚得多。在过长的传播中,蓝光波长最短,几乎被散射殆尽,波长次短的绿光散射强度也居其次,大部分被散射掉了。只剩下波长最长的红光,散射最弱,因此透过大气最多。加上剩余的极少量绿光,最后合成呈现橘红色。所以朝霞和夕阳都偏橘红色。红外和微波由于波长更长,散射强度更弱,可以认为几乎不产生瑞利散射。

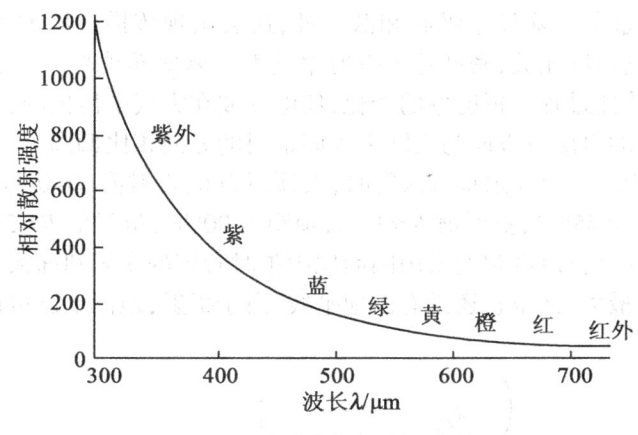

图1-2-4 瑞利散射与波长的关系

(2)米氏散射

大气中粒子的直径与辐射的波长相当时发生的散射称为米氏散射。这种散射主要由大气中的微粒,如烟、尘埃、小水滴及气溶胶等引起。米氏散射的散射强度与波长的二次方(λ^2)成反比,即 $I \propto \lambda^{-2}$,并且散射在光线向前方向比向后方向更强,如图1-2-5所示,方向性比较明显。比如云雾的粒子大小与红外线(0.76~15μm)的波长接近,所以云雾对红外线的散射主要是米氏散射。因此,潮湿天气米氏散射影响较大。

(3)无选择性散射

当大气中粒子的直径比波长大得多时发生的散射称为无选择性散射。这种散射的特点是散射强度与波长无关,也就是说,在符合无选择性散射条件的波段中,任何波长的散射强度相同。如云、雾粒子直径虽然与红外线波长接近,但相比可见光波段,云雾中水滴的粒子直径就比波长大很多,因而对可见光中各个波长的光散射强度相同,所以人们看到云雾呈白色,并且无论从云下还是乘飞机从云层上面看,都是白色。

由以上分析可知,散射造成太阳辐射的衰减,但是散射强度遵循的规律与波长密切相

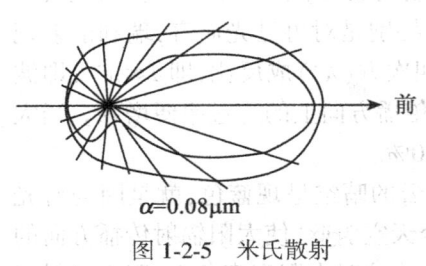

图 1-2-5 米氏散射

关。而太阳的电磁波辐射几乎包括电磁辐射的各个波段,因此,在大气状况相同时,同时会出现各种类型的散射。对于大气分子、原子引起的瑞利散射主要发生在可见光和近红外波段。对于大气微粒引起的米氏散射从近紫外到红外波段都有影响,当波长进入红外波段后,米氏散射的影响超过瑞利散射。大气云层中,小雨滴的直径相对其他微粒最大,对可见光只有无选择性散射发生,云层越厚,散射越强。而对微波来说,微波波长比粒子的直径大得多,则又属于瑞利散射的类型,散射强度与波长四次方成反比,波长越长散射强度越小,所以微波才可能有最小散射、最大透射,而被称为具有穿云透雾的能力。

3. 大气窗口及透射分析

(1) 折射现象

电磁波穿过大气层时,除发生吸收和散射外,还会出现传播方向的改变,即发生折射。大气的折射率与大气密度相关,密度越大折射率越大。离地面越高,空气越稀薄,折射也越小。正因为电磁波传播过程中折射率的变化,使电磁波在大气中传播的轨迹是一条曲线,到达地面后,地面接收的电磁波方向与实际上太阳辐射的方向相比偏离了一个角度,即折射值 $R=\theta-\theta'$ 如图 1-2-6 所示。当太阳垂直入射时,天顶距为 0,折射值 $R=0$,随太阳天顶距加大,折射值增加,天顶距为 45°时,折射值 $R=1'$;天顶距为 90°时,折射值 $R=35'$。这时折射值达到最大。这也是为什么早晨看到的太阳圆面比中午时看到的太阳圆面大。因为当太阳在地平线上时,折射角度最大,甚至它还没有出地平线,由于折射,地面上已可以见到它了。

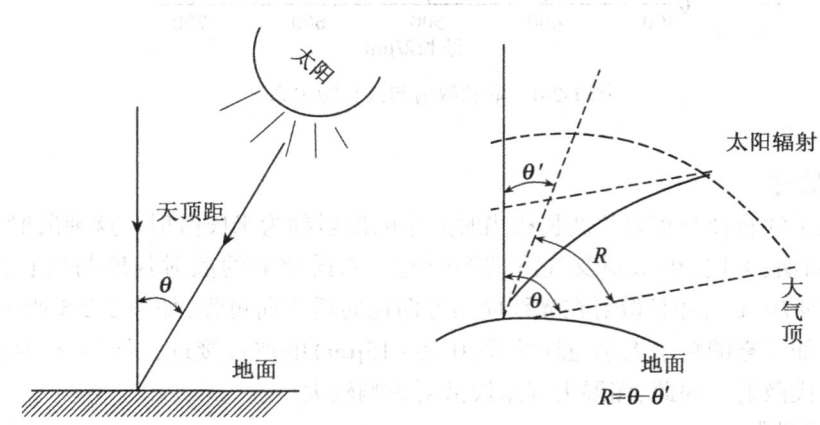

图 1-2-6 天顶距(θ)与折射值(R)

(2) 大气的反射

电磁波传播过程中,若通过两种介质的交界面,还会出现反射现象。气体、尘埃的反射作用很小,反射现象主要发生在云层顶部,取决于云量,而且各波段均受到不同程度的影响,削弱了电磁波到达地面的强度,因此应尽量选择无云的天气接收电磁波信号。

(3) 大气窗口

折射改变了太阳辐射的方向，并不改变太阳辐射的强度。因此，就辐射强度而言，太阳辐射经过大气传输后，主要是反射、吸收和散射的共同影响衰减了辐射强度，剩余部分即为透过的部分。对航天遥感传感器而言，只能选择透过率高的波段，才对观测有意义。

通常把电磁波通过大气层时较少被反射、吸收或散射，透过率较高的波段称为大气窗口。

大气窗口的光谱段主要如图 1-2-7 所示，下面分别予以说明。

① $0.3 \sim 1.3 \mu m$，即紫外、可见光、近红外波段。这一波段是摄影成像的最佳波段，也是许多卫星传感器扫描成像的常用波段，如 Landsat 卫星的 TM1~4 波段，SPOT 卫星的 HRV 波段。

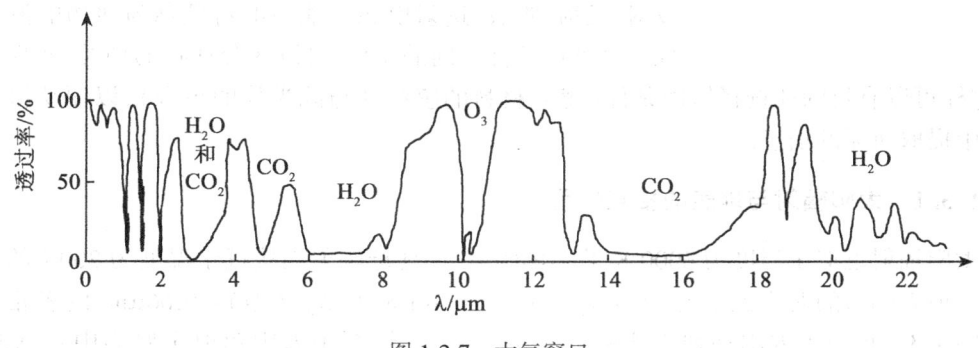

图 1-2-7　大气窗口

② $1.5 \sim 1.8 \mu m$ 和 $2.0 \sim 3.5 \mu m$，即近、中红外波段。是白天日照条件好时扫描成像的常用波段，如 TM 的 5,7 波段等，用以探测植物含水量以及云、雪，或用于地质制图等。

③ $3.5 \sim 5.5 \mu m$，即中红外波段。该波段除了反射外，地面物体也可以自身发射热辐射能量。如 NOAA 卫星的 AVHRR 传感器用 $3.55 \sim 3.93 \mu m$ 探测海面温度，获得昼夜云图。

④ $8 \sim 14 \mu m$，即远红外波段。主要通透来自地物热辐射的能量，适于夜间成像。

⑤ $0.8 \sim 2.5 cm$，即微波波段。由于微波穿云透雾能力强，这一区间可以全天候观测，而且是主动遥感方式，如侧视雷达。Radarsat 的卫星雷达影像也在这一区间，常用的波段为 0.8cm,3cm,5cm,10cm，甚至可将该窗口扩展至 $0.05 \sim 300 cm$。

(4) 大气透射的定量分析

太阳辐射通过大气时，就可见光和近红外而言，被云层或其他粒子反射回去的比例最大，约占 30%，散射约占 22%，吸收约占 17%，透过大气到达地面的能量仅占入射总能量的 31%。实际上，大多数被动遥感传感器都选择无云天气观测，这时大气对太阳辐射的衰减就只考虑散射和吸收了。

设太阳辐射入射时所通过的大气厚度为大气质量，当垂直入射时，天顶距 $\theta = 0$，令大气质量 $m = 1$；当斜入射时，若天顶距 $\theta < 60°$，大气质量 $m(\theta) = \sec\theta$，近似等于斜入射时辐射穿过大气的光程与垂直入射的大气光程之比，如图 1-2-8 所示。这时地球大气的曲面形状可忽略，并且不考虑折射。若 $\theta > 60°$，大气质量便不能用 $\sec\theta$ 计算。

$$T = \frac{I}{I_0} = e^{-m(\theta) \cdot \tau} \qquad (1\text{-}2\text{-}3)$$

式中：I 为通过大气层后的辐照度；

I_0 为通过大气层前的辐照度；

$m(\theta)$ 为大气质量，与天顶距 θ 密切正相关；

τ 为大气的垂直光学厚度。

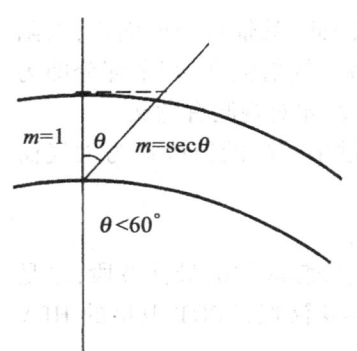

图 1-2-8　大气厚度与大气质量

1.3　地球的辐射与地物波谱

地球作为辐射源的辐射特性和地球作为太阳辐射的接收者，它的反射特性、吸收特性、透射特性是不同的。这种地物发射、反射、吸收、透射电磁波能力的特性称为地物的波谱特性。其波谱特性之间的差异，可以区分地物的种类、属性和状态，这样可以有目的地选择摄影条件（感光材料的感色性与滤光片的组合），以便从摄取的资料中提取所需的信息。

1.3.1　太阳辐射与地表的相互作用

太阳辐射近似于温度为 6000 K 的黑体辐射，而地球辐射则接近于温度为 300K 的黑体辐射。最大辐射的对应波长分别为 λ_{max}（日）= 0.48μm 和 λ_{max}（地）= 9.66μm，两者相差较远。图 1-3-1 记录了太阳和地表实际电磁辐射的差异，图中太阳辐射主要集中在 0.3~2.5μm，即在紫外、可见光到近红外区段。当太阳辐射达到地表后，就短波而言，地表反射的太阳辐射成为地表的主要辐射来源，而来自地球自身的辐射，几乎可以忽略不计。地球自身的辐射主要集中在长波，即 6μm 以上的热红外区段。该区段太阳辐射的影响几乎可以忽略不计，因此只考虑地表物体自身的热辐射。图 1-3-1 中两峰交叉之处是两种辐射共同起作用的部分，在 2.5~6μm，即中红外波段，地球对太阳辐照的反射和地表物体自身的热辐射均不能忽略。地球辐射的分段特征可用表 1-3-1 来概括。

表 1-3-1　　　　　　　　　　地球辐射的分段特征

波段名称	可见光与近红外	中红外	远红外
波长	0.3~2.5μm	2.5~6μm	>6μm
辐射特性	地表反射太阳辐射为主	地表反射太阳辐射和自身的热辐射	地表物体自身热辐射为主

1.3.2　地表自身热辐射

据黑体辐射规律及基尔霍夫定律

$$M = \varepsilon M_0 \qquad (1\text{-}3\text{-}1)$$

式中：ε 为物体的比辐射率或发射率；

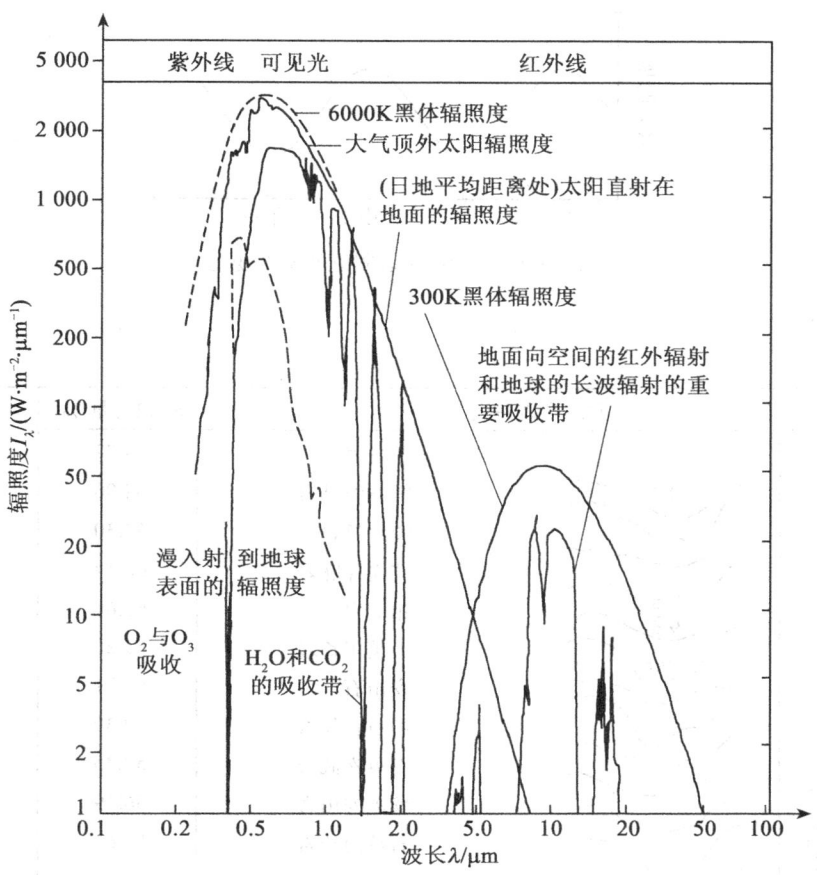

图 1-3-1　太阳与地表辐射的电磁波谱

M 为黑体辐射出射度；

M_0 为实际物体辐射出射度。

由于公式中的变量都与地表温度 T 和波长 λ 有关，因此公式(1-3-1)又可写作：

$$M(\lambda,T)=\varepsilon(\lambda,T)\cdot M_0(\lambda,T)$$

式中：T 指地表温度，存在日变化和年变化，因此在测量中常用红外辐射计来探测。图 1-3-2 给出了一天内地表附近的温度变化。

温度一定时，物体的比辐射率随波长变化。图 1-3-3 给出各类岩浆岩法线方向的比辐射率(发射率)随波长的变化规律，表示这种变化的曲线称物体的发射波谱曲线。在对应波长，用比辐射率值与相同温度黑体辐射值相乘，可得对应波长的实际物体的辐射强度值。分析图中比辐射率谷底对应的波长变化，可以发现某些规律。例如，该图谷底对应的波长从 9.3μm 向 10.7μm 增加，反映出岩石中 SiO_2 含量的减少。可见比辐射率(发射率)波谱特性曲线的形态特征可以反映地面物体本身的特性，包括物体本身的组成、温度、表面粗糙度等物理特性。特别是曲线形态特殊时可以用发射率曲线来识别地面物体，尤其在夜间，太阳辐射消失后，地面发出的能量以发射光谱为主，探测其红外辐射及微波辐射并与同样温度条件

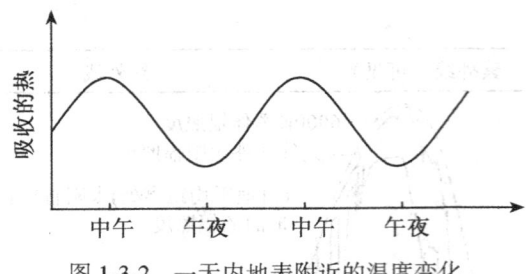

图 1-3-2 一天内地表附近的温度变化

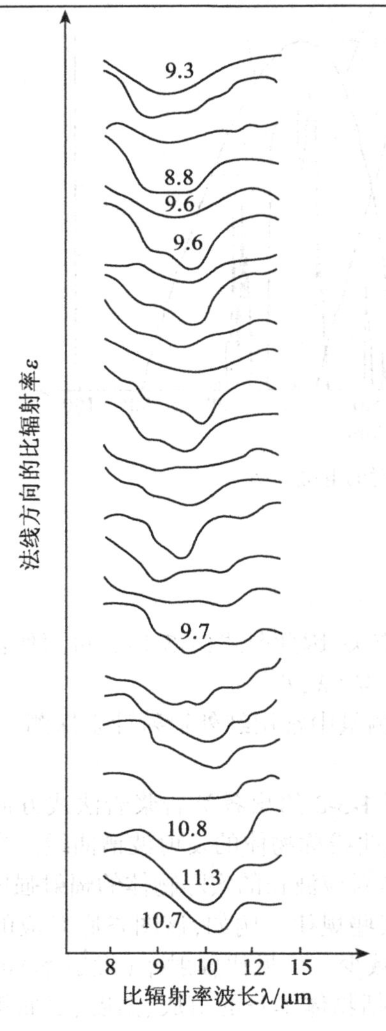

发射光谱曲线		SiO2含量/%	
9.3	英安岩	68.72	酸性岩
	辉石细晶岩	68.00	
	流纹浮岩	67.30	
	花岗片麻岩	68.14	
8.8	粗面岩	68.60	
9.6	石英正长岩	65.20	中性岩
9.6	安山石	62.31	
	霞石正长岩	50.39	
	石英玄武岩	57.25	
	紫苏安山岩	56.19	
	石英闪长岩	54.64	
	辉石闪长岩	55.80	
	石榴石辉长岩	52.31	
	辉长岩	52.05	
	片岩	51.88	
9.7	辉绿岩	51.78	基性岩
	玄武岩	51.36	
	斜长石玄武岩	49.69	
	方沸碱辉岩	47.82	
	角闪辉长岩	46.85	
	橄榄岩	41.00	超基性岩
10.8	橄榄辉长岩	40.42	
11.3	霞石玄武岩	40.32	
10.7	蛇纹岩	39.14	
	超基橄榄岩	36.80	

图 1-3-3 各类岩浆岩的比辐射率

下的比辐射率(发射率)曲线比较,是识别地物的重要方法之一。

1.3.3 地物反射波谱特征

1. 概述

在可见光与近红外波段(0.3~2.5μm),地表物体自身的热辐射几乎等于零。地物发出的波谱主要以反射太阳辐射为主。当然,太阳辐射到达地面后,物体除了反射作用外,还有对电磁辐射的吸收作用,如黑色物体的吸收能力较强。最后,电磁辐射未被吸收和反射的其余部分则是透过的部分,即到达地面的太阳辐射能量=反射能量+吸收能量+透射能量。

一般地说,绝大多数物体对可见光都不具备透射能力,而有些物体,例如水,对一定波长的电磁波则透射能力较强,特别是0.45~0.56μm的蓝、绿光波段,一般水体的透射深度可达10~20 m,混浊水体则为1~2 m,清澈水体甚至可透到100 m的深度。对于一般不能透过可见光的地面物体对波长5cm的电磁波则有透射能力。在反射、吸收、透射物理性质中,使用最普遍最常用的仍是反射这一性质。

2. 反射率与反射波谱

(1) 反射率

物体反射的辐射能量 P_ρ 占总入射能量 P_0 的百分比,称为反射率 ρ：

$$\rho = \frac{P_\rho}{P_0} \times 100\% \qquad (1\text{-}3\text{-}2)$$

不同物体的反射率也不同,这主要取决于物体本身的性质(表面状况)以及入射电磁波的波长和入射角度,反射率的范围总是 $\rho \leq 1$,利用反射率可以判断物体的性质。

(2) 物体的反射

物体表面状况不同,反射率也不同。物体的反射状况分为3种:镜面反射、漫反射和实际物体反射。

① 镜面反射。是指物体的反射满足反射定律。入射波和反射波在同一平面内,入射角与反射角相等。当镜面反射时,如果入射波为平行入射,则只有在反射波射出的方向上才能探测到电磁波,而其他方向则探测不到。对可见光而言,其他方向上应该是黑的。自然界中真正的镜面很少,非常平静的水面可以近似认为是镜面。

② 漫反射。是指不论入射方向如何,虽然反射率 ρ 与镜面反射一样,但反射方向却是"四面八方"。也就是把反射出来的能量分散到各个方向,因此从某一方向看反射面,其亮度一定小于镜面反射的亮度。严格地说,对漫反射面,当入射辐照度 I 一定时,从任何角度观察反射面,其反射辐射亮度是一个常数,这种反射面又叫朗伯面。设平面的总反射率为 ρ,某一方面上的反射因子为 ρ',则

$$\rho = \pi \rho'$$

式中:ρ' 为常数,与方向角或高度角无关。自然界中真正的朗伯面也很少,新鲜的氧化镁(MgO),硫酸钡($BaSO_4$),碳酸镁($MgCO_3$)表面,在反射天顶角 $\theta \leq 45°$ 时,可以近似看成朗伯面。

③ 实际物体反射:多数处于两种理想模型之间,即介于镜面和朗伯面(漫反射面)之间。一般地讲,实际物体表面在有入射波时各个方向都有反射能量,但大小不同。在入射辐照度相同时,反射辐射亮度的大小既与入射方位角和天顶角有关,也与反射方向的方位角与天顶

角有关。如图 1-3-4 所示,设 ϕ_i、θ_i 分别为入射方向的方位角和天顶角,ϕ_r、θ_r 分别为某一反射方向的方位角和天顶角。那么方向反射因子 ρ' 可以表示为

$$\rho'(\phi_i\theta_i,\phi_r\theta_r) = \frac{L_r(\phi_r\theta_r)}{I_i(\phi_i\theta_i)} \tag{1-3-3}$$

式中:I_i 为某一方向入射辐射的照度;L_r 为观察方向的反射亮度。这些物理量均与方位角和天顶角有关,只有当朗伯体时才都成为与角度无关的量。

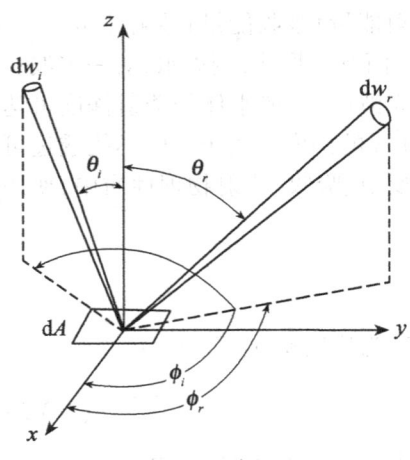

图 1-3-4 入射与反射光束的几何状态

应注意的是,入射辐照度 I_i 应该由两部分组成,一部分是太阳的直接辐射,是由太阳辐射来的平行光束穿过大气直接照射地面,其辐照度大小与太阳天顶角 θ_i 和日地距离 D 有关;另一部分是太阳辐射经过大气散射后又漫入射到地面的部分,因为是从四面八方射入,其辐照度大小与入射角度无关。这样式(1-3-3)成为:

$$L_r(\phi_r\theta_r) = \rho'(\phi_i\theta_i,\phi_r\theta_r) \cdot I_i(\theta_i,D) + \rho''(\phi_r\theta_r) \cdot I_D \tag{1-3-4}$$

式中:ρ'' 为入射时的方向反射因子;I_D 为入射辐照度。

(3)反射波谱

地物的反射波谱指地物反射率随波长的变化规律。通常用平面坐标曲线表示,横坐标表示波长 λ,纵坐标表示反射率 ρ,如图 1-3-5 所示。同一物体的波谱曲线反映出不同波段的不同反射率,将此与航空航天遥感器的对应波段接收的辐射数据相对照,可以得到航空航天数据与对应地物的识别规律。

3. 地物反射波谱曲线

地物反射波谱曲线除随不同地物(反射率)不同外,同种地物在不同内部结构和外部条件下形态表现(反射率)也不同。一般地说,地物反射率随波长变化有规律可循,从而为航空航天影像的判读提供了依据。

(1)植被

植被的反射波谱曲线(光谱特征)规律性明显而独特,如图 1-3-6 所示,主要分 3 段:可见光波段(0.4~0.76μm)有一个小的反射峰,位置在 0.55 μm(绿)处,两侧 0.45 μm(蓝)和 0.67 μm(红)则有两个吸收带。这一特征是由于叶绿素的影响:叶绿素对蓝光和红光吸收作用强,而对绿光反射作用强。在近红外波段(0.7~0.8μm)有一反射的"陡坡",至 1.1μm 附近有一个峰值,形成植被的独有特征。这是由于植被叶细胞结构的影响,除了吸收和透射的部分,形成的高反射率。在中红外波段(1.3~2.5μm)受到绿色植物含水量的影响,吸收率大增,反射率大大下降,特别以 1.45μm、1.95μm 和 2.7μm 为中心是水的吸收带,形成低谷。

植物波谱在上述基本特征下仍有细部差别,这种差别与植物种类、季节、病虫害影响、含水量多少等有关系。为了区分植被种类,需要对植被波谱进行研究。

(2)土壤

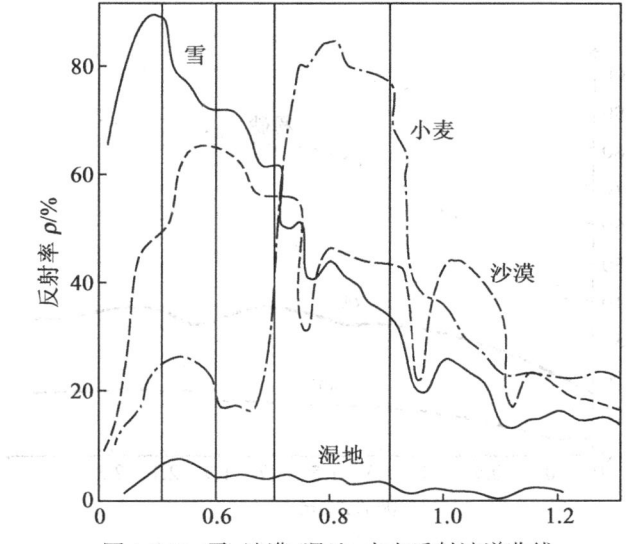

图 1-3-5　雪、沙漠、湿地、小麦反射波谱曲线

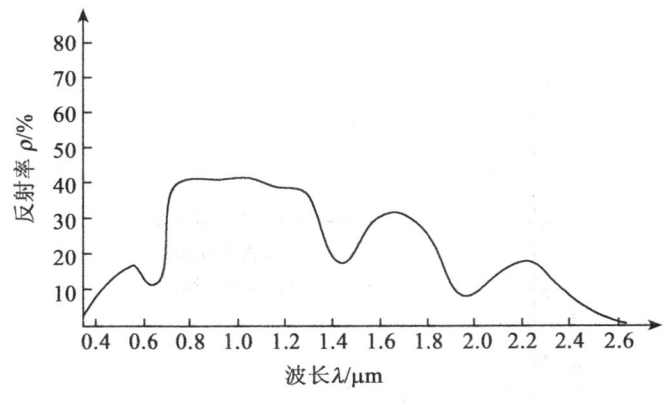

图 1-3-6　绿色植物反射波谱曲线

自然状态下土壤表面的反射率没有明显的峰值和谷值,一般来讲土质越细反射率越高,有机质含量越高和含水量越高反射率越低。此外,土类和肥力也会对反射率产生影响,如图1-3-7 所示。由于土壤反射波谱曲线呈比较平滑的特征,所以在不同光谱段的航空航天影像上,土壤的亮度区别不明显。

(3) 水体

水体的反射主要在蓝绿光波段,其他波段吸收都很强,特别到了近红外波段,吸收更强,如图 1-3-8 所示。正因为如此,在航空航天影像上,特别是近红外影像上,水体呈黑色。但当水中含有其他物质时,反射光谱曲线会发生变化。水中含泥沙时,由于泥沙散射,可见光波段反射率会增加,峰值出现在黄红区。水中含叶绿素时,近红外波段明显抬升,这些都成为影像分析的重要依据。

(4) 岩石

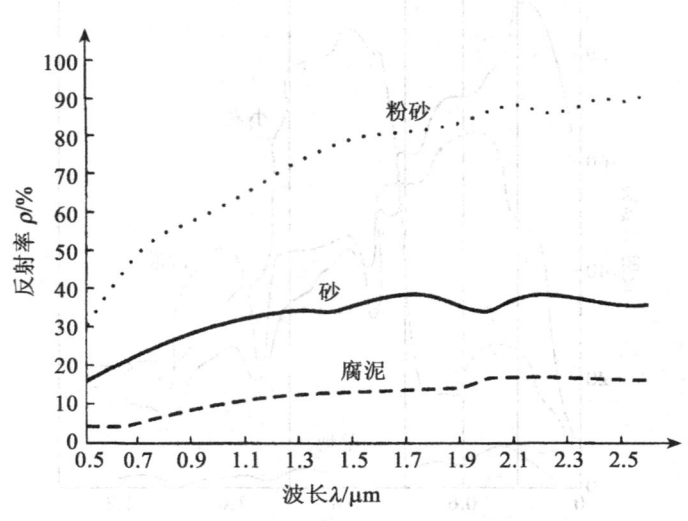

图 1-3-7　3 种土壤的反射波谱曲线

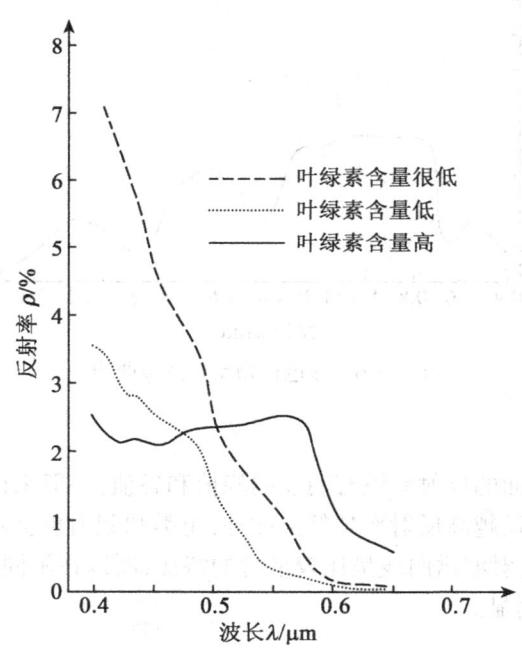

图 1-3-8　具有不同叶绿素浓度海水的波谱曲线

　　岩石的反射波谱曲线无统一的特征,矿物成分、矿物含量、风化程度、含水状况、颗粒大小、表面光滑程度、色泽等都会对曲线形态产生影响。图 1-3-9 是几种不同岩石的反射波谱曲线。

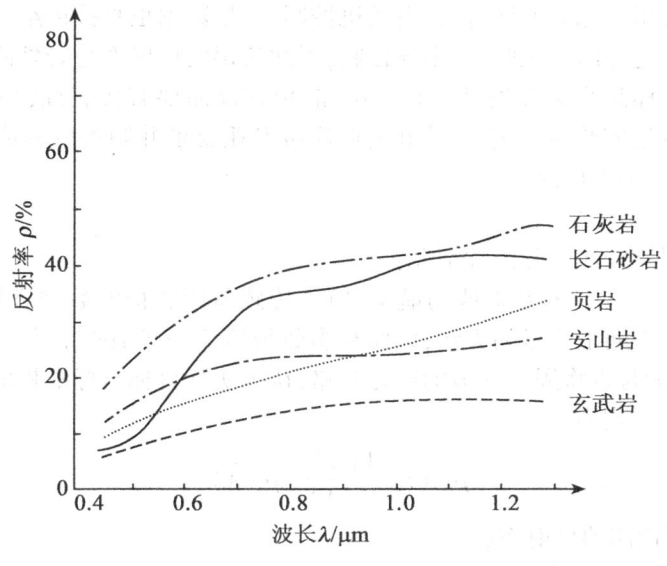

图 1-3-9 几种岩石的反射波谱曲线

1.3.4 地物波谱特性的测量

电磁波谱中,可见光和近红外波段(0.3~2.5μm)是地表反射的主要波段,多数传感器使用这一区间,其地物光谱的测试有 3 方面作用:航空航天传感器波段选择、验证、评价的依据;建立地面、航空和航天遥感数据的关系;将地物光谱数据直接与地物特征进行相关分析并建立应用模型。

1. 地物反射波谱测量理论

(1) 双向反射分布函数(BRDF)

如图 1-3-4,对于地物表面 dA,入射时辐照度为 $dI_i(\phi_i\theta_i)$,在 ϕ_r 和 θ_r 方向上,由 dI_i 产生的反射亮度为 dL_r,随着入射方向和反射方向的不同,产生一个函数 f_r,称双向反射分布函数,简称 BRDF,用下式表示:

$$f_r = \frac{dL_r(\phi_i\theta_i,\phi_r\theta_r)}{dI_i(\phi_i,\theta_i)} \tag{1-3-5}$$

对于给定的入射角和反射角,这一函数值表示在给定方向上每单位立体角内的反射率。f_r 还是波长的函数。双向反射分布函数(BRDF)完全描述了反射空间分布特性的规律。但是由于 BRDF 函数值本身是两个无穷小量的比,且实际想要测量 dI_i 也十分困难,因此实际测量中很少采用。

(2) 双向反射比因子 R(BRF)

这一函数比较容易测量,其定义是,在给定的立体角锥体所限制的方向内,在一定辐照度和观测条件下,目标的反射辐射通量与处于同一辐照度和观测条件下的标准参考面的反射辐射通量之比。而这一标准参考即为前面讲过的朗伯反射面。

2. 地物光谱的测量方法

(1) 样品的实验室测量

实验室测量常用分光光度计,仪器由微机控制,测量数据也直接传给计算机。分光光度计的测量条件是一定方向的光照射,半球接收,因此获得的反射率与野外测定有区别。室内测量时要有严格的样品采集和处理过程。例如,植被样品要有代表性,采集后迅速冷藏保鲜,并在 12 小时内送实验室测定;土壤和岩矿应按专业要求并制备成粉或块。由于实验室的测量条件高,应用不够广泛。

(2) 野外测量

野外测量采用比较法。分两种情况:

① 垂直测量。为使所有数据能与航空、航天传感器所获得的数据进行比较,一般情况下测量仪器均用垂直向下测量的方法,以便与多数传感器采集数据的方向一致。由于实地情况非常复杂,测量时常将周围环境的变化忽略,认为实际目标与标准板的测量值之比就是反射率之比。其计算式为

$$\rho(\lambda) = \frac{V(\lambda)}{V_S(\lambda)} \cdot \rho_s(\lambda) \tag{1-3-6}$$

式中:$\rho(\lambda)$ 为被测物体的反射率;

$\rho_s(\lambda)$ 为标准板的反射率;

$V(\lambda)$ 和 $V_S(\lambda)$ 分别为测量物体和标准板的仪器测量值。

通常标准板用硫酸钡($BaSO_4$)或氧化镁(MgO)制成,在反射天顶角 $\theta_r \leqslant 45°$ 时,接近朗伯体,并且经过计量部门标定,其反射率为已知值。这种测量没有考虑入射角度变化时造成的反射辐射值的变化,也就是对实际地物在一定程度上取近似朗伯体,可见测量值也有一定的适用范围。

② 非垂直测量。在野外更精确的测量是测量不同角度的方向反射比因子,考虑到辐射到地物的光线由来自太阳的直射光(近似定向入射)和天空的散射光(近似半球入射),因此方向反射比因子取两者的加权和,其式为

$$\begin{aligned} R(\theta_i\phi_i,\theta_r\phi_r) &= K_1 R_s(\theta_i\phi_i,\theta_r\phi_r) + K_2 R_D(\theta_r\phi_r) \\ K_1 &= I_S(\theta_i\phi_i)/I(\theta_i\phi_i) \\ K_2 &= I_D/I(\theta_i\phi_i) \end{aligned} \tag{1-3-7}$$

式中:θ_i 和 ϕ_i 分别为太阳的天顶角和方位角;

θ_r 和 ϕ_r 分别为观测仪器的天顶角和方位角;

I_D 为天空漫入射光照射地物的辐照度;

$I_S(\theta_i,\phi_i)$ 为太阳直射光在地面上的辐照度;

$I(\theta_i,\phi_i)$ 为太阳直射光和漫入射光的总辐照度;

$R_D(\theta_r,\phi_r)$ 为漫入射的半球—定向反射比因子;

$R_s(\theta_i\phi_i,\theta_r\phi_r)$ 为太阳直射光照射下的双向反射比因子;

$R(\theta_i\phi_i,\theta_r\phi_r)$ 为野外测量出的方向反射比因子。

具体测量方法如图 1-3-10 所示。

先测 K_2 和 K_1。地面上平放标准板,用光谱辐射计垂直测量:自然光照射时测量一次,相当于 I 值;用挡板遮住太阳光使阴影盖过标准板(图 1-3-10 右),再测一次,相当于 I_D;求出两者比值 $K_2 = I_D/I$;求出 $K_1 = 1 - K_2$。

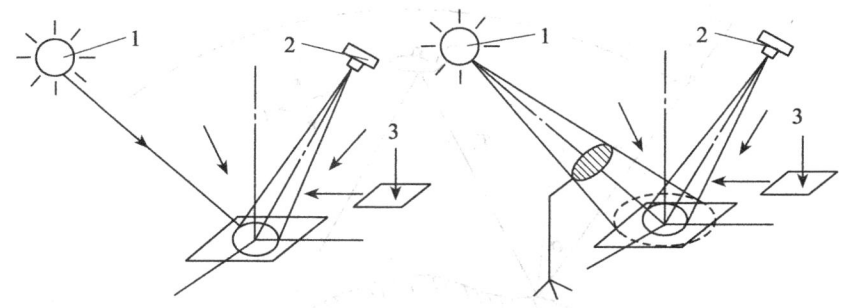

图 1-3-10 野外测量方法示意图

再测自然条件下的反射比因子 $R(\theta_i\phi_i,\theta_r\phi_r)$。选择太阳方向 $(\theta_i\phi_i)$ 和观测角 $(\theta_r\phi_r)$，在同一地面位置分别迅速测量标准板的辐射值和地物的辐射值，计算比值得到 R。

用黑挡板遮住太阳直射光，在只有天空漫入射光时分别迅速测量标准板和地物的辐射值，计算比值得到半球一定向反射比系数 $R_D(\theta_r\phi_r)$。由式（1-3-7）计算出双向反射比因子 $R_S(\theta_i\phi_i,\theta_r\phi_r)$。测量时可以保持方位角 ϕ_i 始终为 $0°$，图 1-3-11 为使用 WDY-850 型地面光谱辐射计，视场角 $5°$ 测量的小麦 R_S 曲线图。

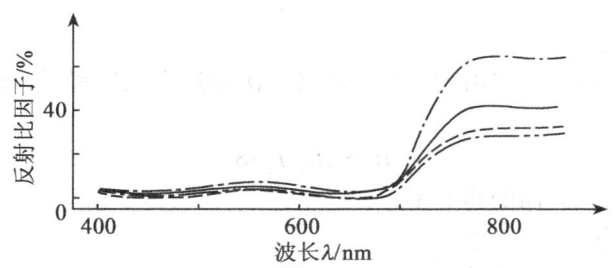

图 1-3-11 小麦野外测量的 R_D 和 R_S 及室内测量的 R_S 曲线

——$R(25,0;0,0)$ ——$R_D(2,\pi;0,0)$
——$R_S(25°,0;0,0)$ ——$R_S(30°,0;30,0)$

1.3.5 辐射传输方程

由图 1-3-12 可知，航摄仪从空中对地面摄影时，从地物反射或辐射的电磁波，将经过大气层后才能进入航摄仪，而地物反射或辐射的能量首先取决于地物所受到的太阳光照的强度，即地面强度（E）。

地面照度包括直射照度和散射照度，此外，地物还将受到周围邻近物体反射光之间的交互反射，因此地物所受到的总照度 E 为

$$E = E_直 + E_散 + E_邻 \tag{1-3-8}$$

而

$$E_直 = E_0 \cos\alpha \cdot T_1 \tag{1-3-9}$$

式中：E_0 为大气层外的太阳辐射照度；

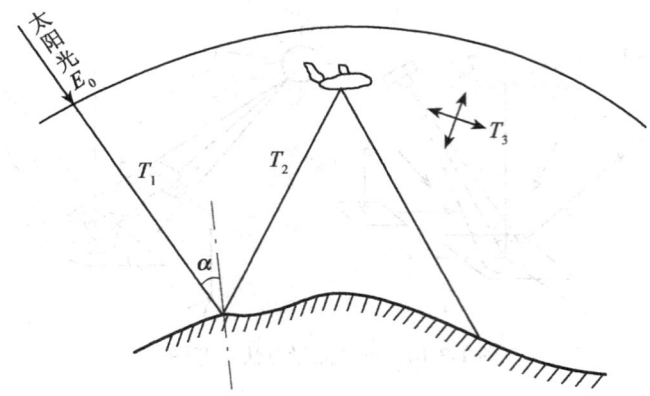

图 1-3-12　地物反射或辐射的电磁波

T_1 为太阳以某一高度角照射地面时的大气透射率,取决于大气条件和太阳高度角;
α 为太阳光线与地面法线之间的夹角,表示地面坡度即地形起伏。

由光度学公式可知,对于近似于漫反射的自然地物而言,地物所受到的照度与其所反射的亮度 $B_{地}$ 之间有下列关系,即

$$B_{地} = \frac{Er}{\pi} \tag{1-3-10}$$

式中:r 为地物的反射率。

亮度为 $B_{地}$ 的地面景物,将沿着天顶方向又一次穿过大气层而进入航摄仪,因此空中景物亮度 $B_{空}$ 为

$$B_{空} = B_{地} T_2 + \delta_1 \tag{1-3-11}$$

式中:T_2 为大气在天顶方向的透射率;
　　　δ_1 为空中蒙雾亮度(天空亮度)。

而进入航摄仪后景物的亮度 B 为

$$B = B_{空} K_a + \delta_2 \tag{1-3-12}$$

式中:K_α 为航摄仪物镜的透光率(遥感器响应);
　　　δ_2 为航摄仪的杂光(遥感器噪声)。

仿照(1-3-10)式,空中蒙雾亮度一般也可简单地写成

$$\delta_1 = \frac{E_0 T_3}{\pi} \tag{1-3-13}$$

式中:T_3 为大气在垂直方向的散射率。

如果近似地将地面散射照度 $E_{散}$ 和周围邻近地物的反射照度 $E_{邻}$ 都归入直射照度 $E_{直}$,则(1-3-12)式也可写成

$$B = \frac{E_0 K_a}{\pi}[T_1 T_2 r\cos\alpha + T_3] + \delta_2 \tag{1-3-14}$$

若以某一窄波段(λ_1,λ_2)内的地物波谱亮度 B_λ 表示,则为

$$B_\lambda = \frac{1}{\pi}\int_{\lambda_1}^{\lambda_2} E_0(\lambda) K_a(\lambda)[T_1(\lambda)\cdot T_2(\lambda)r_\lambda\cos\alpha + T_3(\lambda)]d\lambda + \delta_2 \tag{1-3-15}$$

式(1-3-15)称为遥感方程式或辐射传输方程式。

1.4 感光材料基本特性的测定

1.4.1 感光测定的意义和内容

在摄影工作中,要使摄影成果达到预期的效果,就必须根据一定的摄影目的,结合具体的摄影条件,选择合适的感光材料。例如,在照度不良的情况下进行摄影,就必须采用对光线敏感(感光性较强)的感光材料;对亮度差别较小的景物摄影时,例如,一般的空中摄影情况,为了提高影像的反差——密度差,就应该采用硬性的航摄软片;反之,如果被摄景物的亮度差很大,则应该使用软性的感光材料。又如在各种科技摄影中,为了很好地表达景物的微小细部,就需要采用乳剂颗粒较细的感光材料,即所谓微粒感光材料。再如,在遥感技术中,为了正确表达或是突出某一景物,就需要根据景物的颜色,选择某种感色性的感光材料。

在任何摄影条件下,都必须选择合适的感光材料,才能达到预期的摄影效果。但要选择合适的感光材料,就必须了解感光材料的各种性能——感光特性和显出影像的物理特性。

感光材料的性能可以通过实际试验的方法来了解,也就是直接作摄影试验。但这种方法比较复杂、烦琐,而且只能用目视方法评估摄影效果,不能定量地进行分析。同时,这种方法只适用于所试验的情况,如果摄影条件一改变,就必须重新作试验。

为了客观地测定感光材料的性能,必须以数量的方法来研究光对感光层的作用,这种以数量表示感光材料特性的测定方法和内容称为感光测定。

感光测定的主要内容分两个方面:一是测定感光材料的感光特性,它包括测定感光材料的感光度、反差系数、宽容度、灰雾及感色性等;二是测定显出影像的物理特性,其中包括测定感光材料的分辨率、清晰度、颗粒度及调制传递函数等。

应该指出,感光测定的意义不仅在于了解感光材料的性能,而且通过感光测定,可以控制乳剂的制造,指导摄影和摄影处理,在评价影像质量等方面,也有很大的价值。因此,它已成为摄影科学中的一个极为重要的部分。为了客观地、定量地以数字表示感光材料的各种性能,国际上对每一种特性的测定方法都有推荐的规范,以便各工厂或国家的测定数据能互相进行比较。因此,感光测定必须在严格的标准条件下进行,所用的仪器、设备都必须经过国家标准计量局的鉴定,只有这样,测定的成果才具有客观的意义。

1.4.2 光度学基本概念和感光测定中应用的几个术语

感光测定中,需要涉及光的定量知识,因此,在讨论感光测定试验方法以前,必须先谈一谈光度学的某些基本概念和有关的几个术语。

1. 发光强度 I

发光强度就是某一点光源向各方向辐射的光(假定各方向的发光强度相同),分布于一定立体角 ω 内的光通量 F 与该立体角 ω 之比,也就是单位立体角发出的光通量数值:

$$I=\frac{F}{\omega} \quad (1-4-1)$$

发光强度是光度学的基本单位,它随着科学技术的进展,在不同年代里曾有过不同的规定。根据 1967 年巴黎 13 次国际度量衡会议决定,在铂的凝固温度(约 1769℃)和气压为 101 325Pa 的绝对黑体,在其面积等于 1/600 000m², 沿法线方向发出的发光强度为 1 发光强度单位,称为 1 坎德拉(cd)或称为 1cd。

2. 光通量 F

光通量就是根据光所引起的视觉强度来估计的辐射能的功率,因为人眼对光的感觉是由辐射能的功率产生的。光通量的单位为流明(lm),即发光强度为 1cd 的点光源在单位立体角内发出的光通量。

若点光源各个方向上的发光强度都相同,则由它发出的总光通量为 $F=4\pi I=12.56I$。设发光强度 $I=100cd$,则 $F=1256lm$。

3. 照度 E

照度是光通量与受光通量所照明的面积之比,即

$$E=\frac{F}{S} \tag{1-4-2}$$

式中: S 为受光通量 F 所照明的面积。也可以说照度就等于投射在单位面积上的光通量。1 流明的光通量均匀地分布在 $1cm^2$ 的平面上所产生的光照度作为 1 照度单位,称 1 辐透(ph),或称 1 流明/厘米²。

1 流明的光通量均匀地分布在 1 平方米的平面上所产生的光照度称 1 勒克司(1x),或称 1 流明/米²。显然,辐透和勒克司之间有这样的数值关系:

$$1(ph)=10000(lx)$$

如果已知数不是光通量,而是点光源的发光强度,则在其垂直照射表面上的照度可由下式求得:

$$E=\frac{I}{r^2} \tag{1-4-3}$$

式中: E 为照度,以 lx 表示; I 为光源的发光强度,以 cd 表示; r 为受光面离光源的距离,以 m 表示。例如,一盏 500cd 的点光源,它在距离它 2m 处的平面上所造成的照度是 125lx,因为:

$$E=\frac{I}{r^2}=\frac{500}{2^2}=125(lx)$$

如果受光面不垂直于光束轴的方向,而是与光束成一倾斜角 α,如图 1-4-1 所示,则光通

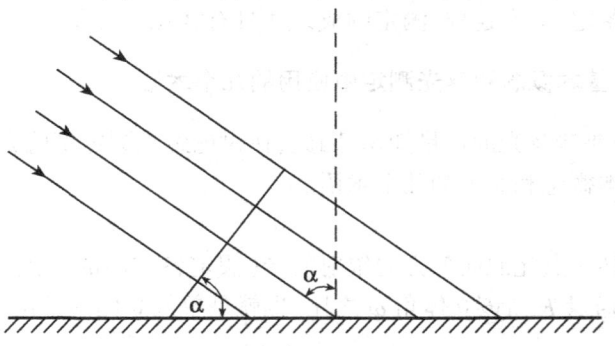

图 1-4-1 照度与入射角的关系

量分布的面积就比较大，其照度将随光线入射角 α 的余弦而比例减少：

$$E = \frac{I}{r^2}\cos\alpha \tag{1-4-4}$$

表 1-4-1 列举了一些常遇到的典型情况的光照度近似值。

表 1-4-1　　　　　　　　　　典型情况的光照度近似值

产生照度的情况	照　度（lx）
阳光明亮时的空旷地面上	70000～100000
阴暗天气时的空旷地面上	500～1500
明亮的室内	100～1000
办公室工作所必需的照度	20～100
阅读时所需的充分照度	20
接近天顶的满月在地面上所生的照度	0.2

4. 亮度 B

亮度是描述实际光源（非点光源）性质的重要数据。它是指光源在一定方向的发光强度，对同一方向所见的发光面的面积之比，即

$$B = \frac{I}{S} \tag{1-4-5}$$

式中：I 为发光强度，用坎德拉表示；

　　S 为发光体的面积，用平方厘米表示；

　　B 为亮度，用熙提（sb）表示。

熙提是亮度单位。1 平方厘米的面光源，在其法线方向的发光强度若为 1 坎德拉，则称此光源在该方向的亮度为 1 熙提（sb）或 1 坎/厘米^2。照度 E 和亮度 B 之间具有下列关系：

$$B = \frac{\rho E}{\pi} \tag{1-4-6}$$

式中：ρ 为漫射系数。

对于理想散射的无光泽表面来说 $\rho = 1$，于是

$$B = \frac{E}{\pi}$$

为了对亮度有一些具体数值上的概念，我们将一些实际光源的光亮度的近似值列于表 1-4-2 中。

表 1-4-2　　　　　　　　　实际光源的光亮度的近似值

光　　源	亮　　度(sb)
在地面上所见到的太阳	150 000
钨丝白炽灯	50~1 500
乙炔焰	8
煤油灯焰	1.5
阳光照明的洁净雪面	3
地球上看到满月的表面	0.25

5. 曝光量 H

曝光量是指感光材料的乳剂层在曝光时间内单位面积上所受的光通量总和,即等于照度 E 与曝光时间 t 的乘积。

$$H = E \cdot t \tag{1-4-7}$$

如果照度 E 为 1 勒克司(lx),曝光时间为 1 秒(s),则曝光量为 1 勒克司·秒(lx·s)。

6. 曝光时间 t

曝光时间是感光材料的乳剂层受光作用的时间。

7. 光学密度 D

光学密度(简称密度、黑度、灰度)是指感光层在曝光和显影以后的变黑程度。显然,如果显影条件固定,感光层上受光多的部分密度就大,受光少的部分密度就小。感光材料曝光后,经过显影,便还原出黑色的金属银粒,这些银粒对光起着阻挡或吸收的作用。感光层上的银粒累积越多,黑度就越大,黑度越大,被阻挡的光线就越多,而通过的光线就越少。反之,银粒累积量越少,黑度就越小;黑度越小,被阻挡的光线越少,而通过的光线越多。因此,银粒的密度可以根据透光率或阻光率的大小进行间接计量。

今设对某一负片的变黑部分,以光通量为 F_0 的光线投射在它上面,通过以后的透射光通量为 F 如图 1-4-2 所示,则该部分的透光率(或称透明度)T 为:

$$T = \frac{F}{F_0} \tag{1-4-8}$$

透光率的倒数叫阻光率(或称不透明度)O:

$$O = \frac{1}{T} = \frac{F_0}{F} \tag{1-4-9}$$

以 10 为底的阻光率的对数,我们定义为光学密度 D,即

$$D = \lg O \tag{1-4-10}$$

显然,密度也等于透光率倒数的对数,即

$$D = \lg \frac{1}{T} \tag{1-4-11}$$

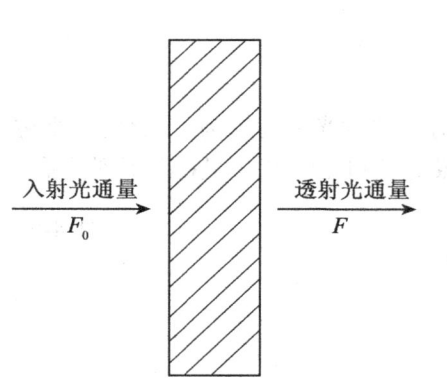

图 1-4-2　入射光通量和透射光通量

例如:设投射的光通量为 100lx,通过负片后的透

射光通量为10lx,则

$$T = \frac{10}{100} = 10\%$$

$$O = \frac{100}{10} = 10$$

$$D = \lg 10 = 1$$

由此可知,只要知道负片某一部分的透光率,就可以计算出它的光学密度值,表1-4-3表示透光率、阻光率和光学密度之间的数学关系。

表1-4-3　　　　　　　透光率、阻光率和光学密度之间的数学关系

$T(\%)$	100	50	25	12.5	10	6.25	3.12	1.56	1.0	0.78	0.39	0.19	0.10
T	1	1/2	1/4	1/8	1/10	1/16	1/32	1/64	1/100	1/128	1/256	1/512	1/1000
O	1	2	4	8	10	16	32	64	100	128	256	512	1000
D	0	0.3	0.6	0.9	1.0	1.2	1.5	1.8	2.0	2.1	2.4	2.7	3.0

从表1-4-3可以看出,当透光率减小1/2时,密度便增大0.3。例如有一负片,假定其透明度等于1/4,则密度$D=\lg 4=0.6$。如果在这负片上再叠放一个透光率为1/2的负片,如图1-4-3所示,则通过第2张负片的光将是通过第一张负片的光的1/2,也就是说总共透过了投射光的1/8。

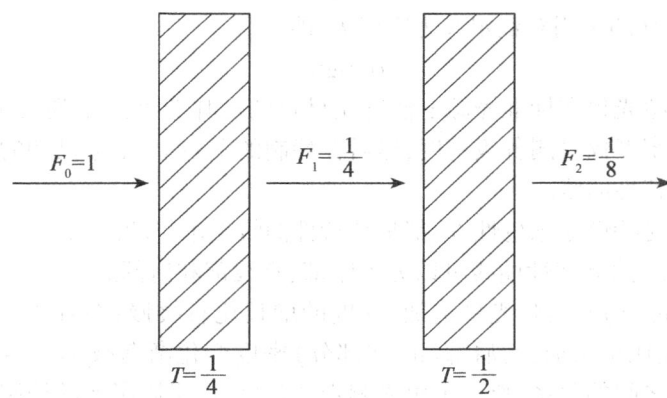

图1-4-3　密度的叠加

由此可知,总透光率是各张负片透光率的乘积,而总的阻光率便是连乘积的倒数。根据对数定律:

$$\lg(ab) = \lg a + \lg b$$

因此,两张负片叠合后的总的密度为每张负片密度之和,即

$$D = \lg 4 + \lg 2 = 0.6 + 0.3 = 0.9$$

1.4.3 感光材料的感光特性

1. 特性曲线

表示感光材料在确定的显影条件下(显影液、显影温度和显影时间)显影后形成的密度 D 与感光材料所受到的曝光量 H 之间的关系曲线,如图 1-4-4 所示。

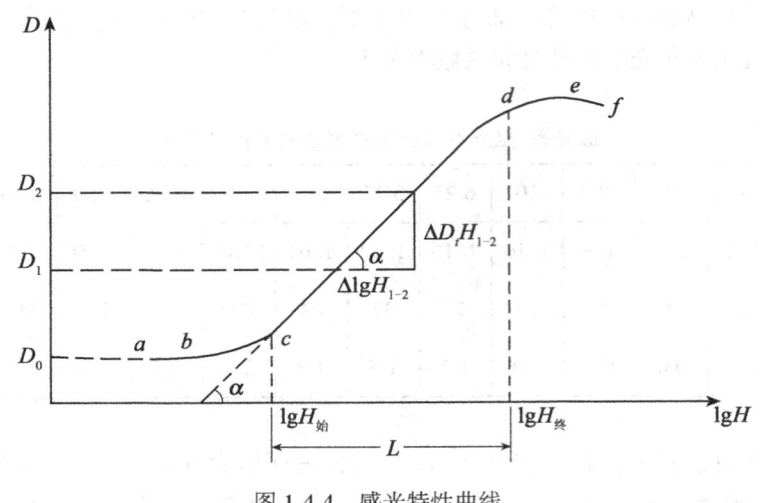

图 1-4-4 感光特性曲线

图中的曝光量 H 定义为感光层上所受到的照度 E 与曝光时间 t 的乘积,即

$$H = Et \tag{1-4-12}$$

而试片阻光率 O 的常用对数定义为密度 D,即

$$D = \lg O \tag{1-4-13}$$

特性曲线是用感光仪在标准光源下使感光材料的试片获得一系列大小不等的曝光量,经摄影处理后再用密度仪量测各级密度,然后在特制的图表上,根据已知的曝光量和测定的密度值逐点画出的特性曲线。

感光材料的感光特性除感色性外,都是从特性曲线上求得的。

如图 1-4-4 所示,感光特性曲线可以分为趾部、直线部和肩部。

在趾部(a-b-c 部分)随着曝光量增加,密度的增长比较缓慢;在直线部(c-d 部分)曝光量增加,密度按一定比例增加;而肩部(d-e-f 部分)密度变化渐渐减小。感光特性曲线反映的是曝光量和密度之间的关系,奠定了感光测定的基础,使摄影影像的控制走向科学化和定量化。

2. 灰雾密度 D_0

图 1-4-4 中曲线 ab 所对应的密度称为灰雾密度 D_0,这部分的密度是未经曝光而产生的,因此摄影后将均匀地分布在负片或像片上,从而降低影像质量。

3. 景物反差 u 和影像反差 ΔD

设 $B_{最大}$ 和 $B_{最小}$ 分别表示被摄景物中的最大亮度和最小亮度,则景物反差定义为

$$u = \frac{B_{最大}}{B_{最小}} \quad (1\text{-}4\text{-}14)$$

或
$$u_{对} = \lg B_{最大} - \lg B_{最小} = \Delta \lg B \quad (1\text{-}4\text{-}15)$$

景物反差表示被摄景物的相对亮度范围,摄影时,对景物中不同亮度的地物而言,由于曝光时间 t 均相同,因此,感光材料上受到的曝光量 H 与景物中的亮度 B 成正比,即

$$\Delta \lg B = \lg B_{最大} - \lg B_{最小} = \lg H_{最大} - \lg H_{最小} = \Delta \lg H$$

所以,以对数表示的景物反差 $\Delta \lg B$(或 $\Delta \lg H$)也可以称为曝光量范围。

摄影后,景物中亮度大的部分产生的密度大,亮度小的部分产生的密度小,而负片的影像反差 ΔD 定义为

$$\Delta D = D_{最大} - D_{最小} \quad (1\text{-}4\text{-}16)$$

4. 反差系数 r

特性曲线直线部分(图 1-4-4 中的 cd 部分)的斜率称为感光材料的反差系数。若在特性曲线直线部分上任选两点,则其密度差 $\Delta D_{1,2}$ 与其所对应的曝光量对数差 $\Delta \lg H_{1,2}$ 的比值即为反差系数,用公式表示为

$$\gamma = \tan\alpha = \left(\frac{D_2 - D_1}{\lg H_2 - \lg H_1}\right)_{直线} = \left(\frac{\Delta D_{1,2}}{\Delta \lg H_{1,2}}\right)_{直线} \quad (1\text{-}4\text{-}17)$$

5. 宽容度 L

特性曲线直线部分两端点(终点和始点)所相应的曝光量对数差定义为感光材料的宽容度,它表示感光材料能够按比例地记录景物亮度的最大曝光量范围,即

$$L = \lg H_{终} - \lg H_{始} \quad (1\text{-}4\text{-}18)$$

6. 感光度 S

ISO(International Standards Organization)国际标准规定:感光度表示感光材料对光敏感的程度,它是自动测光中必须安置的特性数值。

低感光度指 ISO 50 以下的软片,中感光度指 ISO 100~200,高感光度为 ISO 400 以上。

一般民用胶片感光度的计算公式为

$$S_{ASA} = \frac{0.8}{H_{D=D_0+0.1}} \quad (1\text{-}4\text{-}19)$$

或
$$S_{DIN} = 10\lg \frac{1}{H_{D=D_0+0.1}} \quad (1\text{-}4\text{-}20)$$

式中: $H_{D=D_0+0.1}$ 表示在确定的显影条件下,达到灰雾密度加 0.1 所需要的曝光量,ASA 和 DIN 可以互相换算,即 100ASA 等于 21DIN,200ASA 等于 24DIN 等。

航摄软片的感光度有 $S_{0.85}$ 和 S_{AFA} 两种,其中

$$S_{0.85} = \frac{10}{H_{D=D_0+0.85}} \quad (1\text{-}4\text{-}21)$$

而
$$S_{AFA} = \frac{10}{H_{D=D_0+0.3}} \quad (1\text{-}4\text{-}22)$$

式中: $H_{D=D_0+0.85}$ 或 $H_{D=D_0+0.3}$ 分别表示达到灰雾密度加 0.85 或 0.3 所需要的曝光量; $S_{0.85}$ 是我国和原苏联航摄软片感光度的计算公式; S_{AFA} 是目前国际上通用的航摄软片感光度的计算公式,这两种感光度之间不能换算。

7. 感色性

表示感光材料对各种色光的感受能力,是用特制的摄谱仪测定的,图 1-4-5 是各种感光材料感色性的示意图,图中峰值所相应的波长称为感光材料的增感高峰。

8. 显影动力学曲线

表示感光材料在某种显影液、显影温度下,灰雾密度 D_0、反差系数 r 和感光度 S 与显影时间的关系曲线,如图 1-4-6 所示。

显影动力学曲线在正确控制曝光和冲洗条件中有重要的作用。

9. 彩色胶片的感光度

(1)分层感光度

彩色胶片有三层感光层,每一感光层的感光度称为分层感光度,其计算公式为

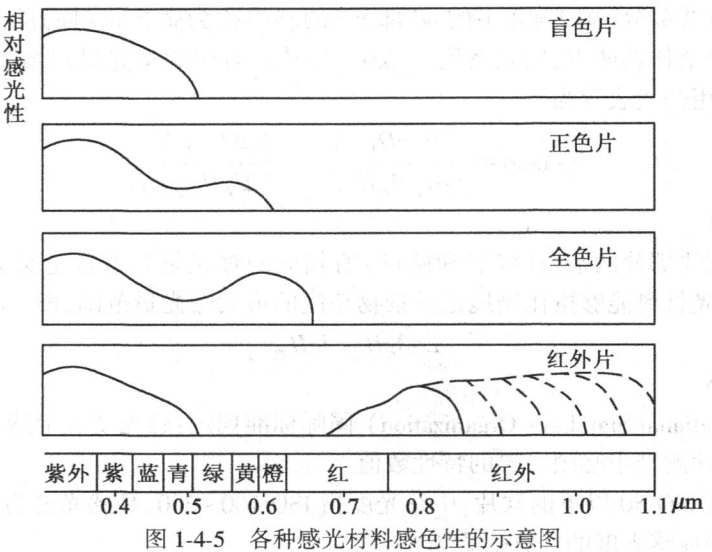

图 1-4-5　各种感光材料感色性的示意图

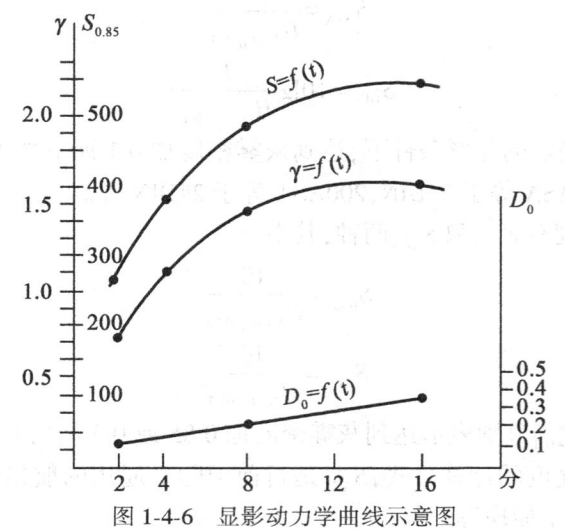

图 1-4-6　显影动力学曲线示意图

$$S_{分层} = \frac{1}{H_{D=D_0+0.15}} \tag{1-4-23}$$

（2）总感光度 S

$$S = \frac{\sqrt{2}}{H_m} \tag{1-4-24}$$

而

$$H_m = \sqrt{H_{绿} \cdot H_{最低感层}} \tag{1-4-25}$$

式中：$H_{绿}$ 为感绿层的灰雾密度加 0.15 密度后所相应的曝光量；

$H_{最低感层}$ 为分层感光度中最低的一层在灰雾密度加 0.15 后所相应的曝光量。

10. 彩色平衡

彩色感光材料经感光测定后将获得 3 条特性曲线，但这 3 条特性曲线不可能完全重合，这样就产生了彩色平衡的问题。

彩色平衡包括感光度平衡 B_S 和反差系数平衡 B_r 两种，其中：

$$B_S = \frac{S_{最大}}{S_{最小}} \tag{1-4-26}$$

$$B_r = r_{最大} - r_{最小} \tag{1-4-27}$$

彩色平衡将引起彩色失真，其中感光度平衡较差的感光材料显影后偏某一种颜色，这种偏色可在摄影或晒像时用适当的滤光片加以修正，反差系数平衡较差的感光材料将使明亮景物和阴暗景物偏不同的颜色，在摄影和晒像过程中都无法修正。

1.5 航空（航天）摄影的要求

由本章 1.3 节图 1-3-12 可知：E_0 是大气层外的太阳辐照度，为常数；α 为太阳光线与地面法线之间的夹角，表示地面坡度即地形起伏，在一定的太阳高度角时，取决于景物本身；R 为地物的反射率，取决于景物本身；K_α 和 δ_2 是表示航摄仪质量的参数。因此，在一定的摄影条件下，进入航摄仪后的景物亮度将直接取决于大气条件，即透射率 T_1、T_2 和大气散射率 T_3。其中 T_1 和 T_2 的含义是相同的，即影响其数值变化的因素是相同的。在航天摄影时，T_2 可以看做是垂直方向的透射率，但在常规航空摄影时，由于航高相对来说比较低，就不能简单地认为是垂直方向的透射率。为了分析问题简单起见，在以下的分析中，将 T_1 和 T_2 统称为大气透射率 T。

对摄影成像来说，景物亮度的大小只影响航摄胶片上所受到的曝光量，重要的是航摄负片上相邻地物影像之间的密度差（$\Delta D_{邻} = D_2 - D_1$）。因为，如果地物影像之间没有密度的差异，也就无法在像片上辨认和识别地物。但地物影像之间的密度差首先取决于航摄负片上的影像反差（$\Delta D = D_{最大} - D_{最小}$），而由感光测定理论可知，如果摄影时景物的亮度范围都落在感光材料特性曲线的直线部分上，则景物反差（u）、影像反差（ΔD）和航摄胶片冲洗时的反差系数（r）之间有下列关系，即

$$\Delta D = \gamma \lg u \tag{1-5-1}$$

而

$$u = \frac{B_{最大}}{B_{最小}}$$

$$\Delta D = D_{最大} - D_{最小}$$

式中：$B_{最大}$为地面景物的最大亮度；

$B_{最小}$为地面景物的最小亮度；

$D_{最大}$为航摄负片的最大密度；

$D_{最小}$为航摄负片的最小密度；

r为反差系数。

显然，当冲洗条件一定时，影像反差将随着景物反差的增大而增大，从而提高了相邻地物影像之间的密度差。而决定景物大小的因素除了景物本身的特征外，主要取决于阳光部分和阴影部分照度之间的差异（比值）。其中阳光部分的景物所受到的照度（总照度）包括直射照度和散射照度，而阴影部分景物所受到的照度只是散射照度。

下面我们具体分析航空与航天摄影中的一些具体要求以及大气条件对航摄影像质量的影响。

① 由上述可知，地物所受到的照度包括3部分，其中周围邻近地物的反射照度$E_{邻}$将使同类地物反射不同的光强，造成判读困难，但这是自然景观造成的，因而也是无法避免的。

直射照度主要取决于太阳高度角，当太阳位于天顶方向时（太阳高度角近似90°），光线穿过大气层的路程最短，太阳辐射受大气吸收和散射的影响最小，因而大气透射率T最大。

散射照度的情况比较复杂，除了与太阳高度角有关外，在某些情况下，地物的反射光（如地面上的雪层）也会照亮大气，从而又增大了散射照度。表1-5-1是夏天晴朗无云和中等大气透射率的天气情况下，在不同太阳高度角时所测得的地面总照度（$E_{直}+E_{散}$）和散射照度的数值。

表1-5-1　　　　不同太阳高度角时所测得的地面总照度和散射照度的数值

太阳高度角	照度/klx		$E_{总}/E_{散}$
	$E_{总}$	$E_{散}$	
5°	4	3	1.33
10°	9	4	2.25
15°	15	6	2.50
20°	23	7	3.30
25°	31	8	3.88
30°	39	9	4.11
35°	48	10	4.80
40°	58	12	4.90
45°	67	13	5.20
50°	76	14	5.43
55°	85	15	5.66

一般来说，太阳高度角越大，总照度和散射照度之间的区别越大，因而地面景物的反差也越大。

因此，对平坦地区来说，为了保持一定的地面景物反差，适合航空摄影的最理想的太阳高度角不应小于20°；丘陵地区和一般城镇地区，太阳高度角应大于30°；而在山区和大、中城市航摄时，为了避免地物阴影的影响，太阳高度角应大于45°。同样，为了突出沙漠地区的轮廓和走向，航摄时，太阳高度角应小于30°。

② 由于大气对太阳辐射的吸收和散射，因此大气条件直接影响大气透射率 T 和散射率 T_3。大气条件差，大气透射率降低，散射率增大，即直射照度降低，散射照度增大，从而降低地面景物的反差，当大气条件较差时，由于地面照度降低或由于云层的影响而无法进行摄影。

一般以大气能见度表示大气条件，表 1-5-2 列出了各种气象状况时的气象能见度。由表 1-5-2 可见，根据摄影高度，适合航空摄影的气象能见度为 10~20km，对航天摄影来说，则主要根据太阳高度角和摄区云层分布的情况决定摄影与否。

表 1-5-2　　　　　　　　　　各种气象状况时的气象能见度

等级	气象能见度/km	特性
0	0.05	极重雾
1	0.20	重雾
2	0.50	中雾
3	1	轻雾
4	2	极重蒙雾
5	4	重蒙雾
6	10	轻蒙雾
7	20	满意能见度
8	30	良好能见度
9~10	>50	极好能见度

应该指出，由于散射照度增加了阴影部分地物的照度，因此，在一定的大气条件下，对城市和高山地区的航空摄影是有利的，因为这将增加阴影处地物影像的层次，甚至消除阴影，从而提高判读性能。

③ 航空摄影与地面摄影相比，最重要的是还要受到空中蒙雾亮度的影响。

设地面景物的反差为 u，则航空景物的反差 u′ 为

$$u' = \frac{B_{最大}T + \delta_1}{B_{最小}T + \delta_1}$$

若 δ_1 以最大亮度的百分数表示，即

$$\delta = \frac{\delta_1}{B_{最大} \cdot T}$$

则
$$u' = \frac{1+\delta}{\frac{1}{u}+\delta} = \frac{u(1+\delta)}{1+u\delta}$$
(1-5-2)

显然,由于空中蒙雾亮度的影响,航空景物反差 u′将低于地面景物反差 u。

为了进一步分析空中蒙雾亮度的影响,设地面上有一系列亮度不同的景物(表 1-5-3),地面景物的反差 u = 1024/1 ≈ 1000($lgu = 3$),相邻地面景物的反差均为 2/1($lgu = 0.3$),若空中蒙雾亮度为地面景物最大亮度的 1%(即 $\delta = 10$),如果不考虑大气透射率,则航空景物的反差 u′= 94($lg\ u' \approx 2$),比地面景物反差降低 10 倍,而相邻航空景物的反差 u′也都小于 2,而且相邻景物在明亮部分和阴影部分反差降低的程度并不一致。由表 1-5-3 可见,阴影部分相邻景物的反差下降得非常明显,航空景物的亮度受到了非线性压缩。

表 1-5-3　　　　　　空中蒙雾亮度对景物反差的影响

地面景物亮度($B_{地}$)	1	2	4	8	16	32	64	128	256	512	1024
相邻景物反差(u)	2:1										
空中蒙雾亮度(δ)	10										
航空景物亮度($B_{空}$)	11	12	14	18	26	42	74	138	266	522	1034
相邻航空景物反差(u′)	1.09	1.17	1.29	1.44	1.62	1.76	1.86	1.93	1.96		1.98
lg u′	0.04	0.07	0.11	0.16	0.21	0.25	0.27	0.285	0.29		0.297

图 1-5-1 是根据表 1-5-3 的数据而描绘的图,直观地表示了空中蒙雾亮度对景物反差的影响,图中也没有考虑大气透射率。

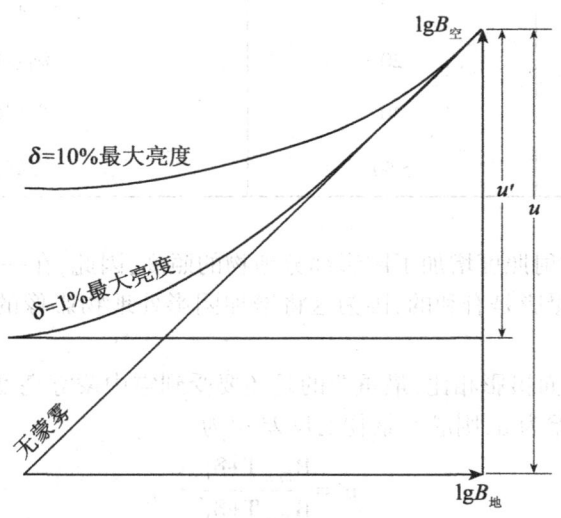

图 1-5-1　空中蒙雾亮度对景物反差的影响

由表 1-5-3 和图 1-5-1 可见:

a. 航空景物的亮度比同一景物在地上的亮度大,这意味着航空摄影时,与地面摄影相比,曝光时间可以适当缩短。

b. 航空景物总的反差受到了压缩(u'<u),因此,航空摄影时所用的胶片一般都为硬性感光材料,冲洗对反差系数(r)一般都大于1,以补偿由于空中蒙雾亮度对影像反差的影响。

c. 阴影部分相邻景物的反差比明亮部分相邻景物的反差压缩得多,即航空景物的亮度受到了非线性压缩,从而降低了阴影部分相邻景物影像的密度差。这一影响说明,即使曝光时景物亮度范围完全落在感光材料特性曲线的直线部分上,也不能完全正确恢复地面景物的亮度差,而且并不能用提高反差系数来完全补偿这一影响,因为补偿过多,明亮部分相邻景物的反差反而夸大,而阴影部分相邻景物的反差仍不能得到充分的补偿。

为了在一定程度上补偿空中蒙雾亮度的影响,航空摄影时必须附加滤光片,因为轻微的大气蒙雾主要是短波光的散射,可以选用浅黄色或黄色滤光片来进行补偿。

表1-5-4表示当太阳高度角为30°时,在不同大气条件下,不同摄影高度时一般航空景物的反差。由表可见,对同一景物而言,在不同的大气条件或不同的高度进行摄影时,航空景物的反差都有重大的变化。

综上所述,由于大气条件即大气透射率和空中蒙雾亮度的影响,航空摄影时为了获得满意的影像质量,必须选择晴天无云,太阳高度角大于30°,附加20°加滤光片进行摄影,航摄胶片应选用硬性材料,冲洗时的反差系数一般都大于1。

表1-5-4　　太阳高度角为30°时,在不同条件下,一般航空景物的反差

航空高度/m	大气条件 / 景物反差 晴朗	轻蒙雾	重蒙雾
1000以下	16.5:1	11.5:1	9:1
1000~2700	11.5:1	7:1	5:1
2700以上	7:1	5:1	3:1

1.6 色的基本知识及加色法与减色法

电磁波谱中$0.38\sim0.76\mu m$波段能够引起人的视觉。如$0.7\mu m$为红色,$0.58\mu m$为黄色,$0.51\mu m$为绿色,$0.47\mu m$为蓝色等,这一部分加上紫外和红外部分来自于原子与分子的发光辐射,称为光学辐射,但一般情况下,紫外线使眼睛产生疼痛感,红外线使眼睛产生灼热感,都不会使人的视觉产生如颜色、形状等的视觉印象。严格地说,只有能够被眼睛感觉到并产生视觉现象的辐射才是可见辐射或可见光,简称光。

1.6.1 颜色视觉

人对光的感应靠眼睛,在光亮条件下,人眼能分辨各种颜色,当光谱亮度降低到一定程度,人眼的感觉便是无彩色的,光谱变成不同明暗的灰带。

1. 亮度对比和颜色对比

(1)亮度对比

观察图片或屏幕时,常对观察对象的亮暗程度有一评价。这一评价实际是相对于背景而言的,就是亮度对比。

亮度对比是视场中对象与背景的亮度差与背景亮度之比,记作:

$$C = \frac{|L_{对象} - L_{背景}|}{L_{背景}}$$

选择适宜的对象及背景的亮度,可以提高对比,从而提高视觉效果。在遥感图像中亮度对比主要用于单色黑白影像,但有时很难说明哪个是背景,哪个是对象。这时亮度对比就变成两个或多个对象之间的对比,即 $C = \Delta L_{对象} - L_{对象}$。这就如一张灰色纸片,在白色背景上看起来发暗(对比低)在黑色背景上看起来发亮(对比高)一样。

(2)颜色对比

在视场中,相邻区域的不同颜色的相互影响叫做颜色对比。颜色的对比受视觉影响很大。例如,在一块品红的背景上放一小块白纸或灰纸,用眼睛注视白纸中心几分钟,白纸会表现出绿色。如果背景是黄色,白纸会出现蓝色。这便是颜色对比的效果。两种颜色互相影响的结果,使每种颜色会向其影响色的补色变化(绿是品红的补色,蓝是黄的补色)。在两种颜色的边界,对比现象更为明显。

在可见光谱段中颜色从紫到红端是过渡变化的。一般来说,只要波长改变了 0.001~0.002μm,人眼就能观察出差别。对不同波长,人眼的区别能力也不同。就整个光谱而言,正常人眼应分辨出一百多种不同颜色。可见,人眼对颜色的分辨力比对黑白灰度的分辨力强得多,正因为如此,彩色图像能表现出更为丰富的信息量。

2. 颜色的性质

当观察物体时人眼对光源的感觉不同,白光光源亮度很高时,看到的是白色。亮度较低看到的是发暗发灰,无亮度则看到黑色。面对不发光的物体而言,人眼所看到的物体颜色是物体反射的光线所致。当物体对可见光无选择地反射,反射率在 80%~90% 以上时,物体为白色显得明亮,当反射率在 4% 以下时,物体为黑色显得很暗,中间反射率则为灰色。如果物体对可见光有选择地反射,反射 0.6μm 以上的波长看起来是红色,反射从 0.55μm 起且反射率偏低便成了棕红色。所有颜色都是对某段波长有选择地反射而对其他波长吸收的结果。

颜色的性质由明度、色调、饱和度来描述。

(1)明度

明度是人眼对光源或物体明亮程度的感觉。与电磁波辐射亮度的概念不同,明度受视觉感受性和经验影响。一般来说,物体反射率越高,明度就越高。所以白色一定比灰色明度高,黄色比红色明度高,因为黄色反射率高,对光源而言,亮度越大,明度越高。

(2)色调

色调是色彩彼此相互区分的特性。可见光谱段的不同波长刺激人眼产生了红橙黄绿青蓝紫等彩色的感觉。多数情况,刺激人眼的光波不是单一波长,而常常是一些波长的组合。对于光源,则是不同波长的亮度组合,对于反射物体,则是不同反射率的不同波长组合,它们共同刺激人眼产生组合后的颜色感觉。

（3）饱和度

饱和度是彩色纯洁的程度，也就是光谱中波长段是否窄、频率是否单一的表示。对于光源，发出的若是单色光就是最饱和的彩色，如激光，各种光谱色都是饱和色。对于物体颜色，如果物体对光谱反射有很高的选择性，只反射很窄的波段则饱和度高。如果光源或物体反射光在某种波长中混有许多其他波长的光或混有白光，则饱和度变低。白光成分过大时，彩色消失成为白光。

黑白色只用明度描述，不用色调、饱和度描述。

3. 颜色立体

（1）颜色立体

为了形象地描述颜色特性之间的关系，通常用颜色立体来表现一种理想化的示意关系，如图1-6-1所示。

中间垂直轴代表明度，从底端到顶端，由黑到灰再到白明度逐渐递增。中间水平面的圆周代表色调，顺时针方向由红、黄、绿、蓝到紫逐步过渡。圆周上的半径大小代表饱和度，半径最大时饱和度最大，沿半径向圆心移动时饱和度逐渐降低，到了中心便成了中灰色。如果离开水平圆周向上下白或黑的方向移动，也说明饱和度降低。

这种理想化的模型可以直观表现颜色三个特性的关系。但与实际情况仍有不小差别。例如，黄色明度偏白，蓝色明度偏黑，它们的最大饱和度并不在中间圆面上，就是一个说明。

（2）孟赛尔颜色立体

孟赛尔（A.H.Munsell）用图1-6-2的颜色立体模型表示颜色系统，称为孟赛尔颜色立体，使颜色的划分更为标准化。

中央轴代表无彩色的明度等级，顶部白为10，底部黑为0，从0至10共分为10个明度级。

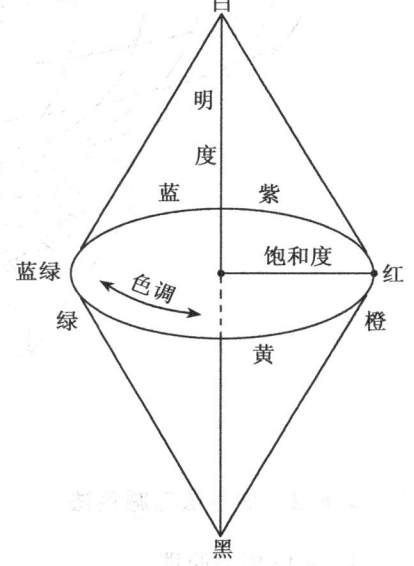

图1-6-1 颜色立体示意模型

在颜色立体的水平剖面上是色调，沿顺时针方向分为红、红黄、黄、黄绿、绿、绿蓝、蓝、蓝紫、紫、紫红10种色调，每两种色调间各分5个等级。颜色离开中央轴的水平距离代表饱和度的变化，又称孟赛尔彩度，表示同样明度值时饱和度的情况。中性色（黑灰白）时为0，离开中轴越远数值越大。不同的明度、色调和饱和度构成了颜色的不同彩色。

任何颜色在孟赛尔系统中都可以用3个坐标值：色调、明度和饱和度（彩度）表示，每一组坐标又可制成标准颜色样品，以供有关参考对比。

孟赛尔颜色立体比起理想的颜色立体更接近实际情况，虽然不是完善的，但对颜色性质的理解已更深入一步。

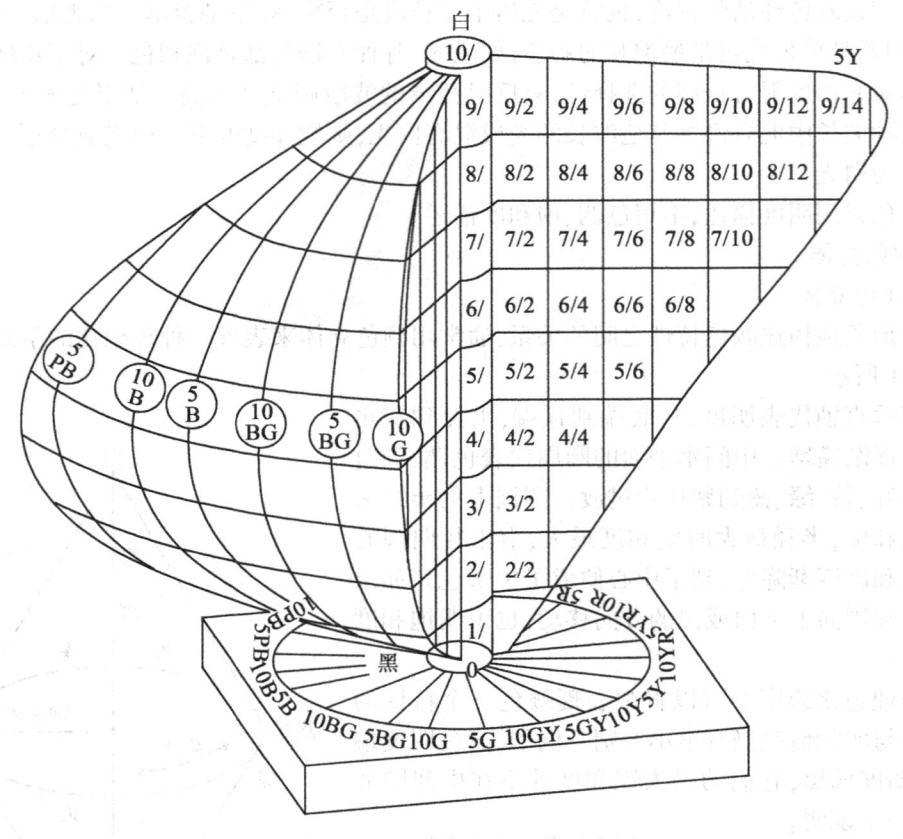

图 1-6-2　孟赛尔颜色立体示意图

1.6.2 加色法与减色法

1. 颜色相加原理

（1）互补色

若两种颜色混合产生白色或灰色，这两种颜色就称为互补色。如黄和蓝、红和青、绿和品红均为互补色。假如做一个圆盘，左边是黄色，右边是蓝色，让圆盘快速旋盘，使两种颜色混合，人眼就只能看出白色或灰色。

（2）三原色

若三种颜色，其中的任一种都不能由其余两种颜色混合相加产生，这三种颜色按一定比例混合，可以形成各种色调的颜色，则称之为三原色。实验证明，红、绿、蓝三种颜色是最优的三原色，可以最方便地产生其他颜色。当然，混合后的颜色只是一种视觉效果上的颜色，已完全失去了颜色的光谱意义。

为了加深对互补色和三原色的理解。可以做一个实验如图 1-6-3 所示。用三个可调亮度的光源，分别经过红绿蓝三个滤光片，再经过透镜形成平行光束。在暗室中照射到白屏幕上，构成红、绿、蓝三原色。调节三原色光源的亮度比例，可以在白屏幕三束光重叠的部位看到白光。在只有红光和绿光重叠的部位产生黄光,在只有绿光和蓝光重叠的部位产生青色光,在只有蓝光和红光重叠的部分产生品红色光。不断地调节各光源的强度,白屏幕上还会出现各种中间颜色。由此得出各种颜色都可以由红绿蓝这三原色产生的结论。

这个实验可以简单地画成加色法示意图,如图1-6-4所示。

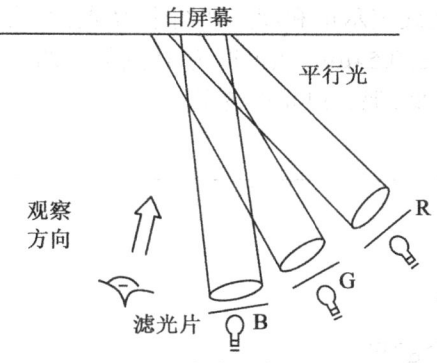

图1-6-3 颜色相加的实验

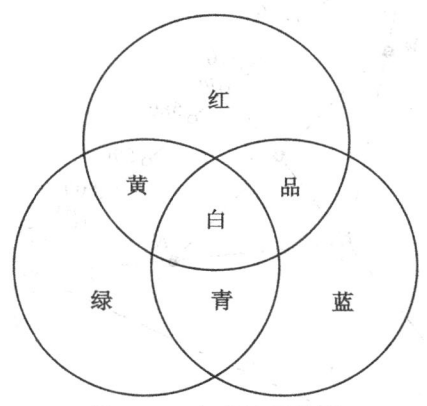

图1-6-4 加色法示意图

2. 色度图

颜色相加原理可以进一步用色度图来表现。

从理论上讲,每一种波长的光都可以用红、绿、蓝三原色相加产生。因此,对任何一种颜色的光,当匹配的各波长光谱能量相同(等能光谱)时,都可以推算出其所需要的红、绿、蓝三原色的数量值。研究表明,所有光谱色混合时,即形成等能光谱中的白光。而且白光是由相同数量的红、绿、蓝三原色组成的。设光的总量为1,则白光由三原色各1/3构成,即

红=绿=蓝=1/3 白

红+绿+蓝=1

根据这一原则设计的色度图如图1-6-5所示,图中x轴(色度坐标)相当于红原色的比例,y轴(色度坐标)相当于绿原色的比例,图中没设蓝色度坐标z,因为$x+y+z=1$,所以知道了x和y,z便已知。图中的弧形曲线代表光谱,线上每一点代表一种波长和光谱颜色,中心C点是白光点,即$x=y=z=0.33$,相当于正午太阳光。

色度图与颜色立体的表现含义不同,它具有真实的意义,表现了人眼对颜色视觉的基本规律:

① 从 A 点($0.4\mu m$)到 B 点($0.77\mu m$)光谱曲线的轨迹及连接 AB 两点直线所形成的马蹄形范围内所包含的各点都是在物理上可以由真实光线产生的颜色。任何颜色在色度图中都有确定的位置。因此颜色的特性也可以得到说明,即马蹄形的周边表示出色调的差异。其他中间各点与中心 C 的连线表示饱和度。如图中 M 点,连接中心点 C 和 M 点并延长之与光谱轨迹相交,交点的波长($0.54\mu m$)颜色即为 M 点的色调。该点越接近光谱线,饱和度越高,越接近 C 点,饱和度越低,混有白光也越多。

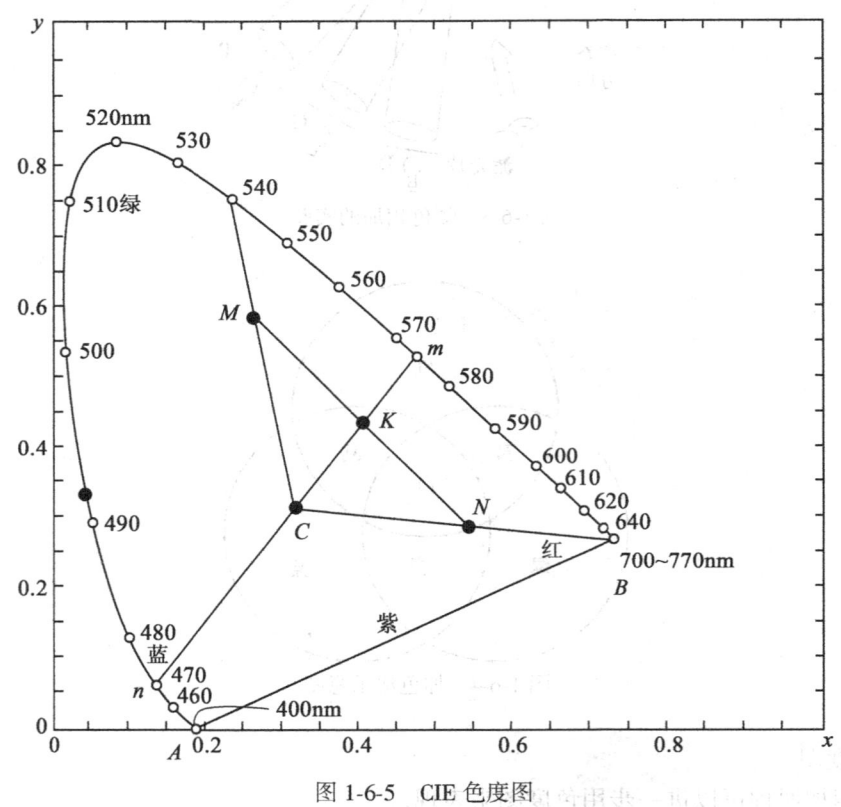

图 1-6-5 CIE 色度图

② 色度图可以粗略推算出两种颜色相混合得到的中间色。如 M 与 N 两种颜色按一定比例合成,一定得到 MN 连线上的中间色,如 K,连接 CK 并延长至光谱线,可知 K 对应的谱颜色($0.573\mu m$)和饱和度(离 C 的远近)。但如果 CK 延长线与 AB 相交,则不可能找到对应的光谱波长,因为 AB 线上各种颜色不是原有光谱色,而是光谱上没有的红、品红、紫等颜色。

③ 过 C 点作一条直线与边缘交于两个点,如 m 和 n,则这两点对应光谱的颜色一定是互补色,它们混合可以产生白光。但如果有一个点落在 AB 线上,则白光上能由两种以上的光线产生,因为 AB 线上的点本身是由两种光线混合产生的。

可见,色度图更为准确地表现了颜色混合的规律,又称作混色图。

彩色显示器的显像管是利用加色法原理产生色彩的。屏幕上红绿蓝三原色的荧光粉可产生红绿蓝彩色影像。显像管工作时,三注电子束分别激发红绿蓝荧光粉。荧光屏上,每一荧光点的面积都很小,对眼睛仅形成小于1′的视角,该视角小于人眼视觉的空间分辨能力,所以三个荧光点按不同的红绿蓝颜色比例发光时,在视觉上产生颜色相加的效果。如果选用的红绿蓝三原色在色度图上占据了三个角,则构成的颜色三角形越大,合成的图像色调愈丰富。

3. 颜色相减原理

实际生活中,除了利用颜色相加原理形成颜色的混合外,还常常利用颜色的减法混合。例如遥感中常用的色彩摄影、彩色印刷等都是减色法的原理。

(1)减色法原理

白色光线先后通过两块滤光片的过程就是颜色的减法过程。可以做一个实验,让一束白光先通过一块蓝滤光片,再通过一块黄滤光片,得到投射到白屏幕上的绿色光。这是因为蓝滤光片的特性是对蓝光透过率比较高,而对蓝光以外的其他波长的光有很高的吸收率。对黄滤光片而言,黄光透过率比较高,而对黄色以外其他波长的光,吸收率很高。最后共同透过的部分应是蓝滤光片的透过率与黄滤光片透过率的乘积,该值是波长的函数,因为波长不同,透过率不同。如 $0.5\mu m$ 处蓝片透过 69%,黄片透过 58%,则通过两片后透过 $69\% \times 58\% = 40\%$。但为什么是绿色呢?一般来说,物体透光时,在主要透过某种颜色光的同时,也将该波段附近的光部分透过,这是一个渐变过程。正因为如此,透过蓝光时附近的绿光、紫光也会透过一些,透过黄光时,附近的绿光、红光也会透过一些。它们共同透过的部分便是绿光了。当两块滤光片组合产生颜色混合时,入射光通过每一滤色片时都减掉一部分辐射,最后透过的光是经多次减法的结果,这种颜色混合原理就是颜色相减原理。

颜色相减和颜色相加的区别在于:在上述实验中,当蓝和黄滤光片分别透过白光而将透过的光混合在白屏幕时,由于黄与蓝是互补色,因而当强度调整适当时,可以出现白色,这就是加色法原理,而白光依次透过黄、蓝滤光片后却得到绿色,这是减色法原理,前者是相加混合,后者是相减混合,如图 1-6-6 所示。

(2)减法三原色

指加法三原色的补色,即黄、品红和青色,如图 1-6-7 所示。用白光由红、绿、蓝三色组成这种理想模型来理解,可以认为当使用黄色滤光片时,是将黄色波长附近的红、绿段透过而将远端的蓝色光吸收,从而形成减蓝色即黄色。这种滤光片控制了蓝色。同样地,减绿滤色片吸收绿色光生成品红色,减红滤色片吸收红色光生成青色,如图 1-6-8 所示。这样黄、品红、青便是减色法的三原色。将彩色涂料的三色叠加时,由于光线依次通过减红、减绿、减蓝层就成黑色。只有当涂料浓度不够,减色不彻底时才会出现灰白色,但这仍是减色法而不是加色法。

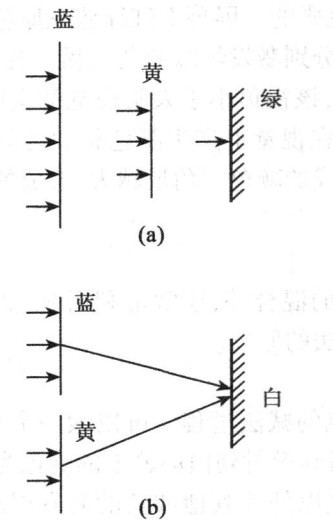
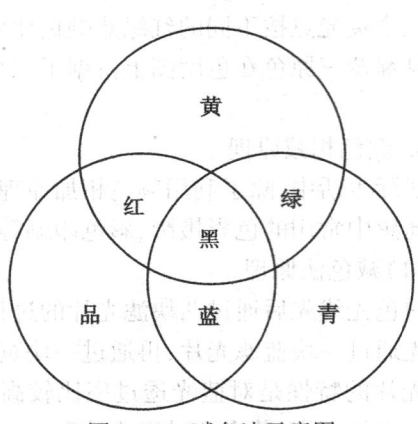

图 1-6-6　减色法(a)与加色法(b)区别示意图　　　图 1-6-7　减色法示意图

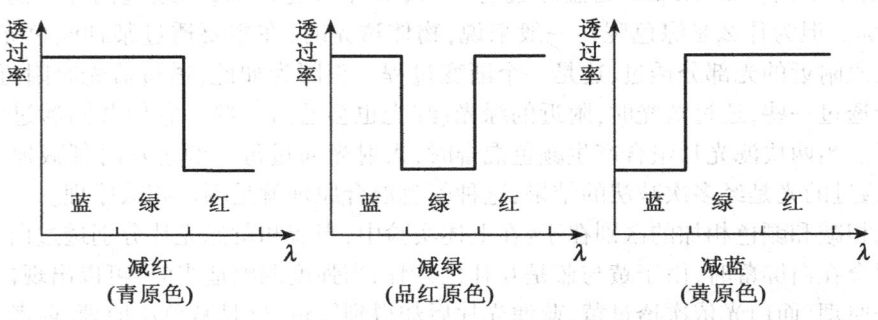

图 1-6-8　减色法三原色理想示意图

第2章 航空摄影仪

2.1 概 述

安装在飞机上对着地面能自动地进行连续摄影的照相机称为航空摄影机。由于当代航空摄影机都是一台相当复杂、精密的全自动光学电子机械装置,具有精密的光学系统和电动结构,所摄取的影像能满足量测和判读的要求,因此航空摄影机一般也称为航摄仪,表示这种照相机如同一台结构复杂的光学仪器。

根据摄影时摄影物镜主光轴与地面的相对位置,航摄仪可分为框幅式(画幅式)航摄仪和全景式航摄仪两大类。框幅式航摄仪摄影时主光轴对地面的方向保持不变,每曝光一次获得一幅中心透视投影的图像,与普通的120、135型相机相同;全景式航摄仪摄影时主光轴相对地面在不断移动,其影像的几何质量远比框幅式航摄仪差。

因为航摄仪是用来从空中对地面进行大面积摄影的,所摄取的影像又必须能满足量测和判读的要求,因此,无论航摄仪的结构或是摄影物镜的光学质量都与普通相机有重大的区别。

在结构上,现代航摄仪一般都备有重叠度调整器,能每隔一定时间间隔进行连续摄影,保证在同一条航线上,相邻像片之间保持一定的重叠度以满足立体观测要求。根据摄影测量的需要,航摄仪的焦平面上必须有压平装置及贴附框,并在贴附框的四边中央及角隅处分别装有机械框标和光学框标。此外,为了避免各种环境因素的影响,航摄仪必须有减震装置,制作航摄仪的机械部件应选用防腐蚀和变形极小的特种合金,以保证航摄仪光学系统的稳定性,防止飞机发动机的震动、大气温度的变化(±40℃)和飞机升降时由于过载负荷等因素对摄影影像质量的影响。现代最新型的航摄仪还备有像移补偿装置,以消除曝光瞬间由于飞机前进运动而引起的像点位移。

航摄仪的像幅比较大,一般有18cm×18cm和23cm×23cm两种。要在这样大的幅面内,获取高质量的影像,在摄影物镜的光学设计、制造摄影物镜所用的光学玻璃的选材、加工、安装和调试等方面都要求特别精细。此外,摄影时为了保证正确曝光,当代航摄仪一般都具有自动测光系统。因此,航摄仪的光学系统是相当复杂的。

随着当代科学技术的不断进步,摄影物镜和航摄胶片质量的不断提高,航摄资料用途的不断开拓,现代航摄仪已发展成一台高度精密的全自动化摄影机。本章首先讲述航摄仪的基本结构和摄影物镜的光学特性,在此基础上介绍几种我国摄影测量常用的航摄仪。

2.2 航摄仪的基本结构

航摄仪的整体结构大体上由四个基本部件组成,即摄影镜箱、暗匣、座架和控制器。每个部件相当于一个模块,每个模块各有自己独立的功能。这种由模块设计组成的航摄仪,不但结构精巧,而且在使用上有许多优点,它把可更换的部件(如摄影物镜和暗匣)与必须的常用部件分离开来,有利于航摄单位在同时承担不同要求的航摄任务时,对航摄仪进行有计划的调配。

以下介绍四个部件的主要功能。由于航摄仪的类型很多,各国生产的航摄仪在结构形式以及每个部件所承担的功能上,或多或少地存在着某些差别。

2.2.1 摄影镜箱

摄影镜箱是航摄仪最主要的组成部分,由物镜筒和外壳组成。

物镜筒的前端装置物镜。航摄物镜是由好几种不同形式、用不同光学玻璃研磨的单透镜组合而成的高度精密的光学系统。光圈和摄影快门都设置在光学系统的透镜组之间,为了补偿空中蒙雾亮度的影响或进行光谱带摄影,物镜前可以安装不同颜色的滤光片。这种滤光片属于摄影物镜光学系统的一部分,因此各种厂家生产的航摄仪都配有相应的滤光片,彼此并不通用。镜箱的外壳长度一般都超过物镜筒,形成一个安全罩,用以保护物镜和消除旁射光的影响。

镜箱上部,即物镜筒和暗匣的衔接处,有一个金属制成的贴附框,框的四边严格地处于同一平面内,并要求与物镜的主光轴垂直。贴附框每边的中央各有两个机械框标,相对两框标连线的交点与主光轴和贴附框平面的交点一致。此外,在贴附框的每个角隅处,还设有一个用光源照明的光学框标,相对两光学框标连线的交点与机械框标连线的交点也应一致。摄影时,机械框标与光学框标都与地物同时构像在航摄胶片上。因此,在航摄像片上,根据相对的两个框标连成直线,其交点即为像片中心的位置。

为了使航摄仪能适应在低温条件下的正常工作,并保持内方位元素的稳定性,在镜箱内部设有加温装置。

航摄镜箱除了摄取地物影像外,还记录很多指示器件的影像,例如指示飞行高度的气压表、指示摄影时刻的时表、指示光轴倾斜角大小的水准器和摄影顺序记数器,等等。这些指示器大都安置在镜箱外壳和镜筒之间,并都集中在贴附框的某一边,各由小电灯泡照明,通过设置贴附框边缘物镜,能使各指示器的影像与每一像幅的地物影像同时记录在航摄胶片上,作瞬间的状况和姿态的记录,供使用航摄资料时参考。

镜箱内还设置有动力传动装置,它把动力传递给摄影物镜的快门以及暗匣中的胶片卷输机构和压平机构。

2.2.2 暗匣

暗匣是一个装置在镜箱上部与贴附框紧密接合的不透光的匣子。它除了安装航摄胶片外,一般还有两个重要作用:一个是在每次曝光后控制航摄胶片按固定长度输送;另一个是使航摄胶片在曝光瞬间严格展平于焦平面上。图 2-2-1 为航摄仪暗匣的结构略图。图中 1 为装未曝光胶片的卷轴,称为载片轴(或称供片轴);2 是一个能主动旋转的轴,用来接收已曝光胶片,该轴称为承片轴(或称收片轴);3为引导胶片均匀输送的轴,称为导片辊;4也是一个引导胶片均匀输送的轴,但由于它还起到丈量胶片长度的作用,故称为量片辊。

航摄胶片在每次曝光后,应该卷输一个固定不变的长度A,这个长度就是像幅沿航线方向的宽度l_x加上两像幅之间的间隔距离c,即

$$A = l_x + c \tag{2-2-1}$$

当卷输航摄胶片时,胶片紧贴在量片辊上,依靠它们之间的摩擦力(或胶片边缘的齿孔)带动量片辊转动,因为在接触处的线速度是一样的,所以每卷一个A的长度,量片辊都是转动相同的转数n,若量片辊的半径为r,则

$$n = \frac{l_x + c}{2\pi r} \tag{2-2-2}$$

每当量片辊转动n转数后,暗匣中的传动机构立即停止工作,胶片也就停止移动,从而保证了胶片的定长输送。

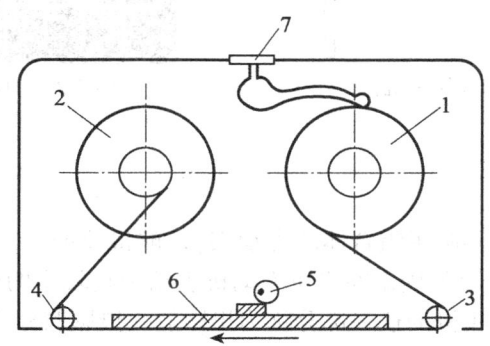

1—载片轴;2—承片轴;3—导片辊;4—量片辊;5—偏心轮;6—压片板;7—软片数量指示器

图 2-2-1 航摄仪暗匣的结构略图

航摄胶片的展平是由压平机构实现的,展平胶片的方法有两种,即气压法和机械法。

气压压平是利用吸气的方法在压片板和胶片之间造成真空,如图 2-2-2 所示。

压片板与航摄胶片接触的一面是一个平度要求达到微米级的平面,板面上开有通气槽道,以便排出压片板和胶片之间残留的空气,如图 2-2-3 所示。为了吸出残留空气,在压片板中央部分,凿有很多贯穿压片板的小孔,利用飞机舱舷外面的吸气管或真空泵造成真空。

航摄时,每次曝光结束,压片板利用弹簧或杠杆自动抬起,暗匣开始输送一幅定长的航摄胶片,卷输完毕后,压片板开始压向贴附框进行真空吸气压平。

机械压平是利用压片板将航摄胶片紧紧地压在安置于焦平面的光学玻璃上,以达到展平胶片的目的。

为了防止通过胶片的光线在压平板表面产生反射,使航摄胶片再次感光,压片板表面必须涂成黑色。机械压平时,为了使航摄胶片更好地压平在光学玻璃上,压片板的表面通常都蒙上一层黑色织物。

暗匣中航摄胶片的容量一般为60m,如制造航摄胶片的片基为薄形涤纶片基,其长度可达120m。

在航摄过程中,为了随时了解胶片的使用情况,在暗匣的匣盖上设有表示胶片卷输是否

正常的指示器、已曝光或未曝光胶片的数量指示器和指示航摄仪是否处于水平状态的水准器等。

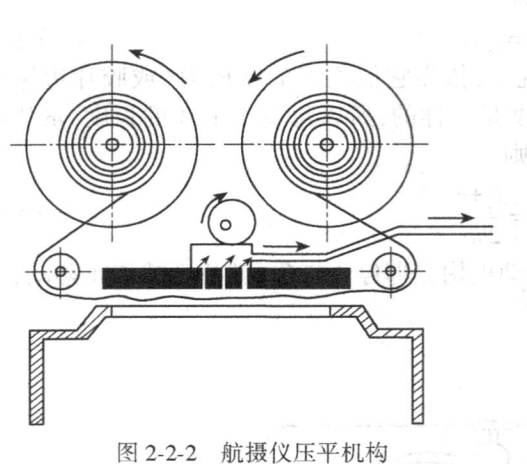

图 2-2-2　航摄仪压平机构

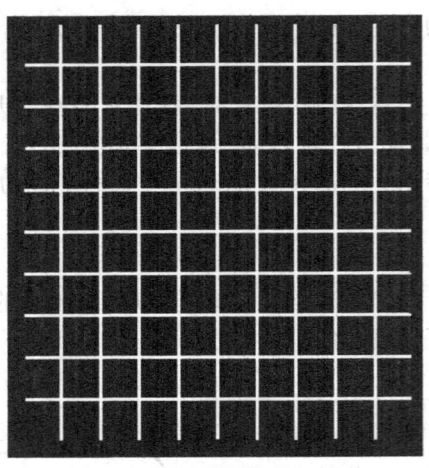

图 2-2-3　压平机构通气槽道

2.2.3　座架

座架是安置航摄镜箱和暗匣组合体的支承架,是航摄仪的一个重要组成部分。座架有3个或4个支柱,依靠它将座架固定在飞机发动机震动影响较小的舱底上,为了对地面进行摄影,该处舱底必须开孔,飞机的这一部分称为摄影舱。摄影舱分为3种类型,即不密封的、部分密封的(保持固定温度、但气压不作控制)和密封的(温度和气压都保持不变)。摄影舱的底部都有一块保护玻璃(除密封舱外),航摄时,保护玻璃自动移开,露出航摄物镜。

航摄飞机在飞行过程中,由于受到空中气流的影响,飞机不可能保持平稳的飞行状态,将分别围绕三个轴系转动,如图 2-2-4 所示,即分别产生围绕机翼连线转动的航向倾角 α_x,围绕机身纵轴转动的旁向倾角 α_y 和围绕垂线方向转动的旋角 κ。

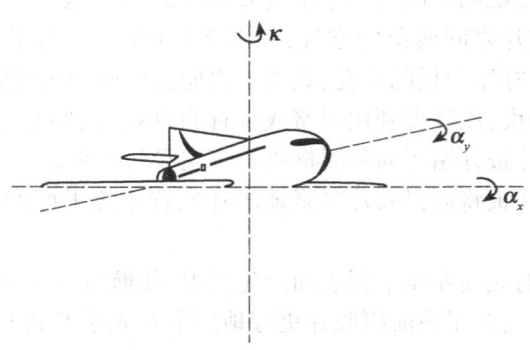

图 2-2-4　飞机围绕三个轴系转动

由于航摄仪座架固定在飞机的舱底上,因此在飞行条件下,航摄仪也将同时绕着三个轴系转动。为了尽可能消除这一影响,座架必须有整平航摄仪和对航摄仪进行定向的功能。为此,航摄仪的座架必须能使摄影镜箱分别绕 xx、yy 和 zz 轴转动。一般航摄仪座架设有内外两个活动环,每个环有一个轴,内环轴(xx)与外环相连,外环轴(yy)与座架总体相连,内外环的轴互相是垂直的,航摄镜箱安置在内环上,利用调整螺旋可使航摄镜箱分别绕 xx 轴或 yy 轴转动,从而达到整平航摄仪的目的。同时,内环与外环的组合体又可在座架的总支承圆环上旋转一定的角度(即绕 zz 轴旋转),以便调整镜箱的方向。

任何航摄仪,其座架的外貌虽然不同,但它们都必须具有上述三个自由度。

航摄仪的座架一般都固定在飞机纵轴的附近,其中 xx 轴与飞机的纵轴平行。设直线 AB 为摄影航线的方向,如果没有侧风的影响,飞机将沿直线 AB 飞行。由于航摄仪贴附框的侧边与飞机的纵轴平行,则前后所摄的各张像片如图 2-2-5 中的 a 所示。当具有侧风时,设风速为 u,则飞机将会沿 AB' 方向飞行,此时 AB' 与预定航线 AB 之间将形成一个偏流角 φ,此时所摄的像片如图 2-2-5 中的 b 所示,如果要使飞机在具有侧风的情况下仍能沿预定航向 AB 飞行,就必须使飞机纵轴的方向向着与偏流角 φ 相反的方向改正一个角度 ω,并称 ω 为航线偏流角。但飞机改正 ω 角后,航摄仪所摄的像片却如图 2-2-5 中的 c 所示。因此,为了使摄取的像片仍能保持图中 a 的图形,必须使镜箱绕自身的 zz 轴按飞机修正偏流的相反方向旋转一个 ω 的角度,这就是航摄中的所谓改正航偏角,或称为航摄镜箱的定向。

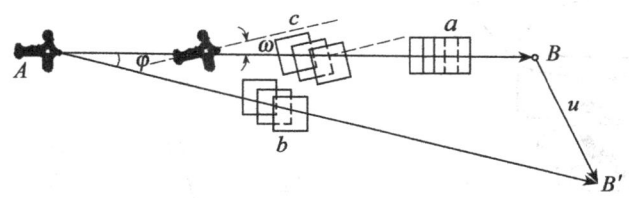

图 2-2-5 航摄中的航偏角

此外,为了减少飞机发动机的震动和飞机升降时由于过载负荷对航摄仪的影响,保证摄影影像质量和航摄仪工作的稳定性,在与飞机舱底固定的座架支柱上还必须设置弹簧减震装置。

2.2.4 控制器

控制器是操纵航摄仪工作的指挥机构,它通过遥控的方式指挥并监督整个航摄仪的工作。控制器通过电缆将航摄仪与电源连通,控制器的内部装有各种电器元件,外部面板上装有各种开关、旋钮、讯号指示灯、电表和计数器,等等。当把要求的航向重叠度在控制器上安置后,只要打开启动开关,航摄仪就能自动地按预定的要求进行连续摄影。根据需要,控制器还能使航摄仪与附属仪器(如高差仪、无线电测高仪和雷达系统等)同步工作。

航摄仪除了上述四个基本部件外,还有一个必须的重要附件,即检影望远镜。它用遥控的方式与航摄仪的镜箱相连,因此,航摄员操纵检影望远镜,就可以整平航摄仪和改正航偏角(航摄仪镜箱的定向)。此外,检影望远镜中还设有重叠度调整器,以控制像片的航向重叠度。

2.3 航摄仪物镜的光学特性

2.3.1 概述

我们知道,任何凸透镜都可以在焦平面上构成物体的光学影像,但是由于透镜存在着多种像差(球面像差、彗形像差、像散差、像场弯曲、色差和畸变差等6种),因此为了消除像差,任何摄影物镜都至少由两个或更多的透镜组合而成。对航摄仪来说,摄取的航摄像片主要用于量测和判读,对影像质量的要求相当高。为了更好地消除像差,提高影像质量,在设计、加工和装配航摄物镜时,总是有目的地选择不同品种和不同折射率的光学玻璃,研磨成各种具有一定曲率和一定厚度的透镜,并用粘合或非粘合的方式将这些透镜装配成一定的空间距离,装配时还要求将所有透镜的曲率中心都调试在同一条直线上,以形成主光轴。因此,航摄物镜是一个相当复杂的光学系统,一般由7~13个单透镜所组成,如图2-3-1所示。

航摄物镜虽然由多个单透镜所组成,但叙述物镜的光学特性时,为了简单起见,仍可以将它看做一个组合的凸透镜。图2-3-2表示一个单透镜主光轴上的主要特征点。

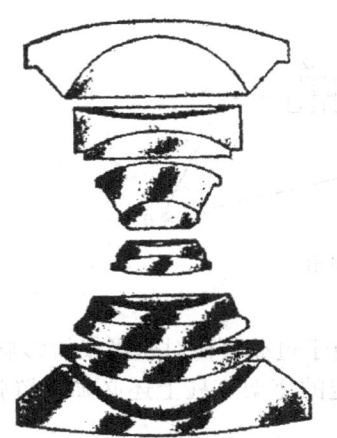 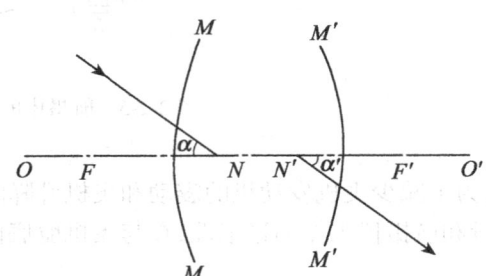

图 2-3-1　航摄物镜结构图　　　图 2-3-2　单透镜主光轴上的主要特征点

图中 MM、$M'M'$ 表示凸透镜的两个分别与物方和像方空间接触的球面,OO' 为主光轴,F、F'分别称为前、后主焦点,表示平行于主光轴的一束光线通过物镜后的焦点,N、N'分别称为前、后节点或主点。在地面摄影或航空摄影时,一般物方空间和像方空间处于同一介质(空气)中,所以节点与主点是重合的。对于一个无像差的理想透镜而言,节点有一个重要的特性:所有投射到物镜上的入射光线必将会聚于前节点 N 上,而其出射光线则必定通过后节点 N',并且与相应的入射光线平行,即 $\alpha=\alpha'$。

航摄物镜的光学特性比普通相机包含更多的内容,其中主要包括焦距、相对孔径、像场角、焦平面上的照度分布、色差、畸变差和分解力等。

由物镜后节点 N' 到后主焦点 F' 的距离,称为摄影物镜的焦距 f。

物镜的焦距与摄影比例尺(或称影像比例尺)有关,在其他摄影条件相同的情况下,焦

距越长,所摄影像的比例尺也越大。摄影比例尺可用下式表示,即

$$\frac{1}{m}=\frac{l}{L}=\frac{b}{a} \quad (2\text{-}3\text{-}1)$$

式中:m 为摄影比例尺分母;

    L 为物体的长度;

    l 为影像的长度;

    b 为像距;

    a 为物距。

对于航空摄影而言,物距 a 相当于飞机的航高,一般以 H 表示,通常 H 是一个很大的数值,所以实际上像距就相当于航摄仪的焦距,因此,航摄中摄影比例尺(航摄比例尺)一般按下式计算

$$\frac{1}{m}=\frac{f}{H} \quad (2\text{-}3\text{-}2)$$

式中:H 为航摄飞机相对于摄区平均平面的高度。

在航空与航天摄影技术中,经常接触到焦距和(检定)主距两种不同的名称。对任何摄影物镜而言,物镜的光学系统一旦调试完毕后,主光轴上的特征点位就是固定的,因此焦距是一个固定的常数,而且焦距的数值可以用光学方法直接量测。而所谓主距则是仪器检定后的平差计算值,不同的平差方法将得到不同的检定值,由于航摄仪物镜总是对光于无穷远的物体,所以焦距与主距在数值上相差不大,一般焦距表示到毫米,主距表示到小数点后两位。

2.3.2 相对孔径

摄影物镜的有效孔径 d 与物镜的焦距 f 之比为物镜的相对孔径。有效孔径表示由物方空间进入物镜的光束大小,如图 2-3-3 所示。有效孔径与光圈直径 D 之间的差异取决于接触物方空间的第一个透镜。如果第一个透镜是会聚透镜,则 $d>D$;反之如果是发散透镜,则 $d<D$。

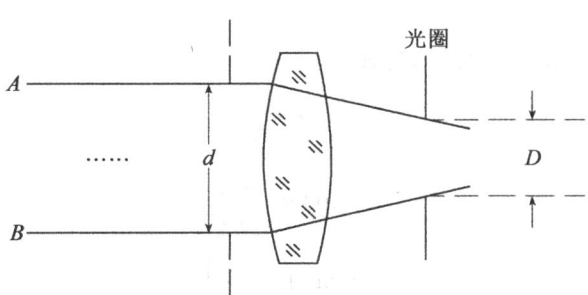

图 2-3-3 摄影物镜的有效孔径

相对孔径的倒数称为物镜的光圈号数 k。由于光圈的直径是可以改变的,因此,随着相对孔径增大,光圈号数变小,物镜被使用的面积增大,从而也增大了通过物镜的光通量。现代航摄仪为了保证构像质量,尽可能使用物镜的中央部分构像,其最小光圈号数一般都大于

或等于 4。

当物镜向无穷远物体对光时,不仅远处的物体构像清晰,而且在离开物镜不小于某一距离 H_0 处的所有物体其构像也都很清晰,这个距离就称为超焦点距离,或称为无穷远起点。其计算公式为

$$H_0 = \frac{f^2}{k\delta} \tag{2-3-3}$$

式中:δ 为在航摄负片上容许的影像模糊圆直径。

对航摄仪而言,超焦点距离表示飞机应该离开摄区最高地物点的最小距离。在山区大比例尺航空摄影中,当使用长焦距航摄仪时,应在航摄计划中考虑这一因素,以保证影像的质量。

光线通过物镜时,有一部分光线被光学玻璃吸收,另一部分光线被透镜的表面所反射,这就使得投射到物镜表面的光线有一部分不能参加构像。透射光(通过物镜的光通量)与投射光(投射到物镜的光通量)之比称为摄影物镜的透光率(K_a),它表示光线能通过物镜的百分比,在性质上相当于大气透明度。

摄影物镜在焦平面上产生光学影像亮度的能力,称为物镜的光强度,它等于物镜的透光率与相对孔径平方的乘积,即

$$物镜光强度 = K_a \left(\frac{d}{f}\right)^2 \tag{2-3-4}$$

由于光线在透镜表面上的反射,必将在焦平面上产生一层均匀的散射光(杂光),这种散射光对像质的影响相当于空中蒙雾亮度的影响,因此航摄仪在制造工艺上是相当精细的。为了尽可能消除透镜表面对各种波长光线的反射,物镜表面都经过多层加膜,镜箱内壁、快门叶片、光圈叶片等都采用特殊的黑色涂料,以尽可能吸收反射光,避免光线在透镜表面的多次反射。现代航摄仪物镜的透光率约为 0.7 左右,散射光亮度小于最大亮度的 0.2%。

2.3.3 像场角

由物镜后节点 N' 至像幅(像场)对角线两端点 a、b 的连线所夹的角度 2β 称为航摄仪物镜的像场角。如图 2-3-4 所示。

由图 2-3-4 可知,像场角的计算公式为

$$\tan\beta = \frac{d}{2f}$$

$$\beta = \arctan\left(\frac{d}{2f}\right)$$

而

$$2\beta = 2\arctan\left(\frac{d}{2f}\right) \tag{2-3-5}$$

式中:d 为像幅对角线的长度。

当像幅一定时,f 越大,像场角 2β 越小;反之,当焦距一定时,像幅越大,像场角 2β 也越大。显然,在相同航高下,同一像幅的航摄仪的像场角越大,一张像片所覆盖的地面面积也越大。航摄仪的物镜根据像场角的大小分为 4 种:

① 窄角物镜:$2\beta < 50°$;

② 常角物镜：50°<2β<75°；
③ 宽角物镜：75°<2β<100°；
④ 特宽角物镜：β>100°。

2.3.4 航摄仪焦平面上的照度分布

光通过物镜后，在焦平面上的照度分布是不均匀的，焦面照度由中心向边缘逐渐减小，并与光线倾斜角余弦的四次方成正比，即

$$E_\omega = E_0 \cos^4 \omega \quad (2\text{-}3\text{-}6)$$

式中：E_0 为焦平面中央的照度；

ω 为通过任意像点的主光线（倾斜光线）与主光轴的夹角；

E_ω 为与主光轴成 ω 角的倾斜光线通过物镜后在焦平面上的照度。

显然，式中 ω 角的最大值即为像场角的一半（β）。

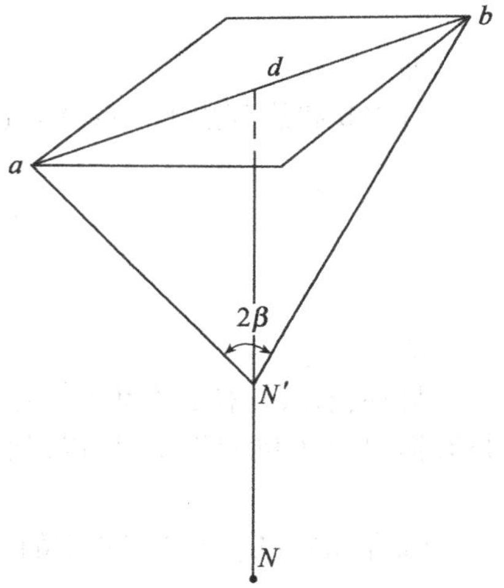

图 2-3-4 航摄仪物镜的像场角

根据几何光学原理，可以比较简单而直观地推导出 (2-3-6)式。在图 2-3-5 中，p_0 表示焦平面，p 为任意像点，d 为平行于主光轴的光线进入物镜的光束直径（即有效孔径），d' 为与主光轴交角成 ω 的倾斜光线进入物镜后沿纵向的光束直径。

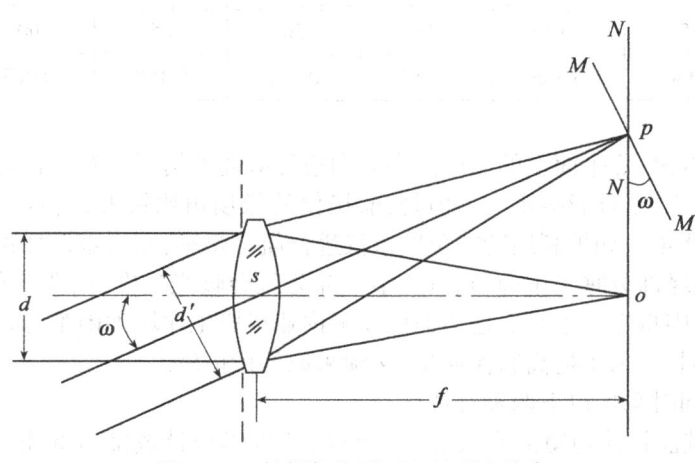

图 2-3-5 航摄仪焦平面上的照度分布

由图可见

$$d' = d\cos\omega$$

$$sp = \frac{f}{\cos\omega}$$

通过像点 p 垂直于 sp 的面积 MM 上的照度 E_M 与焦平面中心 o 处面积上的照度 E_0 有下式关系

$$\frac{E_M}{E_0} = \frac{f^2}{(f/\cos\omega)^2}$$

即
$$E_M = E_0 \cos^2\omega \tag{a}$$

将 MM 投影到焦平面的 NN 上，设 F 为光通量，则

$$\frac{E_M}{E_N} = \frac{\frac{F}{MM}}{\frac{F}{NN}} = \frac{NN}{MM} = \frac{1}{\cos\omega}$$

即
$$E_N = E_M \cos\omega \tag{b}$$

另外，有效孔径 d 在焦平面中心 o 处的投影在纵横方向上均为 d，而在焦平面 MM 处的投影横向为 d，纵向为 d'，所以，到达 MM 面上的光通量为到达 o 处光通量的 $\cos\omega$ 倍，即

$$E_M = E_0 \cos\omega \tag{c}$$

综合（a）、（b）、（c）三式中的 $\cos^2\omega$ 或 $\cos\omega$ 项，得

$$E_N = E_\omega = E_0 \cos^4\omega$$

表 2-3-1 是根据式（2-3-6）计算的结果，表中列出随着 ω 角的增大，像面照度与中央照度的比值。

表 2-3-1　　　　　　　　　　　像面照度与中央照度的比值

$\omega°$	0	5	10	15	20	25	30
$\cos^4\omega$	1	0.985	0.941	0.870	0.780	0.675	0.562
$\omega°$	35	40	45	50	55	60	65
$\cos^4\omega$	0.450	0.345	0.250	0.171	0.108	0.063	0.032

从表中可以看出，焦平面上的照度由中心向边缘减弱的情况。对于普通的小型摄影机，因为像场角 2β 较小，这种影响不大。但是，航摄仪的像场角比较大，当 $\omega>40°$ 时，影像边缘照度的降低就很严重。如果利用特宽角航摄仪进行航空摄影，则很难选择正确的曝光时间，因为，如果负片边缘部分曝光正确，则负片中央部分就会曝光过度；而要使负片中央部分曝光正确，边缘部分则将曝光不足。这不但使航测内业摄影工序增加困难，而且会由此造成地物碎部的损失。因此，为了提高影像质量，必须采取补偿措施。

现代航摄仪同时采用以下两种补偿措施：

① 在设计物镜时，使物镜的有效孔径在纵向的投影设计成随着光束倾角的增大而增大，从而消去一个 $\cos\omega$ 项，于是，焦平面照度按下式分布

$$E_\omega = E_0 \cos^3\omega$$

这样对特宽角物镜而言，边缘照度可提高到中心照度的 16%。

② 由第 1 章可知，由于空中蒙雾亮度的影响，航空摄影时总要使用滤光片，为此，将航摄仪使用的滤光片制成这样，即让其密度从中心向边缘减小，也就是有目的地增加像场边缘处的曝光量，从而进一步补偿了焦面照度不均匀的现象。

上述两种方法同时采用后，可使特宽角航摄仪的边缘照度达到中心照度的 40% 以上，从而最大限度地补偿了照度不均匀的现象。

2.3.5 色差

对航摄物镜来说，由于最小光圈号数不小于4，物镜被使用的有效面积比较小，加之在设计航摄物镜时的精密考虑，单透镜所固有的六种像差都已基本消除，但色差和畸变差还存在着或多或少的残余像差。由几何光学可知

$$\frac{1}{f} = (n-1)\left(\frac{1}{r_1} + \frac{1}{r_2}\right) \qquad (2-3-7)$$

式中：n 为光学玻璃的折射率；

r_1、r_2 为透镜两个球面的曲率半径。

对同一种光学玻璃而言，当入射光线的波长不同时，光学玻璃的折射率是不相同的，波长越长，折射率越小，因此，摄影时在焦平面上将形成各自的焦点，从而分别形成横向色差和纵向色差，如图2-3-6所示。

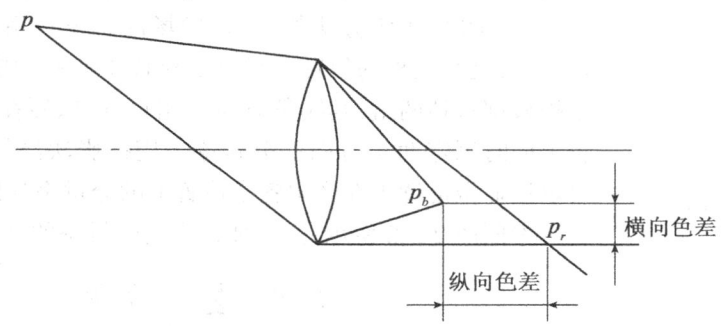

图2-3-6 航摄物镜的色差

色差将使反射不同波长光线的地物不能同时清晰地聚焦在同一个焦平面上，尤其在航空摄影中，摄影的波长范围不但包括可见光谱区，而且还要求包括近红外波谱段，因此，航摄仪物镜在消色差方面的要求相当高，航摄仪制造厂商一般都向用户指明该物镜的色差校正范围。过去的航摄仪，尤其是特宽角航摄仪，其色差校正范围为400~700nm波谱段，使用这种航摄仪时，如果不在物镜前面加上一个长焦距的凸透镜（f=6~30m）就不能用于红外摄影。随着航摄物镜制造工艺的不断提高，现代优质航摄仪的色差校正范围达到了400~900nm波谱段。

2.3.6 畸变差

对于一个无像差的理想物镜来说，所有向前节点 N 投射的入射光线，其出射光线必定通过后节点 N'，并且与相应的入射光线平行，即 $\alpha = \alpha'$。但实际上，设计物镜时，总存在一些残余像差，而且即使在光学设计上能满足这一要求，在加工、安装和调试物镜时也难免存在一定的残差，这样就使被摄景物与影像之间不能保持精确的相似性，从而造成了影像的几何变形。实际像点到主光轴的距离（α_o'）与理想像点到主光轴的距离（α_o）之差称为该点影像的畸变差，用符号 Δ 表示，如图2-3-7所示。

应该指出，在航空像片上，由于像幅较大（18cm×18cm或23cm×23cm），像片上任何两

点的畸变差都不相等,即

$$\frac{a_1'}{a_1} \neq \frac{a_2'}{a_2} \neq \frac{a_3'}{a_3} \neq \cdots \neq 1$$

当航摄像片用于量测时,对航摄物镜畸变差的数值有一定的限制,一般要求畸变差小于 $15\mu m$,以保证摄影测量内业加密中的量测精度。

2.3.7 物镜的分辨率

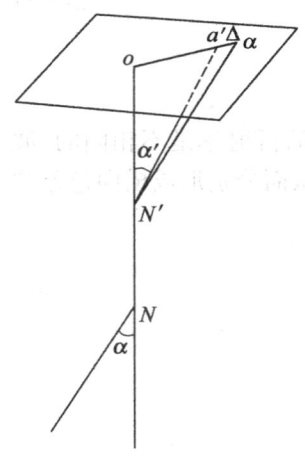

图 2-3-7 航摄仪物镜畸变差

分辨率 R 是摄影物镜的重要特征之一,以 1mm 宽度内所能清晰分辨的线条数表示,单位为线对/mm。

对航摄仪来说,像幅较大,由于物镜残余像差和照度分布不均匀的影响,焦平面上各个位置的分辨率都不相同,一般由中心向边缘递减。为了更好地评定航摄物镜的分辨率,用面积加权平均分辨率来表征航摄物镜的质量,其英文缩写词为 AWAR。

AWAR 的测定方法如下:在像场内布设一系列三线条分辨率靶板,这些靶板的位置要尽可能对称于像幅的中心,而且每一个靶板都包括两组,其线条方向互相垂直,以便在同一个像幅位置上同时测定两个方向的分辨率。用摄影法经摄影、冲洗后就可以用显微镜读出在像幅各个位置上的分辨率数值。

参照图 2-3-8 所示,面积加权平均分辨率的计算公式为

$$\text{AWAR} = \sum \frac{A_i}{A} \sqrt{R_{x_i} R_{y_i}} \tag{2-3-8}$$

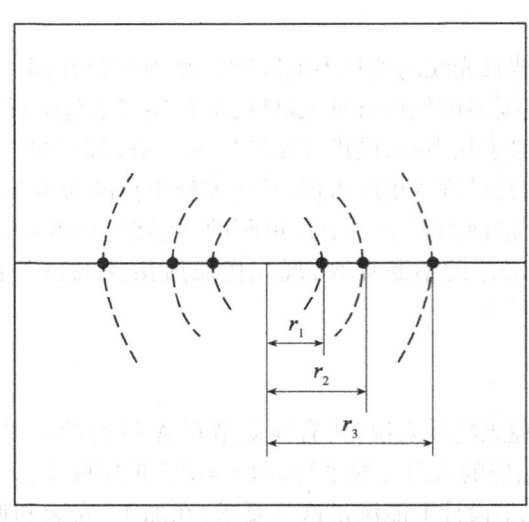

图 2-3-8 面积加权平均分辨率示意图

式中:R_{x_i} 为离像幅中心第 i 点的沿 x 方向的分辨率;
R_{y_i} 为离像幅中心第 i 点的沿 y 方向的分辨率;

A_i 为以像幅中心为原点、相邻两标志影像(i, i-1)包络的环形面积；

A 为以像幅中心为原点、离像幅中心最远处标志影像的距离 r_n 为半径的圆面积。

显然，
$$\frac{A_i}{A} = \frac{r_i^2 - r_{i-1}^2}{r_n^2} \tag{2-3-9}$$

由式(2-3-8)可以看出，式中 $\sqrt{R_{x_i} R_{y_i}}$ 表示互相垂直的两个方向上分辨率读数的几何平均值，而 $\frac{A_i}{A}$ 表示权系数，如图 2-3-9 所示。

由图 2-3-9 可见，离开像幅中心越近，权系数取值越小；离开像幅中心越远，权系数取值越大。因为一般来说，像幅中心的影像质量较高，边缘影像的质量较低，这就是面积加权平均分辨率的实际含义。

一般沿像幅 x 和 y 两个方向(或沿像幅两条对角线方向)各测定一次，取其平均值作为该航摄仪物镜的面积加权平均分辨率。

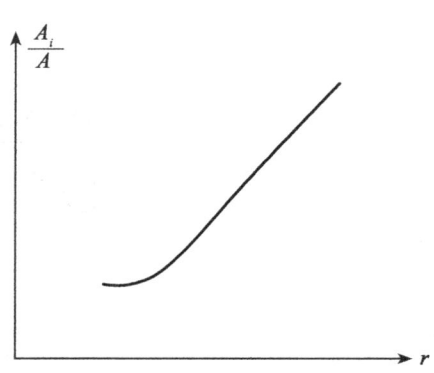

图 2-3-9 权系数与像幅中心的关系

我们知道，摄影物镜和感光材料的分辨率都不是常数，前者取决于分辨率靶板反差、投射光的波长和光圈号数，后者取决于靶板反差、曝光量和摄影处理条件等因素。上述摄影物镜或感光材料的分辨率称为静态分辨率，而航摄负片(航摄胶片经摄影和冲洗后称为负片或底片)的分辨率称为动态分辨率。航摄负片的分辨率不但取决于航摄物镜和航摄胶片的质量，也取决于航空摄影的条件和航摄比例尺的大小。如果用上述方法能测定出航摄负片的面积加权平均分辨率，则根据摄影比例尺的大小，就可以估算出该航摄负片能够分辨的最小地物的实地宽度 R_g，并称为地面分辨率，即

$$R_g = \frac{m}{\text{AWAR}} \tag{2-3-10}$$

式中：m 为航摄比例尺分母；

R_g 为地面分辨率。

在比较不同摄影物镜或感光材料的质量时，在相同的测试条件下，直接用分辨率数值就可以进行比较。而动态分辨率必须归算成地面分辨率，即必须考虑摄影比例尺的大小。例如，有两张航摄负片，其动态分辨率均为 25 线对/mm，但第一张负片的摄影比例尺为 1/1 万(地面分辨率为 0.4m)，第二张负片的摄影比例尺为 1/2.5 万(地面分辨率为 1 m)。很明显，这两张负片尽管分辨率相同，但在地面上所能分辨的最小地物宽度是不相等的。

2.4 我国摄影测量常用的几种航摄仪

我国摄影测量常用的航摄仪一般有两种像幅，即 18cm×18cm 和 23cm×23cm。无论哪一种像幅，对航摄仪的光学质量和机械结构都有共同的要求。

现代优质航摄仪应当能提供高质量的光学影像,即在整个像幅内,影像应具有清晰而精确的几何特性和良好的判读性能。要满足这一要求,航摄物镜的分辨率必须很高,最大畸变差要小于15nm,色差校正范围应为400~900nm,物镜透光率要强,焦面照度要分布均匀,为了保证光学影像的反差,镜箱体的散光要消除到最低限度。此外,每一种航摄仪都必须配备不同焦距的航摄物镜,以满足各种航空摄影的需要。

在机械结构方面,航摄仪的压平系统应使航摄胶片在曝光瞬间能完全吻合于贴附框平面。如果胶片在某一个位置上没有压平,离开贴附框平面 Δm 的距离,则既影响像片的量测精度,同时也将降低影像的清晰度。图 2-4-1 表示由于压平不良所产生的像点位移值 Δl 。

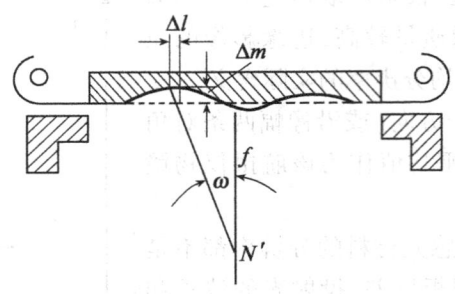

图 2-4-1　像点位移值 Δl

由图可见

$$\Delta l = \Delta m \tan\omega \qquad (2-4-1)$$

式中:ω 为倾斜光线与主光轴的夹角。

由式(2-4-1)可见,对压平精度的要求,取决于像点的位置。像场角 2β 越大,由于压平不良,在影像边缘处的像点位移越大,一般要求 Δl 小于或等于 0.01mm,因此当 $2\beta=60°$ 时,在像幅边缘处,Δm 不应该超过 17nm;而当 $2\beta=120°$ 时,相应的 Δm 值就不应超过 6nm。上述数据说明,对航摄仪的压平精度,尤其对特宽角航摄仪是非常高的。

在机械结构上除了压平系统外,还要保持航摄仪内方位元素的稳定性,航摄仪座架必须有良好的避震性能,航摄仪快门的光效系数应大于 80%。此外,为了满足大比例尺、大重叠度的连续摄影需要,航摄仪的循环周期(完成卷片和压平所需要的时间间隔)应能达到 2 秒左右。

以下介绍几种我国常用航摄仪的结构特点和主要技术参数,表中所列的某些参数如分辨率和畸变差等数值均摘自各厂生产的航摄仪的技术说明书。

2.4.1　航甲-17 和 HS2323 型航摄仪

航甲-17 和 HS2323 型航摄仪都是由我国江南光学仪器厂自行设计制造的全自动航摄仪。航甲-17 的像幅为 18cm×18cm,物镜的焦距为 100mm;HS2323 的像幅为 23cm×23cm,有两个可以互换的镜箱体,一个焦距为 152mm,另一个为 88mm。

航甲-17 型航摄仪基本上仿照苏制 AΦA 型航摄仪的结构,而 HS2323 型航摄仪则仿照瑞士 RC 型航摄仪的结构。这两种航摄仪都具有快门优先(变更光圈大小)的自动测光系统和光楔等附件。自动测光系统使航摄胶片上保持正确曝光；附件光楔在曝光时，使光楔影像与地物影像同时构像于每一个像幅上，以便根据感光测定原理检查航空摄影时的曝光和冲洗质量。图 2-4-2 为 HS2323 型航摄仪的外貌图，表 2-4-1 列出这两种航摄仪的主要技术参数。

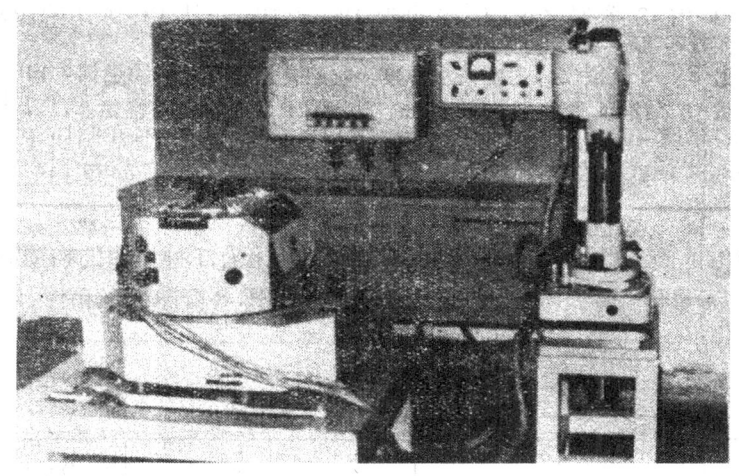

图 2-4-2　HS2323 型航摄仪的外貌图

表 2-4-1　　　　　　　　**航甲-17 和 HS2323 型航摄仪的主要技术参数**

型号名称 技术参数	航甲-17	HS2323	
像幅/cm	18×18	22.8×22.8	
焦距/mm	100	88	152
像场角	104°	122°	92°
分辨率/(线对/mm)	中心 40　边缘 15	中心 55　边缘 10	中心 60　边缘 20
畸变差/μm	≤20	±10	
光圈号数	5.6~16	5.6~22	
快门速度/s	1/50~1/500	1/100~1/700	
最短循环周期/s	2.1	2.8	
色差校正范围/nm	550~750	480~700	

2.4.2 RC型航摄仪

RC型航摄仪是瑞士威特（Wild）厂的产品，有RC-5、RC-5a、RC-7、RC-8、RC-9、RC-10和RC-20等多种型号，每种型号又配有几种焦距的物镜筒，其中RC-5a使用硬片（片基为玻璃）摄影，RC-9航摄仪的分辨率很高，但畸变差太大，不适宜于测图航空摄影，只能用于判读和军事侦察，而RC-10和RC-20的光学系统基本上是相同的，但后者具有像移补偿装置。在像幅大小上，在RC-8系列之前，像幅均为18cm×18cm，从RC-9开始像幅均为23cm×23cm，而RC-8同时具有两种像幅。

RC型航摄仪在结构上有一个重要特点，即座架、镜箱和控制器是基本部件，但镜箱体中不包括摄影物镜，暗匣和物镜筒都是可以替换的。此外，压片板不在暗匣上，而是设置在镜箱体上，因此，RC型航摄仪的暗匣对每一种型号而言都是通用的，如同135型小照相机的暗匣一样。

表2-4-2列出了RC-8航摄仪的主要技术参数。它配有3种焦距的物镜筒，由于从RC-8开始，像幅才从18cm×18cm发展到23cm×23cm，因此，RC-8有两种镜箱体，以适合不同像幅的要求。

表2-4-2　　　　　　　　　　RC-8航摄仪的主要技术参数

编号	像幅/cm	焦距/mm	像场角/°	光圈号数	畸变差/μm	分辨率/(线对/mm)	
						中央	边缘
1	18×18	210	60	4-16	±10	50	25
2	18×18	115	96	5.6-16	±10	50	25
3	23×23	152	92	5.6-16	±10	50	25
4	23×23	152	92	5.6-16	±10	50	25
5	23×23	152	92	5.6-16	±10	50	25

表中3、4、5三个物镜的焦距相同，像幅均为23cm×23cm，它们的区别主要是色差校正范围不同，"3"只能用于可见光摄影，"4"只能用于红外摄影，而"5"可用于可见光至红外波谱段的摄影。图2-4-3为RC-10型航摄仪的外貌图。

表2-4-3列出了RC-10/RC-20航摄仪的主要技术参数，其像幅均为23cm×23cm，并备有四种不同焦距的物镜筒。RC-10与RC-20的光学系统基本上是一致的，但RC-20的物镜型号前加注了"—F"，如"SAGA—F"等。此外，RC-10焦距为153mm的物镜筒有两个：一个最小光圈号数为4，另一个为5.6。这两种航摄仪都具有自动测光系统（PEM型曝光表），但RC-20镜箱体的压片板具有像移补偿功能，其最大像移补偿速度为64mm/s。从RC-10改进

图 2-4-3　RC-10 型航摄仪的外貌图

型(RC-10A)开始,这种航摄仪还有一个特点,即每张像幅四边的注记特别多,可向用户提供许多摄影技术参数。

表 2-4-3　　　　　　　　　　**RC-10/RC-20 航摄仪的主要技术参数**

技术参数 \ 物镜型号	SAGA-F	UAGA-F	NAGII-F	NATA-F
焦距/mm	88	153	213	303
像场角	120°	90°	70°	55°
像幅/cm	23×23			
光圈号数	4~22			
畸变差/μm	±7			
分辨率/(线对/mm)	AWAR=70~80			
快门速度/s	1/100~1/1000			
色差校正范围/nm	400~900			
最短循环周期/s	2			

2.4.3　RMK 型航摄仪

RMK 型航摄仪是由德国奥普托(Opton)厂生产的全自动航摄仪,它有 5 个不同焦距的摄影物镜,像幅均为 23cm×23cm,色差校正范围均在 400~900nm 之间,且都具有自动测光系统(EMI 型曝光表)。

RMK 型航摄仪的结构与 2.2 节中介绍的结构基本相同,即摄影物镜固定在镜箱体上,而压片板设置在暗匣上,因此要进行像移补偿航空摄影时,必须备有特殊的 RMK-CC24 像移补偿暗匣装置,其最大像移补偿速度为 30mm/s。图 2-4-4 为 RMK 型航摄仪的外貌图,表 2-4-4 列出了 RMK 型航摄仪的主要技术参数。

图 2-4-4　RMK 型航摄仪的外貌图

表 2-4-4　　　　　　　　　　RMK 型航摄仪的主要技术参数

技术参数 \ 物镜型号	S-Pleogon	Pleogon A	Toparon A	Topar A	Telikon A
焦距/mm	85	153	210	305	610
像场角	125°	93°	75°	56°	30°
光圈号数	4~8	4~11	5.6~11	5.6~11	6.3~12.5
畸变差/μm	7	3	4	3	50
快门速度/s	1/50~1/500	1/100~1/1000			
分辨率/(线对/mm)	AWAR=40~50　中心 70~80				
最短循环周期/s	2				

2.4.4　MRB 和 LMK 型航摄仪

MRB 和 LMK 型航摄仪都是德国蔡司厂(Carl Zeiss Jena)的产品。

MRB 型航摄仪的结构与 RMK 型航摄仪大体相同,其主要特点是:每次曝光时,在像幅的四边记录有许多等间隔的短线段,将负片通过透光观察时,则在每一黑色短线段中都能看到一个透明的十字线,由于这些十字线的位置是固定的,相距均为 1cm,因此,利用这些十字线可以量测航摄负片的变形。此外,在每张负片上还记录有一个光楔影像,借此可根据感光测定原理评定航空摄影中的曝光和冲洗质量。

自20世纪80年代初开始,蔡司厂先后生产了新型的具有像移补偿功能、能进行自动测光的LMK和LMK1000型航摄仪,两者的主要区别是LMK1000增加了一个焦距为210mm的物镜筒,且最大像移补偿速度由32mm/s(LMK)提高到64mm/s(LMK1000)。此外,LMK1000对座架作了改进,可以消除曝光瞬间由于飞机发动机震动或气流影响而产生的角位移。

LMK航摄仪的结构与前几种航摄仪有很大区别:航摄仪分为镜箱体(含座架)、物镜筒、暗匣和控制器等四个基本部件。其像移补偿装置是当代测图航摄仪中首先试制成功和推广使用的。此外,LMK航摄仪的自动测光系统采用微分测光原理,且能向航摄单位提供冲洗胶片时的推荐 r 值。近年来蔡司厂又在LMK1000的基础上改进成具有螺旋稳定装置的LMK2000航摄仪,进一步提高了航摄影像的质量。图2-4-5为LMK2000型航摄仪的外貌图,表2-4-5列出MRB和LMK2000航摄仪的主要技术参数。

图2-4-5 LMK2000型航摄仪的外貌图

表2-4-5　　　　　　　　　　**MRB和LMK2000航摄仪的主要技术参数**

技术参数 \ 物镜型号	MRB			LMK2000			
像幅/cm	22.6×22.6			22.8×22.8			
焦距/mm	90	152	305	89	152	210	305
像场角	122°	92°	55°	119°	90°	72°	53°
光圈号数	5.6~11	4.5~8	5.6~11	5.6~11	4~16	5.6~16	5.6~16
畸变差/μm	±5	±3	±2	±5	±2	±2	±2
分辨率/(线对/mm)	AWAR=76						
色差校正范围/nm	400~900						
快门速度/s	1/50~1/500 1/100~1/1000			1/60~1/1000			
最短循环周期/s	1.7			<1.7			

2.4.5 AΦA-41型航摄仪

AΦA-41型航摄仪是原苏联生产的测图航摄仪,其基本结构与RMK型航摄仪相同,像幅为18cm×18cm,具有3种焦距的镜箱。表2-4-6列出了AΦA-41型航摄仪的主要技术参数。

表2-4-6　　　　AΦA-41型航摄仪的主要技术参数

技术参数 \ 物镜型号	AΦA-41/20	AΦA-41/10	AΦA-41/7.5
焦距/mm	200	100	75
像场角	65°	104°	118°
光圈号数	6.3~22	8	6.8
物镜透光率	0.75	0.65	0.60
分辨率/(线对/mm)	中心:不小于41 边缘:不小于21	不小于43 不小于11	不小于52 不小于13.5
畸变差/μm	30	40	50

AΦA-41型航摄仪有一个重要的特点:在焦平面上有一块平行平面玻璃板,在靠着压片板的一面刻有十字短线,如图2-4-6所示。每次曝光时,压片板将航摄胶片紧压在平行平面玻璃板上,十字短线就构像于每个像幅中,十字短线交点的位置是已知的,因此,在摄影测量加密作业中可以借此改正航摄负片的变形。

这种机械压平方法有一定的缺点。首先该平行平面玻璃板是光学系统的一个组成部分,在光学设计时是作为一个整体考虑的,因此,在任何情况下都不能卸下这块玻璃,否则会影响光学影像的质量。其次,因为每个像幅中都有十字短线,所以在航测作业时,作业员在立体模型中将观测到许多十字短线,很不习惯。如果采用涤纶片基的航摄胶片,由于胶片变形的影响已经相当微小,因此,这种结构在许多国家已不再采用。

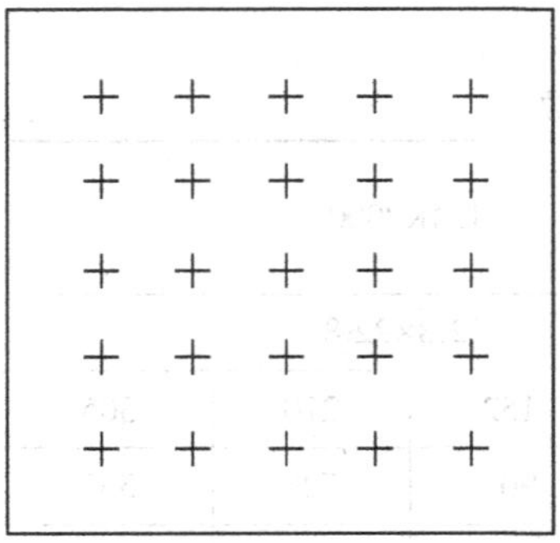

图2-4-6　AΦA-41型航摄仪压平板

2.5　航空数码相机

1992年首次在国际摄影测量与遥感的华盛顿大会上推出商用的数字摄影测量系统,至今已经十几年了。特别是进入21世纪后,我国数字摄影测量以世人难以想像的速度发展,数字摄影测量系统在中国的摄影测量生产中获得了普遍的应用与推广。但是,被处理的还是数字化影像,即由影像扫描仪对航空摄影的胶片进行扫描,获得的数字影像。到2000年ISPRS阿姆斯特丹大会,数码航空相机开始出现。2004年的伊斯坦布尔大会上数码航空相机成为一个热点。

目前生产的航空数码相机有两种类型：一是三线阵航空数码相机，即在成像面安置前视、下视、后视三个CCD线阵，如图2-5-1所示（未标出的长度单位为μm），在摄影时构成三条航带实现摄影测量。Leica的ADS 40就是典型商用的三线阵航空数码相机，如图2-5-2所示。二是大面阵航空数码相机，目前有Z/I公司的DMC（如图2-5-3所示）与奥地利Vexcel的UltraCam D（如图2-5-4所示）航空数码相机。由于技术上的原因，直接生产像幅为230 mm×230 mm的大幅面的面阵CCD相机还有困难，这两种大面阵相机都是由几个小面阵CCD构成的，因此，它的几何关系要比常规的基于胶片的航空相机复杂。

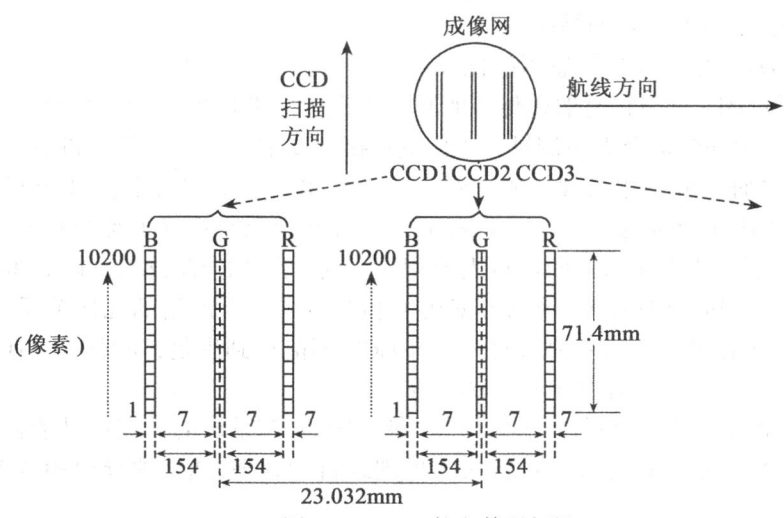

图2-5-1　TLS航空数码相机

图2-5-2　ADS 40航空数码相机

图2-5-3　DMC航空数码相机　　图2-5-4　UltraCam D航空数码相机

下面就有关问题进行阐述。

(1) DMC 航空数码相机介绍

数字成图相机(Digital Mapping Camera,简称 DMC)系统是一个专门用于光谱摄影的高分辨率和高精度数字摄影系统,它的设计思想是基于取代传统的胶片式摄影相机。DMC 技术上突破的标志在于从完成小比例尺摄影项目到能够完成高精度、高分辨率的大比例尺航摄工程项目。DMC 基于面阵 CCD 的设计,保证了类似胶片一样严格的几何精度,即使在 GPS 信号完全失去,运行器不稳定和光照条件较差的情况下仍然具有获得高质量图像的可能性。它还具有电子 FMC(自动像缘补偿)和每像素 12 比特的分辨率,获得的影像比扫描摄影胶片获得的影像具有更好的品质。

(2) 面阵 CCD 与线阵 CCD 传感器的比较

Z/I 公司研制 DMC 的目标是取代传统的胶片式光学摄影相机,为了达到胶片分辨率的水平,DMC 系统必须同时适合大比例尺和小比例尺摄影要求。这一新的相机系统用较长的曝光时间来适应各种不同照相条件。要达到一个新的水平以上的要求,Z/I 公司决定采用面阵 CCD 技术,以满足苛刻的要求。电子 FMC 在大比例尺摄影情况下是绝对需要的,在低空保持飞机高速飞行,沿着飞行方向进行大面积摄影时,采用 FMC 技术可以获得清晰的目标图像。由于采用面阵 CCD 技术,图像数据在 X 和 Y 方向具有严格的几何关系,因此减少了复杂性,提高了工作效率。这些要求对于线阵 CCD 不能得到满足,而线阵 CCD 相机适合于地面作业分辨率低的项目,比如卫星遥感影像系统。

DMC 输出图像是一个标准的中心投影的图像。因此,该系统的数据产品能被当今流行的摄影处理软件所接受,可以方便地进行人工处理或自动处理,选用惯导(IMU)系统,可以满足更高的要求。

(3) 灵活的机上系统

要使相机在汽车运行中平稳工作,DMC 与传统的相机 RMK-TOP 和 RC30 一样,都安置在带有陀螺自稳装置的座架上。在大多数情况下,不需要改动飞机舱内地板上的相机安装孔。DMC 系统包括运行管理系统(ASMS),它也能用来管理传统胶片摄影相机,给操作者使用胶片相机时更换数字相机带来方便。

DMC 解决面阵 CCD 器件的尺寸限制,采取的方法是将 8 台独立的 CCD 相机集成到一起。相机镜筒内含有 8 台 CCD 相机模块,在陀螺自稳架之上光学镜头的顶部,是相机的电子部件。这一部分,是用来控制相机工作的电路,包括快门装置的电源,图像数据采集部分与相机控制部分的通信连接,相机控制部分的通信连接,相机控制单元是一个完整的系统,负责与外部系统的连接,监视数据生产流程和储存数据到数据存储单元(MDR)。相机的安装比较容易,电子控制部分能从相机头上分开,相机能很快地分解拆除。

8 个相机模块是独立存在的,它们安装在一个刚性的经过精确定位的光学框架内,所有与 CCD 数字信号有关的电路、控制和处理都被整合到相机模块内,这样就大大提高了 CCD 器件的信噪比,减少了系统内的电磁干扰。

(4) 像移补偿装置(FMC)

在 DMC 相机中有 CCD 面阵传感器的电路能按时间延迟方式工作,这就是全电子的数字相机 FMC 的工作原理。这种技术类似于胶片照相机的机械式 FMC,但不会发生机械移动部分限制和失灵。DMC 的 FMC 装置比胶片相机机械方式的 FMC 更适用于较高的速高比

(V/H)。因此,大大扩展了 DMC 的低空和高速照相性能。这类 FMC 技术不能用于线阵 CCD 相机。DMC 相机集合了精密的光学、框幅式面阵 CCD 和电子 FMC 技术,使得获得的地面分辨率大大提高,可达到几厘米的地面分辨率。

(5)数据在线存储

相机工作在全彩色 12bit 状况下时,DMC 相机系统每两秒钟得到一幅 260M 原始 RAW 图像。因此,控制电路需要一个特殊的高速数据传输和存储设计,它由三个基于 PC 完整的 PCI 总路线并行操作。相机模块得到的图像数据,通过各自独立的光纤从 CPU 传送到可插拔的移动硬盘,每个硬盘的容量为 280G,能提供带有 3 个并行的光纤通道的总容量为 840G 的存储能力。在含分辨率(12bit)、四频段彩色模型状态下,DMC 一次运行能拍摄并存储 2000 张以上照片,这相当于传统相机 3 桶 120 米胶卷。另外,可移动硬盘在运行中可更换,这样又进一步提高了图像存储空间。

(6)完整的数据处理系统

DMC 数字摄影相机包含有一套完整的地面后处理系统,它的任务是将摄影得到的原始图像转换整合成标准的中心投影的数字图像。该系统由一个框架机柜组成,里边装有可插拔移动硬盘(MDR),用于与 RAID 盘交换数据,一个多 CPU 的服务器,用于快速数据后处理。在 4 小时之内能处理完一次拍摄完的全部数据。处理后的影像包括运行数据存储在可交换介质上,它是标准的、开放式的数据格式,可以方便、快捷地供 Z/I 摄影测量工作站或任何第三方数字摄影处理系统使用。

(7)光学性能

Z/I 公司与卡尔蔡司公司,为 DMC 设计生产了独特的光学镜头。它具有最小的畸变、较大的光圈(f/4)、高分辨率,同质的视场响应等特点。由于相机使用各自的镜头,全色波段和彩色波段镜头特性尽可能一致。这种设计使得多个较小的相机拍摄的带有重叠的图像的光学特性要比大孔径的单个镜头还要高。

(8)CCD 传感器

DMC 选用的面阵 CCD 器件,具有高光学品质和光学感受品质,它的像元尺寸是 12nm×12nm,并且提供高线性的动态范围(12bit),该 CCD 具有四个角并行输出信号的能力,这种输出能力对提高信噪比和每两秒种完成一幅图像的重复输出能力是非常重要的。CCD 信号在 12bit 情况下输出,对黑白和彩色通道能同时进行。

(9)数据获得系统

DMC 是一个完整的数据获得系统,它包括从任务管理到后处理整个流程的硬件和软件组合。

(10)任务计划

任何一个成功的数据获得项目都是从任务计划开始的,对感兴趣的区域设计必要的飞行航线。安装在图像工作站上的飞行设计管理软件(ISMP)就是一个为完成一个区域的航摄任务设计航线的创新软件,ISMP 提供了一个丰富的数据支持环境,它能接受扫描后的栅格地图、矢量地图数据和数字正射影像,用来进行飞行航线设计。这个飞行设计管理软件定位在用户的需求。例如:对一个特定区域,按照给定的飞行方位角,给出最佳的飞行路线。

(11)飞行后处理

系统基于图形界面并在 MicroStation 环境下操作。与最新的 CAD 和 GIS 技术结合,

ISMP 提供了一个完整的解决方案,它能建立一个有效的飞行计划,生成最终的拍摄情况报告和位置批示,它的功能可以扩展到摄影测量工作流,使得训练费用减少,提高产品生产能力和保护技术投资。

(12) 航摄飞行

数据获得过程的下一步是航摄飞行,要保证飞行中相机的平稳,DMC 相机安置在一个陀螺自稳装置上(T-AS),用于补偿和修正飞行中侧滚、俯仰、偏航角度。通过高工艺的陀螺,主动控制部件和被动式颤动阻尼,来保证相机光轴在航摄飞行中始终垂直地面,从而得到畸变小的图像。

DMC 相机还集成了 Z/I 航空传感器管理系统(ASMS)来自动控制和监视航拍过程。ASMS 给操作者提供多个传感器的接口。这不仅包括图像获取本身,而且还监视管理辅助的接收仪器,如 GPS、惯导(IMU)等。DMC 完全依赖 ASMS 进行操作。

在航拍期间,飞行管理的任务是在飞行中监视管理所有传感器的状态,Z/I 也把这个技术通过整合用到管理其他附属传感器,如 IMU。ASMS 还带有一个摄像头,它能提高监视相机工作状态的能力。摄像机是整个系统的一部分,它的作用如下:

第一,它能与照相机同步,实时回放相机拍摄的地面范围情况,它是与相机的快门同步以较低分辨率获得同步图像。第二,为相机控制装置(SC)提供数据,与 GPS 接收的信号一起计算速高比 V/H,用于控制相机的 FMC。第三,摄像机获得的图像,提供给相机控制装置(SC),用于偏航的计算,这个偏航的计算值能调节自稳装置的驱动。

一旦航摄任务设计完毕,设计方案从工作站传送到 ASMS,用于飞行中实际操作。通常,任务计算被存储到 FLASH 卡上,然后传输到 ASMS 控制工作站。在航拍飞行期间,ASMS 记录相机工作统计包括摄像略图到 FLASH 卡上,以便在后处理时进行浏览和处理。

惯导(IMU)作为选件能刚性地安装在相机内部,以便在没有地面控制站或减少地面控制情况下,有能力完成整个项目。ASMS 也能控制传统的胶卷相机如 RMK-TOP 和 RC30,能在同样的环境下,快速地更换胶卷相机和数字航摄相机。

(13) 飞行后处理

系统目标是为整个生产系统快速提供全部飞行数据。假如用户使用一个基本的管理工具,如摄影测量项目管理软件,系统会自动生成飞行航线、预期的中心点坐标、照片名、相机名和其他信息。确保飞行后处理流程直接使用这些数据而不必手工再输入。

系统飞行后处理部分有两个基本功能,任务成功与否的快速分析和将飞行数据无缝融合进整个生产流程。任务管理数据通过固定的磁卡传送,这种方式不仅是最简单的,而且也是最快捷的。整个任务管理数据也可以作为全部数字图像数据的一部分被记录下来(例如在激光雷达、LIDAR 和数码相机系统),而且不需要读磁带或其他低速数据存储设备,以便对结果进行快速分析。

(14) 后处理分析部分

用户可以对实际飞行的航线和事先设计的航线进行对比分析,对于设计计划中的错误参数,即使不能完全在飞行中即时校正,也能立刻分析出是否需要重飞。

系统设计最出色的部分是它能自动地将实际飞行得到的信息与飞行前设计的信息重合并更新(例如真正的照片中心将更新事先设计的中心),显示出集成工作流程的真正价值。当实时数据输入系统时,飞行管理系统将用符号表示项目进行的状态,这样生产管理者可以分阶段安排项目生产。能随时进行自动空三测量而不必等整个项目飞完才能开始下步生产。

后处理按两步完成:辐射处理和几何处理,进入到DMC后处理软件按照参数用户选择处理步骤。一旦处理开始,来自MDR移动硬盘的原始RAW图像数据首先进行辐射校正处理,辐射校正的作用是补偿温度,光圈和其它辐射因素对图像带来的影响,经过辐射校正后期的图像数据存储到RAID盘上。图像进行辐射校正后接着进行几何校正,消除镜头畸变和倾斜变形,由镶嵌模块获得一张完整的照片。按以上步骤输出的图像结果被传送到图像数据管理系统如TERRASHARE,该软件能将图像产品存档和分发到最终用户手中。

(15) 图像后处理

一旦飞行照相完成,图像数据必须从飞机上的相机中下载,后处理软件处理的原始图像数据是在飞行期间被存储在MDR硬盘上的。后处理软件能生产几种不同类型的图像产品。来自4个传感器的高分辨率的全色波段数据图像将被建立。

用高分辨率的黑白图像和多光谱图像可以合成真彩色和彩红外图像,也可以单个波段输出(红、绿、蓝和近红外)。

(16) 后续应用

来自DMC的图像,已经开发了端到端的工作流。DMC是整个解决方案的一部分。后处理后能将图像直接输入到所有的摄影测量工作流程中——自动空三、特征采集、DTM生成、DOM生成,等等。

无论是采用Z/I全数字摄影测量软件还是采用任何第三方软件,DMC提供的图像产品都能符合要求,用于大比例尺或小比例尺测绘工程,并能满足精度要求。

为什么使用DMC对于数字摄影测量是最好的选择?

① 分辨率。DMC为大比例尺图像提供卓越的地面分辨率,源于它的FMC功能,FMC技术的核心是时间延迟曝光技术(TDI)和与面阵CCD刚性的联结。它的结果是地面分辨率在较差的光照条件下仍然小于2英寸。

② 精度。DMC基于面阵CCD技术,这种技术对摄影测量应用提供了最好的几何精度。面阵CCD内部的高精度是由在硅表面上二维排列的CCD像元结构决定的,它的结果是在航空图像的焦平面上提供了几百万个高精度的框标(每一个CCD像元都可以被认为是一个独立的框标)。结果图像严格相似于中心投影,使其获得广泛的应用,可以方便地进入任何摄影测量软件。

③ 像元轮廓。DMC的另一个优点是像元轮廓面积上曝光。这个功能使得飞机在飞行中速度突然变化和抖动而不会影响影像。

④ 辐射分辨率。由于DMC具有FMC功能,曝光时间能根据景物亮度来设定,与飞行速度无关,允许采用每个CCD像元12Bit的辐射分辨率。高分辨率的图像能在弱光条件下产生。在一定条件下,大大提高了可飞行的天数。

⑤ 系统兼容性。由于采用了面阵CCD技术,严格的中心投影关系,使数据产品可以直接进入当今世界所有的摄影测量软件。

⑥ 完整的数字化工作流。DMC使得测绘工程流完全数字化。另外,DMC是Z/I公司产品解决方案中的一部分,它能大大减少成本,提高生产率。

(17) DMC——一个完整的数据获取系统

Z/I 公司的 DMC 系统提供的高分辨率大比例尺图像符合工程制图精度。DMC 提供的图像地面分辨率小于 2 英寸(在光照条件差的情况下)。DMC 系统提供了一个完整的数字图像获得的解决方案,它包括相机、在线存储、飞行管理系统和后处理硬件软件。一旦选用 DMC 来获取图像,并将它传送到后处理系统,摄影测量系统和 DMC 就完整地形成一个数字产品生产流。这个工作流应用的结果是节省成本,提高生产效率。

由于大面阵航空数码相机影像要比常规航空相机胶片的影像清晰,而且无需扫描直接获得数字影像,深受我国摄影测量工作者关注,并且已应用于我国摄影测量的生产实践。我们将对这两种航空数码相机的有关问题,特别是对如何克服它们存在的缺点进行讨论。

2.5.1 两种航空数码相机的相关问题

主要介绍航空数码相机的主要参数、相机的几何结构以及它是否为中心投影、摄影比例尺、影像的覆盖面积与像对数、测图精度等问题。

1. 航空数码相机的主要几何参数

像素大小(ps)、行、列像素个数(w_y、w_x)、行、列方向实际物理长度(l_x、l_y)、相机焦距(f)是数码相机的基本参数。

DMC 的参数为【L.Tang,etc 2000】:

$ps = 12\mu m, w_x \times w_y = 14000 \times 8000, l_x \times l_y = 95mm \times 168mm, f = 120mm$

UltraCam D 的参数为【Joe Thurgood 2004】:

$ps = 9\mu m, w_x \times w_y = 11500 \times 7500, l_x \times l_y = 67.5mm \times 103.5mm, f = 100mm$

由这些参数可以获得很多与测图有关的参数:

航线方向的视场角

$$\theta_x = 2\arctan \frac{l_x}{2f} \tag{2-5-1}$$

按常规 60% 航向重叠测图时的交会角

$$\theta = 2\arctan \frac{0.4l_x}{f} \tag{2-5-2}$$

由上可知:视场角与交会角都与像幅与焦距的比值 k 有关,由于交会角 θ 的大小直接影响到测图的精度(高程),因此,它们是航空数码相机的重要参数。

2. DMC 的几何结构与中心投影的关系

DMC 由 4 台黑白影像的全色波段(Pan)相机、4 台多光波(MS)相机组成,其排列如图 2-5-5(a)、(b) 所示,摄影时同时曝光。4 台全色波段(Pan)相机倾斜安装。它们之间的距离分别为 80/170 mm,分别为前/右(F/R)视、前/左(F/L)视、后/右(B/R)视、后/左(B/L)视,所获的 4 个影像相互间有一定重叠,而 DMC 提供给用户的是经过纠正、拼接的有效(virtual)影像,如图 2-5-5(c)、(d) 中虚线表达的影像。

从理论上而言,用户使用的有效影像不是一个严格的中心投影。纵然,传统的航空摄影机由于压平误差、畸变差等因素,也不可能是严格的中心投影。最重要的是应研究它是否为一个实际的中心投影,即考虑它所产生的误差是否小于量测误差。

为了便于理解,现将纠正过程分为两步:

(1)保持摄影中心不动

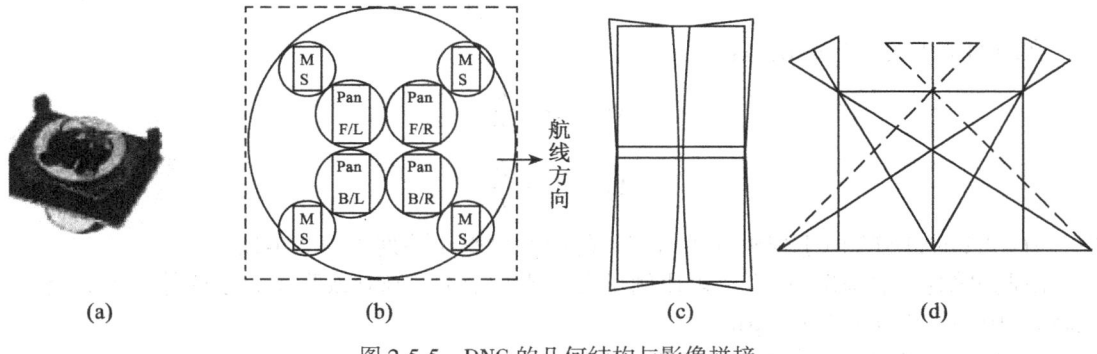

图 2-5-5 DNC 的几何结构与影像拼接

将倾斜摄影纠正成水平影像,如图 2-5-6 所示。由于摄影中心 S 不动,将倾斜像片(图中用虚线表示)纠正为水平像片(图中用实线表示),它(水平影像)与直接摄取的"水平像片"完全一样。因此,这一过程在理论上不会产生纠正误差。但是,由于将倾斜影像(倾角分别为 10°/20°)上的影像段(图中用 l 表示)纠正为水平影像上的影像段(图中用 l_0 表示),即在影像边缘 $l_0 > l$,说明它将降低影像分辨率(即使采用高次项多项式进行重采样)。

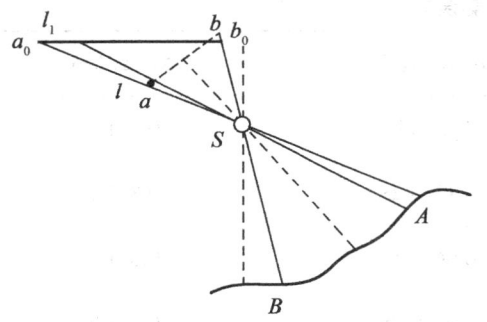

图 2-5-6 将倾斜相片纠正为水平相片

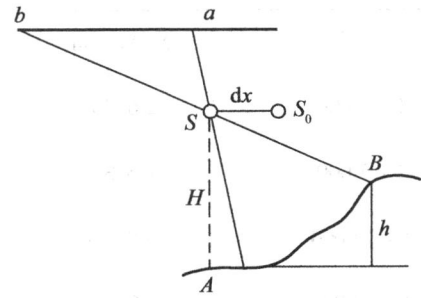

图 2-5-7 将相片平移到有效相片

(2)将纠正的水平影像平移到有效影像

由于有效影像位于 4 个相机的中心,因此,平移距离为 40/85 mm。这一纠正过程将产生中心投影误差。而且它与地面高差 h 有关,如图 2-5-7 所示。若将 S 与 S_0 视为两个摄影中心,dX 视为摄影基线 B,则平移产生的中心投影误差,事实上就是由高差产生的左右视差:

$$\Delta P = P \frac{h}{H}$$

而

$$P = \frac{f}{H}B = \frac{f}{H}dx$$

由此可得,平移所产生的在影像上中心投影的误差:

$$\delta x = \frac{f}{H} \cdot dx \cdot \frac{h}{H}$$

$$\delta y = \frac{f}{H} \cdot \mathrm{d}y \cdot \frac{h}{H} \tag{2-5-3}$$

在地面上由此产生的误差:

$$\Delta x = \mathrm{d}x \cdot \frac{h}{H}$$

$$\Delta y = \mathrm{d}y \cdot \frac{h}{H} \tag{2-5-4}$$

当 $h/H=0.2$ 时,DMC 由于相机分离所产生的中心投影误差列于表 2-5-1。

由此可知:一般情况下,当摄影比例尺大于或等于 1:5000 或高差大于或等于五分之一航高时,中心投影误差超过 $2\mu m$。

3. UlraCam D 的几何结构

UlraCam D 同样是由 4 台黑白影像的全色波段(Pan)相机、4 台多光波(MS)相机组成的,但是,4 台全色波段相机沿航线航向等间隔顺序,如图 2-5-8(a)所示;每台相机承影面上的 CCD 面阵个数不同:四角上各一块(4CCD)、前后各一块(2CCD)、左右各一块(2CCD)、中心一块(1CCD),因此,它总共有 9 个 CCD 面阵;摄影时是先后顺序曝光。若在飞行的过程中,每个相机都在同一位置、同一姿态角下曝光,如图 2-5-8(b)所示,这样,我们就能将 9 个 CCD 面阵拼接而得到一个理论上的中心投影。

表 2-5-1　　　　　　　　　　　中心投影误差

摄影比例尺	$\delta x/\delta y/\mu m$	$\delta x/\delta y/$像素	$\Delta x/\Delta y/cm$
1:3 000	2.6/5.6	0.2/0.46	0.8/1.7
1:5 000	1.6/3.4	0.13/0.28	0.8/1.7
1:10 000	0.8/1.7	0.06/0.14	0.8/1.7
1:30 000	0.3/0.7	0.02/0.05	0.8/1.7

但是,实际上每个相机不可能都在同一位置、同一姿态角下曝光,理论上的中心投影也是不存在的。为此,UlraCam D 将 4 角具有 4 个面阵的相机作为主镜头——master cone,如图 2-5-8(c)中的①,其他的作为从属镜头——slave cone,如图 2-5-8(c)中的②、③、④,它以主镜头为准(4 个面阵是一个严格的中心投影),其他的 3 个从属镜头的影像对于主镜头影像与它们相互之间搜索公共点(如图 2-5-8(c))进行平差(类似于区域网平差),最后对②、③、④进行纠正,获得最后影像。按 UlraCam D 的介绍材料,平差后的几何精度小于 $\pm 2\mu m$,为 0.22 个像素。

4. 摄影比例尺的影像覆盖范围、像片数

确定摄影测量比例尺的核心是数字影像上一个像元对应于地面上的大小,即地面元的大小。例如,用常规航空摄影机摄影,其比例尺为 1:8 000,扫描分辨率为 $20\mu m$,地面元的大小为 0.16m,因此,航空数码相机可以直接按像元大小确定地面元大小。现以两种常用的成图比例尺分别讨论如下。先以成图 1:2 000 为例,确定对应相机的摄影比例尺、航高、地

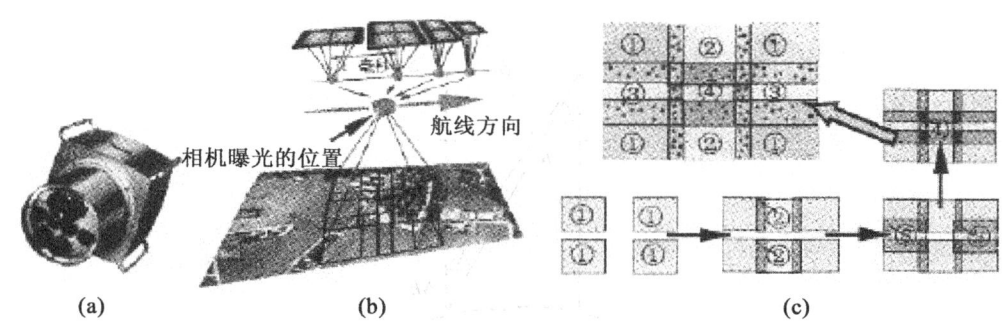

图 2-5-8　UlraCam D 的几何结构与影像拼接

面覆盖范围等，列于表 2-5-2。

表 2-5-2　　　　　　　　　　　　成图的有关数据表

相机	像元/μm	比例尺	地面元/m	焦距/mm	航高/m	像幅/mm	地面覆盖/km²
常规	20	1∶8 000	0.16			230×230	3.4
DMC	12	1∶12 000	0.144	120	1440	95×168	2.3
Vexcel	9	1∶17 000	0.153	100	1700	67.5×103.5	2.02

但是，有时摄影比例尺不仅仅受到地面元大小的影响，而且还要考虑到飞行的航高限制；1∶10 000 成图则是国家的基本图，它的摄影比例尺与地面覆盖列于表 2-5-3。

表 2-5-3　　　　　　　　　　　　国家基本图的有关数据表

相机	像元/μm	比例尺	地面元/m	焦距/mm	航高/m	像幅/mm	地面覆盖/km²
常规	20	1∶30 000	0.60			230×230	47.6
DMC	12	1∶50 000	0.60	120	6 000	95×168	39.9
Vexcel	9	1∶65 000	0.585	100	6 500	67.5×103.5	29.5

若飞机航高太高或空气质量问题(如蒙雾太大)需降低航高，则应增大对应的数码相机的摄影比例尺。

由上可以得出结论：
① 使用航空数码相机时摄影比例尺将小于常规航空相机的摄影比例尺；
② 使用航空数码相机时，其像幅覆盖范围小于常规航空相机的覆盖范围。
由此产生使用航空数码相机第一个问题：像对(模型)数增加，工作量增加。

5. 测图精度

摄影测量测图精度除了像点量测精度外，交会角的大小是一个重要因素。通常按 60%

航向重叠进行测图,则基线如图 2-5-9 所示,即

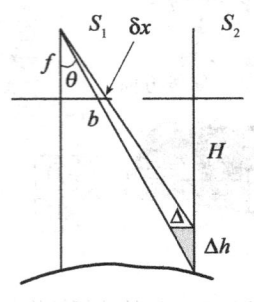

图 2-5-9 测图精度估计

$$b=(1-0.6)l_x=0.4l_x \tag{2-5-5}$$

交会角

$$\tan\theta = \frac{0.4l_x}{f} \tag{2-5-6}$$

设影像量测误差为 δ_x,$m_{摄影}$ 为摄影比例尺分母,则测图的平面精度与高程精度分别为

$$\Delta X = m_{摄影}\delta_x$$

$$\Delta h = \frac{\Delta X}{\tan\theta} = k\Delta X \tag{2-5-7}$$

由于交会角 $\theta<45°$,系数 $k>1$,因此,一般摄影测量测图能达到的高程精度低于平面精度。现按 δ_x 为三分之一像素,对测图精度估计列于表 2-5-4。

表 2-5-4　　　　　　　　　　测图精度估计表

相机	焦距 f/mm	摄影比例尺	像元/μm	像幅/mm	ΔX/m	系数 k	Δh/m
常规	300	1∶8 000	20	230×230	0.053	3.26	0.173
常规	152	1∶8 000	20	230×230	0.053	1.65	0.087
DMC	120	1∶12 000	12	95×168	0.048	3.16	0.152
Vexcel	100	1∶17 000	9	67.5×103.5	0.051	3.70	0.189

由上可以看出:现在的航空数码相机的交会角小,接近(甚至更小)于常规的焦距为 300mm 的长焦摄影机。由此,产生使用航空数码相机第二个问题:高程精度低。

2.5.2 如何克服航空数码相机存在的两个问题

传统的摄影测量测图(包括当前生产中使用的数字摄影测量工作站)都是以人的"双眼"为出发点的,由模拟、解析测图仪发展而来,其生产流程没有改变,都是在两度重叠的立体像对、按模型为单位进行的。DEM 生成、测图,然后进行模型接边,则上述航空数码相机

的两个问题(缺点)必然存在。但是,进入数字摄影测量时代后,我们必须从计算机视觉考虑问题,因为计算机有几只眼睛,这是由人确定的。计算机视觉界从1986年就开始出现三目立体视觉系统,即采用3个摄像机同时摄取空间景物。通过利用第三目图像提供的信息来消除匹配的歧义性。因此,如何用计算机视觉的理念冲破传统摄影测量的束缚,这就是克服航空数码相机所存在的两个问题的关键。

1. 按图幅为单位进行立体测图、DEM生成,实现模型接边自动化

在一个时刻屏幕上只能显示一个立体,人只能观测一个立体。所谓按图幅为单位进行立体测图就是当作业员用手轮(或鼠标)移出模型时,屏幕上就会自动显示下一个模型,并完成自动接边,如图2-5-10所示。

图2-5-11显示了DEM接边的对比:左边表示按传统的模型作业的DEM接边前的两个单模型的等高线,右边表示按图幅生成的DEM接边前的两个单模型的等高线。显然,后者要明显地优于前者。

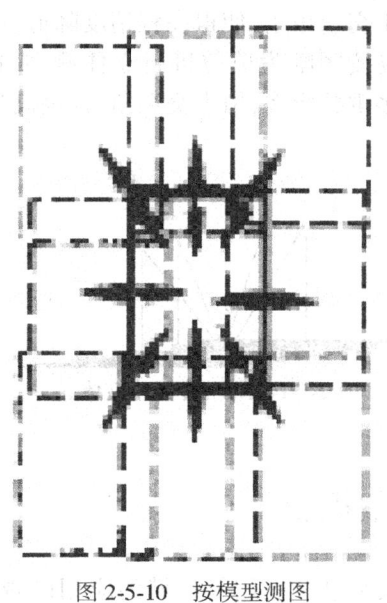
图2-5-10　按模型测图

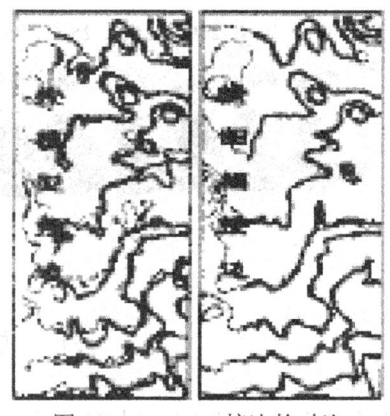
图2-5-11　DEM接边的对比

2. 按多目视觉的理论,利用多重叠影像,增大交会角,提高高程精度

按常规的立体模型测图,立体像对的基线为$b=(1-重叠度)\times 像幅$,因此,重叠度愈大,基线愈短,交会角愈小。图2-5-12为标准的60%航向重叠,测图则是在40%的重叠度内测图,其交会角为θ_6。对于空中三角测量的加密点,它们位于20%的三度重叠范围内,它们的交会角θ_2为

$$\theta_2 = 2\times\theta_6$$

但遗憾的是,只有加密点(测图控制点)才位于20%的三度重叠范围内,所有测图、DEM生成均在40%的重叠度内进行。

UlraCam D提出了Multi-Ray-Stereo(多光线立体)概念,即多目视觉,如图2-5-13所示,每个至少在5张影像上出现,即重叠度在80%以上。此时,每个点多位于5°重叠内,如图

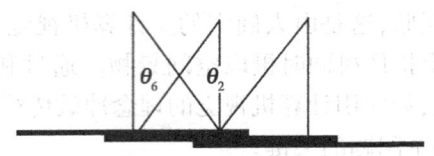

图 2-5-12　传统的测图与空中三角测量

2-5-14所示。因此,它不仅仅将每个点的交会角扩大为 θ_2,提高了高程精度,而且由 5 条光线交会一个多光线立体,从而也提高了可靠性。

3. 结论

①在理论上 DMC 不是中心投影,UlraCam 是中心投影,但在一定的条件下,两种应是等价的。

② 在考虑航空数码相机优点的同时,应该充分理解这两种航空数码相机存在的两个明显的问题:像对数增多、模型接边的工作量增加;由于交会角小,使得高程精度降低等。

③ 为克服上述两个缺点,数字摄影测量系统应按图幅为单位进行立体测图、DEM 生成,实现模型接边自动化;按多目视觉的理论,利用多重叠影像,增大交会角,提高高程精度。

图 2-5-13　多光线立体

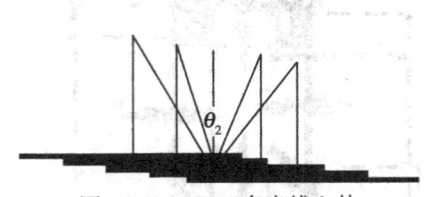

图 2-5-14　80%多光线立体

2.6　无人机航空摄影

自无人机问世以来,由于其特有的技术优势,在军事和民用等领域的应用已越来越广泛。尤其是进入 21 世纪以后,无人机系统的应用、开发已经成为各国争相研究的热点课题。为将无人机系统应用于遥感领域,为国土资源的遥感调查和管理提供一种新的高技术设备,中国测绘科学研究院研制完成了"UAVRS-Ⅱ型无人机低空遥感监测系统",并于 2003 年 9 月通过专家组鉴定。该系统主要由无人机机体、动力系统、飞行控制系统、无线电遥测遥控系统、遥感设备及其控制系统、稳定平台装置、遥感数据处理系统组成。

2.6.1　无人机作为航空遥感平台的优势

1. 机动快速的响应能力

低空无人机系统升空时间短、操作简单、运输便利,可以快速到达监测区,迅速进行飞行、成像,搭载的高精度装备能在短时间内获得监测结果。

2. 高分辨率图像和高精度定位数据获取能力

系统获取图像的空间分辨率达到了分米级。系统获取的高分辨率数码影像可用于高分辨率社会经济调查和三维立体景观图的制作。

3. 使用无人机的成本低廉

无人机由于不安装飞行人员驾驶设备、语音通信和安全设备而使得设计生产费用低廉；无人飞机上由于普遍使用数字技术，可以实现高度一体化设计，而使设计生产费用低廉；无人机由于可以适当降低安全要求，允许大量采用复合材料及其新的生产工艺，从而使生产工装及材料费用低廉。

无人机的使用保障比有人驾驶飞机的简单、集中和低要求使成本较低，合计费用大约为有人驾驶飞机的1/3~1/2。

4. 无人机能够承担高风险或高科技的飞行任务

驾驶人员和科研人员能够在地面安全工作，飞行不会因为人为错误而发生事故或飞行测量失败；开展实时信息研究时，工作的人数不受限制；长时间或连续实时数据下传，保证研究的及时性和动态性。尤其对于车船无法到达地带的环境监测、有毒地区的污染监测、灾情检测及救援指挥，无人机遥感系统更显示出其独特的优势。

遥感设备控制系统是其关键技术之一。

2.6.2 遥感设备及其控制系统的组成

遥感设备控制系统由机载遥感设备、单轴稳定平台、设备控制系统等组成，如图2-6-1所示。

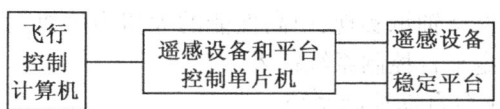

图2-6-1 遥感设备控制系统的组成

1. 遥感设备

UAVRS-Ⅱ型无人机遥感监测系统采用CCD面阵数码相机和CCD摄录视频系统作为其遥感设备。主要优势有：

① 数码相机可以直接获取便于计算机处理、存储、传输的数码影像，本系统采用大面阵CCD(3K×2K)数码相机作为遥感设备直接获取数码影像，为遥感数据的快速处理提供了有力的保障，适应无人机遥感监测机动快速的特点。

② 数码相机的存储量大。由于无人机搭载的是小型的遥感设备，其特点是像幅较小，成像效率较低，需要通过缩短曝光间隔、增加航线的办法提高航向和旁向重叠度来弥补这一缺陷，实践证明这种方法是有效的。

③ 数码相机在彩色深度(大于12bit)、感光度(感光度可达ISO 400-16以上，因而可在较弱光照下拍摄)和曝光时间(可达1/8000 s)等方面的优势利于航空摄影。

2. 数码相机的选型及检校

(1) 选型

为满足遥感监测系统的特殊需要，数码相机的选型须小型化，相机的设置和镜头需要达到专业级,空间分辨率达到分米级并且需要具备较大的存储量。该系统选专业数码相机基本符合上述要求,在实际应用中取得了良好的效果。

(2)检校

采用室内检校的方法对数码相机进行了检校,虽然 CCD 相机在原理和方法上较之胶片相机有很大的区别,但在检校的内容和方法上,两者都是相似的。

检校的内容分为以下几个方面:

① 内方位元素主点位置(x_0, y_0)与主距(f)的测定。

② 外方位元素直线元素(X_S, Y_S, Z_S)和角元素$(\varphi, \omega, \kappa)$的测定。

③ 光学畸变系数包括径向畸变项$(\kappa_1, \kappa_2, \cdots)$和偏心畸变项$(p_1, p_2)$的测定。

④ 像点坐标改正的模型

x 方向:$x_{(真实值)} = x_{(观测值)} - x_0 + K_1(x_{(观测值)} - x_0) r^2$

y 方向:$y_{(真实值)} = y_{(观测值)} - y_0 + K_1(y_{(观测值)} - y_0) r^2$

其中:$r^2 = (x_{(观测值)} - x_0)^2 - (y_{(观测值)} - y_0)^2$。

3. 稳定平台

通过对无人机试验飞行时的姿态数据进行分析,在侧风小于 4 级情况下,飞行控制系统可以控制无人机沿测线直线飞行时的横滚角、俯仰角一般不大于 3°,所以 UAVRS-Ⅱ型无人机遥感监测系统利用无人机飞控系统的姿态稳定控制的同时,采用单轴稳定平台修正偏流角。也就是说,通过对飞控系统控制参数的设置,无人机沿测线平飞、摄影时的姿态角(横滚角和俯仰角)控制精度可以满足常规遥感监测任务的精度指标,偏流角引起的遥感影像的系统偏差则使用单轴稳定平台进行修正。单轴稳定平台由支架和一个能够水平转动的内环组成,内环的转动通过滚珠轴承实现,由高性能的大扭力电机驱动,转动量取决于无人机偏流角,由遥感设备和稳定平台控制系统输入。

4. 遥感设备和稳定平台自动控制系统

遥感设备控制系统的主要功能是管理、控制遥感设备和稳定平台。其核心是遥感设备和平台控制系统。

(1)硬件结构和软件设计流程

遥感设备自动控制系统由硬件结构及软件组成,其硬件结构和软件设计流程如图 2-6-2 所示。

(2)系统的软件实现

图 2-6-3 为软件具体的设计流程。

整个程序采用 c51 编写,由 6 个主要模块组成:初始化模块、显示模块、键盘查询模块、E2PROM 的读数据模块、写数据模块、数据处理模块等。另外还有 3 个中断程序处理模块,它们分别是:串口处理程序、定时器 0 处理程序、定时器 2 处理程序。

① 初始化模块

将定时器 1 作为波特率发生器,设置通讯的波特率、帧格式等,并设置定时器 0 及定时器 2 为定时器方式,利用它们的溢出中断产生一定的时序,来控制相机和输出 PWM 信号,并调用读数据的模块,读出设定的航向重叠度、焦距值以备在将来的计算中使用。

a. 显示模块控制数码管的段选和位选,并利用人眼的滞留特性,在设定状态下利用定时器 0 不断刷新显示实现显示功能。为降低功耗,在运行状态下关闭显示功能。

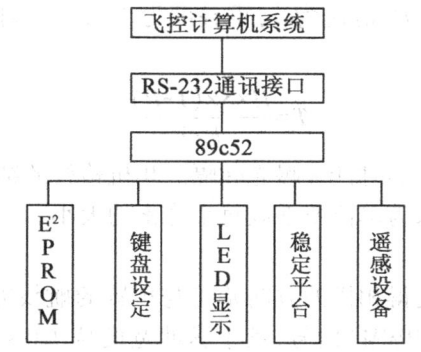

图 2-6-2 遥感设备自动控制系统的组成

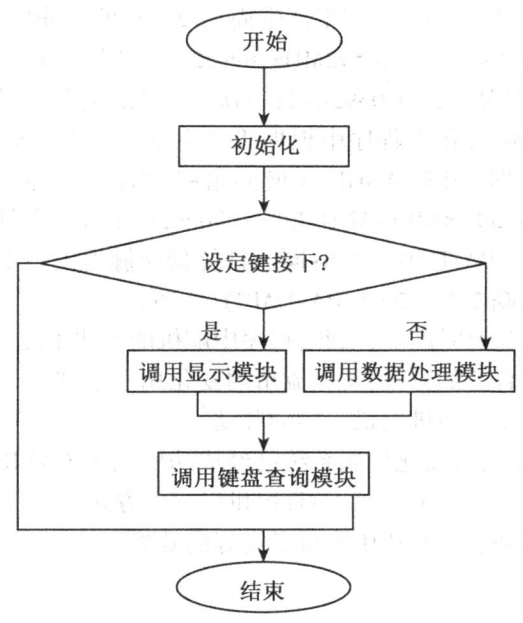

图 2-6-3 无人机遥感设备的自动化控制系统

b. 键盘的查询模块：判断递增键、移位键、确认键的按下，在判断键按下时，加入去抖延时，并对相应的按下操作进行处理。

c. 读出数据及写入数据模块：本系统采用的 E2PROM 是 MAX25045，该芯片集复位、看门狗、E2PROM 功能于一身，采用串行输入、读出的方式，程序中将读出数据、写入数据的操作作为两个独立的模块，方便调用与调试。

d. 数据处理模块：该模块对从飞控计算机系统经串口传输的一帧数据进行处理，利用定时器 0 产生不同的时序控制两个继电器，从而控制相机对焦、快门的开和关。定时器 0 的定时时间设定为 20ms，设置计数器来控制对焦时间、曝光时间、两次曝光的间隔，并置相应的时间标志。

② 计算曝光间隔

设曝光间隔为 T，航高为 H，地速为 V，重叠度为 P，S 为影像的大小（像素），焦距为 F（像素），则

$$T = \frac{H \times S \times (1-P)}{F \times V}$$

根据飞机飞行时的高度，实时计算曝光间隔。相机检校的结果，主距和主点的单位都是像素，所以把像素换算成毫米为单位要乘以每个像素的大小。

③ 稳定平台的控制

对稳定平台进行控制，使得相机的方向始终与预置的航线方向一致。舵机的控制信号为周期是 20ms 的脉宽调制（PWM）信号，其中脉冲宽度从 1.0~2.0ms。稳定平台的转动范围为±30°，呈线性变化。舵机内部有一个基准电路，产生周期 20ms、宽度 1.5ms 的基准信号。有一个比较器，将外加信号与基准信号相比较，判断出方向和大小，从而产生电机的转动信号。89c52 有定时器 2，我们就用它来产生周期 20 ms 的脉冲信号，根据需要，可改变输出脉宽。系统采用的晶振频率为 11.0592MHz，89c52 一个时钟周期为 12 个晶振周期，正好是 12/11.0592ns，计数器每隔 12/11.0592ns 计一次数。先设定脉宽的初始值 PA-TIME，程序中初始为 PA-TIME = 1500ns，在主程序中根据飞控系统通过串口输入的航向角、磁航向角（机头方向）计算偏流角，即 DIFF-ANGLE = 航向角-磁航向角。根据偏流角计算的高位脉宽 PA-TIME = （1.5+(0.5/30)×DIFF-ANGLE）×1000ns，设定计数器计数初始值高位 100p1-h = PA-TIME/256，100p1-1 = PA-TIME%256；同时计算低位脉宽的计数器的初始值 100p2-h = (2000-PA-TIME)/256，100p2-1 = (2000-PA-TIME)%256。

另外，舵机的转动是需要时间的，因此，程序中舵机的变化不能太快，不然舵机跟不上程序。根据需要，可以选择合适的分段，将偏流角的变化用一个递增循环来体现，可以让舵机很流畅地转动，而不会产生像步进电机一样的脉动。

这套无人机遥感设备的自动化控制系统已经成功应用于 UAVRS-Ⅱ型无人机低空遥感监测系统上，不但成功地修正了偏流角，而且提供设定的方式选择定时与实时计算两种方式来控制数码相机的曝光间隔，在实践中取得了良好的效果。

第3章 航空摄影技术要求

3.1 航摄滤光片

为了尽可能消除空中蒙雾亮度的影响,提高航空景物的反差,航空摄影时一般都需要附加滤光片。在判读用的航空摄影中(如多光谱摄影、彩色摄影和假彩色摄影),如何正确使用滤光片是值得研究的重要问题。

3.1.1 航摄滤光片

航空摄影用的滤光片(航摄滤光片)与地面摄影用的滤光片相比,有许多特殊的要求。首先,航摄滤光片是航摄仪光学系统的一部分,对制作滤光片所用的材料和滤光片表面的平度都有特殊的要求,各种厂家所生产的航摄仪都配有相应的滤光片,彼此并不通用,否则将影响焦平面上影像的清晰度。其次,航摄滤光片的波谱透射特性与地面摄影用的滤光片也不相同,地面摄影时,使用滤光片主要是为了补偿各种景物颜色的表达,而航摄滤光片是为了消除某一波谱带,因此其波谱透射曲线的坡度比较陡。图3-1-1为国产航甲-17型航摄仪所用的5种不同颜色的滤光片。由图可见,航摄滤光片的波谱透射曲线由零急剧地增大到100%。此外,航摄滤光片的密度由中心向边缘逐渐递减,以补偿焦平面上的照度分布。

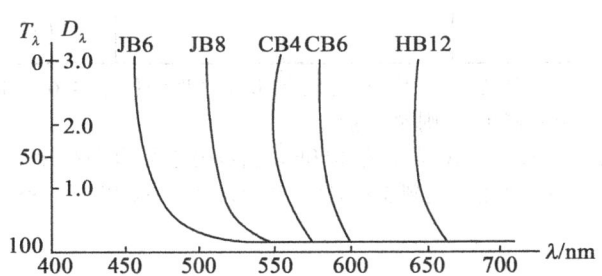

图 3-1-1 航甲-17型航摄仪所用的5种不同颜色的滤光片

在测图航空摄影中可供使用的滤光片并不多,但在判读用的航空摄影中,滤光片却是分离波谱段的重要介质,因此现代航摄仪一般都配备多种颜色的滤光片,以满足不同用途的需要。

航摄滤光片的特征可用代号或颜色来区分。表3-1-1列出了我国常角航摄仪所配备的不同颜色的滤光片,其中RMK型航摄仪备有12种滤光片,但较为常用的是KL(用于彩色航空摄影或能见度良好的低航高黑白航空摄影)、B(用于轻蒙雾下的黑白摄影)和D(用于假彩色摄影或重蒙雾下的黑白摄影)等3种。

表3-1-1　　　　　　我国常角航摄仪所配备的不同颜色的滤光片

编号	航甲-17型航摄仪	HS2323型航摄仪	AΦA型航摄仪	RC型航摄仪	RMK型摄影仪	MRB/LMK型摄影仪
NO1	浅黄色(JB6)	灰色	浅黄色(C-16)	彩色摄影用(400)	KL(无色)	彩色摄影用(350)
NO2	深黄色(JB8)	浅黄色(JB3)	深黄色(C-18)	浅黄色(420)	A1(415)	黄色(500)
NO3	橙色(CB4)	黄色(JB8)	橙色(OC-12)	假彩色摄影用(520)	A2(425)	橙色(550)
NO4	深橙色(CB6)	深橙色(CB6)	深橙色(OC-14)	深黄色(525)	A3(435)	红色(650)
NO5	红色(HB12)	红色(HB12)	红色(KC-14)	红色(600)	A(460)	
NO6				红外摄影用(705)	B(490)	
NO7					C(525)	
NO8					D(535)	
NO9					F(600)	
NO10					H(635)	
NO11					J(672)	
NO12					L(720)	

注:(1)表中J、C、H是国产滤光片红、橙、黄的代字;B是玻璃的代号;4、6、8、12等数码表示玻璃所属种类。同一颜色的滤光片,其数码越大,则颜色越深。

(2)原苏制滤光片分别用C、OC、KC表示黄、橙和红色,数码越大,颜色越深。

(3)括号内的数字表示波谱透射率达到50%时所相应的波长,一般以 $\lambda_{50}=\times\times\times nm$ 表示。

3.1.2　航空摄影中滤光片的选择与应用

在测图航空摄影中,使用滤光片的目的主要是为了补偿空中蒙雾亮度对航空景物反差的影响。当航摄仪备有自动测光装置时,由于自动测光光敏元件位于物镜筒的边缘,而滤光片安置在镜箱的外端,所以摄影物镜与光敏元件都在滤光片的覆盖之下。在这种情况下,因为光敏元件所量测的光强与投射到摄影物镜上的光强是相等的,所以摄影时就不再需要考虑滤光片倍数。

一般而言,随着航高或空中蒙雾亮度的增大,所用滤光片的颜色应由浅黄色变为深黄色。在能见度低的航高摄影时,也可使用彩色摄影用的无色滤光片(U.V镜)以消除紫外波谱的辐射。但在任何情况下,滤光片都是必须使用的,因为航摄滤光片还有补偿焦面照度不均匀分布的作用。

当航摄资料主要用于判读时,根据所需提取的地物信息,滤光片的选择应与景物波谱特性和航摄胶片的感色性相匹配,即滤光片的透射率、航摄胶片的增感高峰和所需提取的地物的最大波谱反射率应当一致,这样在黑白航摄像片上,就能突出地反映出该类地物。例如,黑白红外航空摄影(红外滤光片+黑白红外航摄胶片)就能将植被和水系很好地区别出来,因为在红外波谱区,这两种地物波谱反射率的差异很大。

最后应该指出,在多光谱摄影中(同时利用几个狭窄的波谱带进行摄影的过程),效果较为理想的是使用波谱滤光片,其波谱透射曲线与航摄滤光片不同。

3.2 航摄仪重叠度调整器的工作原理

在航空摄影中,航摄像片不但要覆盖整个摄区,而且为了进行立体观测和像片连接,相邻两像片之间需有一定的重叠度。同一条航线内相邻像片之间的重叠度称为航向重叠度 q_x,相邻航线之间的重叠度称为旁向重叠度 q_y,如图 3-2-1 所示。

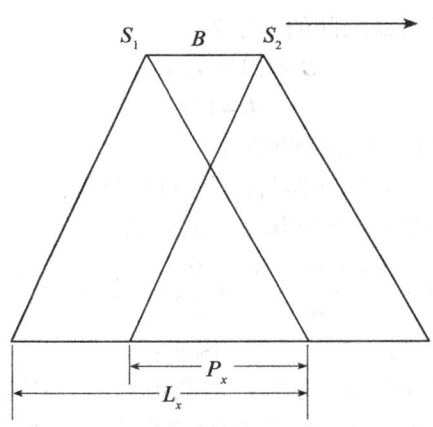

图 3-2-1 航摄像片重叠度

重叠度 q_x 的计算公式为

$$q_x = \frac{P_x}{L_x} \tag{3-2-1}$$

式中:P_x 为沿航线方向在地面上的重叠长度;
L_x 为航摄仪像幅沿航线方向在地面上的投影长度。
由图可见:摄影基线 B 与重叠度 q_x 的关系为

$$B = L_x - P_x = (1 - q_x)l_x m \tag{3-2-2}$$

式中:B 为两摄站 S_1、S_2 间的距离,称为摄影基线;
l_x 为航摄仪像幅沿航线方向的边长;
m 为摄影比例尺分母。

为了保持航空摄影时沿飞行方向的航向重叠度,在现代航摄仪中都装有航向重叠度的调整装置,以减少航摄时在往返航线方向上不断测定地速 W 的麻烦。现以 RC 型航摄仪为例,说明重叠度调整器的工作原理。

RC 型航摄仪都备有一个检影望远镜,重叠度调整器就安置其中,这个检影望远镜是与航摄仪的镜箱连在一起的。利用检影望远镜可以整平航摄仪,改正航偏角(航摄仪定向)和控制像片的航向重叠度。

在检影望远镜的视场内,可以看到一个水准气泡,摄影人员根据气泡偏离的方向,不断地调整检影望远镜座架上的 3 个脚螺丝,由于检影望远镜与镜箱连在一起,所以当水准气泡居中时,航摄仪也就处于水平位置。

检影望远镜场内的纵线用来改正航线偏流角 ω(航偏角)。航空摄影时,摄影人员按飞机修正偏流的相反方向旋转检影望远镜,使地物影像移动的方向与纵线完全一致(平行或重合),则此时航摄仪镜箱的航偏角也随之消除。

当航摄仪工作时,在检影望远镜的视场内还可以看到移动着的螺旋线,它是刻在玻璃板上的一系列螺旋线的部分截面,当玻璃板旋转时,就会感到视场内的螺旋线在推进(或后退),它的运动速度可以调整,当螺旋线在视场内的移动速度与地物影像的移动速度完全一致时,航摄仪就自动地按规定的航向重叠度连续进行摄影。

因为重叠度 q_x 和摄影基线 B 之间的关系为

$$B = (1 - q_x)l_x m$$

又

$$B = W\tau$$

式中:W 为飞机相对于地面的速度,简称地速;

τ 为飞行一段摄影基线所需要的时间,称为摄影时间间隔。

显然,要保证一定的重叠度,就需要控制摄影时间间隔 τ,即

$$\tau = \frac{(1 - q_x)l_x m}{W} = \frac{H}{W}(1 - q_x)l_x m \frac{1}{f} \tag{3-2-3}$$

由上式可见,摄影时间间隔 τ 取决于以下三个因素:

① H/W——航高愈高或地速愈慢,H/W 的数值愈大,所需要的摄影时间间隔就愈长。这与地物在像片面上的移动速度是一致的,航高愈高或地速愈慢,地物在像片面上的移动速度也就愈慢,因此称 H/W 为地物在像片面上的显示速度。

② q_x——重叠度愈大,所需要的摄影时间间隔愈短。

③ f——摄影时间间隔 τ 与焦距 f 成反比。

重叠度调整器的工作原理就是根据以上三个因素设计的。它由四个部分组成(图 3-2-2),即旋转的螺旋板Ⅰ,安置有四种不同相框的相框板Ⅱ,与螺旋板一起旋转的编码板和脉冲发生器。其中脉冲发生器安置在控制器内,前三个部分都安置在检影望远镜中的重叠度调整器内。

螺旋线玻璃板Ⅰ上刻有螺旋线,当航摄仪开始工作时,该螺旋板就按一定的速度旋转,此时在视场内就可以看到螺旋线(部分截面)在不断推进或后退。螺旋板的旋转速度可以利用控制器上的旋钮加以调节,当调节到螺旋线的移动速度与地物的移动速度一致时,便保持了 H/W 的关系。

在螺旋板Ⅰ的下面是一块具有四种不同相框的玻璃板(相框板)Ⅱ,其相框的面积随着

焦距的增大而缩小,这是由于在航高相同时,焦距愈长,摄影面积愈小。在检影望远镜的边上有一个专门的旋钮,可以根据物镜焦距的大小来旋转相框板Ⅱ,将所需要的相框安置在检影望远镜的光学系统内。

检影望远镜的光学系统将地物通过像框板Ⅱ成像在螺旋板Ⅰ上,因此,在视场内除了能看到移动的地物影像外,还能看到一个固定的相框和不断移动着的螺旋线,如图3-2-3所示。

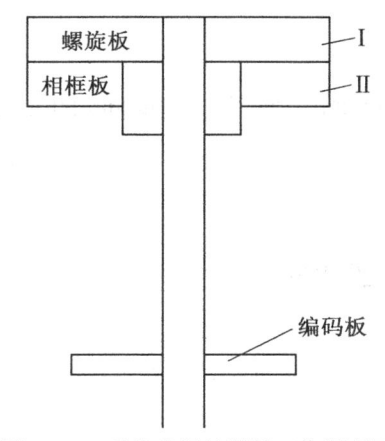 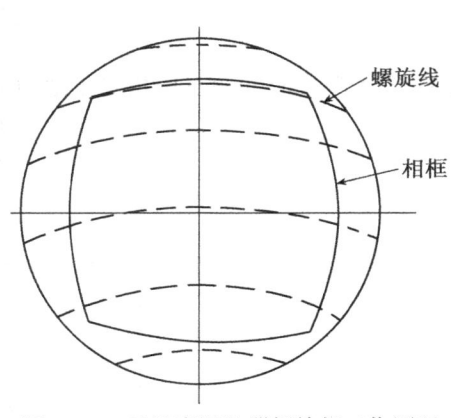

图 3-2-2　重叠度调整器的工作原理图　　　图 3-2-3　重叠度调整器螺旋板工作原理

编码板与螺旋板Ⅰ一起旋转,当螺旋线从相框的上边移动到下边时,编码板将发射20个"名义脉冲",若每一个"名义脉冲"都去触发航摄仪打开快门,则重叠度可达95%。也可以相隔几个"名义脉冲"才发射一次去触发航摄仪打开快门,控制器上重叠度调整旋钮就是用来控制脉冲发生器按某一间隔发射脉冲的。

以上就是重叠度调整器的工作原理。由于使用了重叠度调整器,地形起伏而引起的对航向重叠的影响已自动消除,因为随着地形的起伏,地物影像在检影望远镜内的显示速度 H/W 也随着变化,摄影员不断调整螺旋板的移动速度,当螺旋线的移动速度与地物影像的移动速度完全一致时,相邻像片的重叠度就能满足航摄计划所规定的要求。

但是,应该指出,重叠度调整器只是保证航空摄影时的航向重叠度,像片作航摄计划时,仍然需要计算由于地形起伏对重叠度的影响,因为地形起伏增大,为了保持规定的重叠度,相对于平均平面上的重叠度就增大,而重叠度增大,在平均平面上的基线就缩短,使航摄像片数和航线数增加,所以在航摄计划及计算航摄费用和材料消耗时,仍需考虑地形起伏对重叠度的影响。

使用航空数码相机时,由于其像幅覆盖范围小于常规航空相机的覆盖范围,由此产生的使用航空数码相机像对(模型)数增加、工作量增加,高程精度降低等问题已在第2.5节讨论过了。

3.3　航摄仪的影像位移补偿装置

航空摄影时,由于飞机的飞行速度很快,即使曝光时间很短,在航摄胶片上的地物构像也将在沿着航线方向上产生移动,这个移动称为影像位移(像移),像移将使影像模糊。

3.3.1 普通航摄仪的影像位移补偿装置

假设航摄仪快门在 S 点上打开(见图 3-3-1),地面点 A 在航摄胶片上的构像为 a,经过曝光时间 t 后,在 S' 点上关闭时,地面点 A 的构像为 a',显然 aa' 就是在曝光时间内由于飞机的前进运动而引起的像点位移值。

令 $aa'=\delta$,则由相似三角形可得

$$\delta = \frac{f \cdot SS'}{H}$$

而 SS' 等于曝光时间内飞机相对于地面的移动速度 W(地速)与曝光时间 t 的乘积,因而

$$\delta = \frac{fWt}{H} = \frac{Wt}{m} \tag{3-3-1}$$

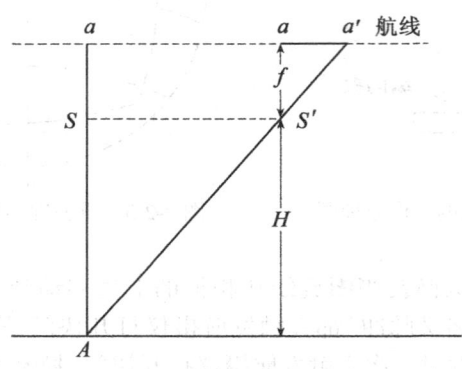

图 3-3-1　影像位移示意图

显然,像移值 δ 与摄影比例尺 l/m、航摄仪焦距 f 和曝光时间 t 是成正比的,而与航高 H 成反比。但是,摄影比例尺与地形起伏有关,因此,在同一像幅内,像移值 δ 并不是常数,在航摄中通常对最大像移值进行限制。表 3-3-1 为我国航摄规范中对不同摄影比例尺(或成图比例尺)所限定的最大容许像移值。

表 3-3-1　　　　　　不同摄影比例尺所限定的最大容许像移值

摄影比例尺($1/m$)或成图比例尺($1/M$)	最大容许像移值 $\delta_{最大}$/mm
$1:m$ 小于 1:1.2 万	≤0.07
$1:m$ 大于 1:1.2 万	≤0.1
$1:M$ 为 1:500~1:2000	≤0.06

根据最大容许像移值 $\delta_{最大}$,可以求得航空摄影时的最大许可曝光时间 t 为

$$t \leq \frac{\delta_{最大} H_{低}}{Wf} \tag{3-3-2}$$

式中：$H_{低}$为飞机距摄区内地形最高点的高度。

显然，当 m、W 一定时，只有缩短曝光时间才能缩小像移值，这就限制了航空摄影的条件，从而降低了航摄生产率。另一方面，即使满足航摄规范的要求，像移值仍然较大，必然会影响航摄负片的使用潜力。尤其是随着航摄仪和航摄胶片质量的不断提高，如果不能进一步限制或消除像移的影响，就无法充分发挥航摄仪和航摄胶片在质量提高后的作用。

为了在测图航摄仪中补偿像移的影响，自 20 世纪 80 年代起，在一些测图航摄仪中已相继试制成功像移补偿暗匣装置。其办法是在曝光过程中，根据航摄仪焦距 f、曝光时间 t 和由重叠度调整器中调整螺旋板移动速度而得到的显示速度 H/W，由微处理机计算出像移值的大小，曝光时，将该像移值输送给航摄仪暗匣机构中的数字伺服马达，并由曝光触发脉冲推动压片板(此时航摄胶片已吸附在压片板上)，使其在整个曝光时间内，沿着摄影航线方向移动该像移值(如图 3-3-2)，从而消除或减小像移的影响。曝光结束后伺服马达自动停止工作，曝光过程中虽然航摄胶片在移动，但是，如果在曝光的中间照明框标(如 RC-20)，就能保持航摄仪内方位元素的精度。目前，RMK 型航摄仪的最大像移补偿速度为 30mm/s，LMK 型航摄仪为 32mm/s，LMK 1000、LMK 2000 型和 RC-20 型航摄仪均为 64mm/s。

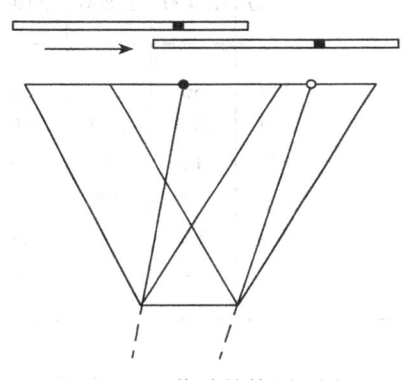

图 3-3-2　像移补偿原理图

从理论上讲，如果在曝光时间内使物镜(或在物镜前附加一个旋转棱镜)沿航线相反的方向移动，使它始终稳定地对准地物，也能够消除像移的影响，这也是一般侦察相机最早采用的方法。但是，这种方法在测图航空摄影中并不适用。因为，此时要求较大的摄影窗口，而且将影响航摄仪内方位元素的稳定性。

航摄仪使用像移补偿装置后，有下列重要作用：

① 提高大比例尺航摄影像的质量。表 3-3-2 列出不同航摄条件下的像移值，由表可见，当摄影比例尺大于 1∶0.5 万时，即使航摄飞机的飞行速度降低到 200km/h，像移值仍然很大，必然会降低航摄负片的量测精度和判读性能。使用像移补偿装置后，必将提高大比例尺航摄影像的质量。

② 一般来说，航摄胶片的感光度愈偏低，分辨率愈高，但要使用这种低感光度、高分辨率的航摄胶片，必须增加曝光时间，这就会增大像移值。使用像移补偿装置后，曝光时间已不受限制，这就为使用高质量的航摄胶片创造了条件，从而又能进一步提高航摄影像的质量。

③ 可以提高航摄生产率。我国地域辽阔,复杂多样的地形和气候条件限制了航空摄影的季节。采用像移补偿装置有可能在大气能见度稍差的情况下进行航空摄影,从而提高航空摄影的生产率。

使用像移补偿的相机可能摄取的最大摄影比例尺与最大像移补偿速度 V 和飞机的地速度 W 有关,因为

$$\delta = \frac{Wt}{m}$$

故

$$\left(\frac{1}{m}\right)_{最大} = \frac{\delta_{最大}}{Wt} = \frac{V}{W} \tag{3-3-3}$$

若飞机的地速度 W 为 220km/h,V 为 30mm/s,则其最大摄影比例尺可达 1/2200。

表 3-3-2 不同航摄系件下的像移值

摄影比例尺	飞行速度 曝光时间/s 像移值/μm	200km/h				360km/h			
		1/100	1/400	1/800	1/1000	1/100	1/400	1/800	1/1000
1:2500		220	56	28	22	400	100	50	40
1:5000		110	27.5	13.7	11	200	50	25	20
1:10000		55	14	7	5.5	100	25	12.5	10
1:25000		22	5.6	2.8	2.2	40	10	5	4
1:50000		11	2.8	1.4	1.1	20	5	2.5	2
1:100000		5.5	1.4	0.7	0.6	10	2.5	1.2	1

但是,应该指出,像移补偿的精度取决于摄影员操作重叠度调整器时是否控制好螺旋板的移动速度,即是否与地面最高点相应,因此,总会或多或少地存在残余像移。此外,航空摄影时除像移影响影像模糊外,还受到曝光瞬间、飞机受发动机震动或气流的影响,在航线前后、左右方向上摆动而造成影像模糊(角位移)。因此,像移补偿只是提高了影像在航线方向上的分辨率,要消除飞机摆动的影响,还需要进一步考虑改进航摄仪座架或安装陀螺稳定平台。

3.3.2 航空 CCD 相机的像移补偿装置

航空 CCD 相机在对目标成像时,由于曝光时间内相机与目标存在相对运动,目标在焦平面上所成的像不是静止的,而是运动变化的,即运动像移。运动像移使不同目标的像相互混叠,导致图像退化。其表现为图像边缘模糊,灰度失真,对比度和分辨率均下降。

为了解决运动像移造成的图像退化问题,常用软件补偿和硬件补偿两种方法。软件补偿是根据图像退化的机制,用软件对退化的图像进行恢复。硬件补偿是在成像系统中采用补偿元件,减小像移。现在高质量的成像系统中大多采用了像移补偿技术。例如 Z/I 公司的 DMC 航空相机采用 TDI CCD 补偿,而 DIMACSYSTEM 公司的 DIMAC 相机则采用了压电

晶体控制的移动焦平面补偿。

下面介绍硬件补偿的几种方法。

1. 像移补偿效果的评价

像移对像质的影响可以用像移量的大小来衡量。像移量越大,图像退化越严重。假设像移的速度 v_i 为匀速,t 为曝光时间,则曝光时间内的像移量 s 为

$$s = v_i t$$

衡量像移影响的另外一个指标是像移调制传递函数 $\mathrm{MTF_V}$。

$\mathrm{MTF_V}$ 可以表示为:

$$\mathrm{MTF_V} = \mathrm{sinc}(fs) = \sin(\pi f v_i t)/(\pi f v_i t) \tag{3-3-4}$$

式中:f 为图像的空间频率。

$\mathrm{MTF_V}$ 的值越大,运动像移对图像质量的影响越小,图像越清晰。如果 CCD 相机和地面目标之间相对静止,此时没有像移,$s=0$,$\mathrm{MTF_V}$ 有最大值 1。多数成像系统都要求 $\mathrm{MTF_V} > 0.64$。由式(3-3-4)可得 $f<2/s$。这说明如果像移量为 s,那么系统就不能正确分辨空间频率超过 $2/s$ 的图像。

2. 缩短曝光时间补偿

为了缩短曝光时间,最早使用了像移补偿技术。由式(3-3-4)可知,在实际应用的时间范围内,缩短曝光时间可以使像移量 s 减小,$\mathrm{MTF_V}$ 增加,图像更为清晰。以几何分辨能力来说明缩短曝光时间的效果更加直观。线阵 CCD 相机在物平面内沿像移方向几何上可以分辨的最小尺寸 D 由下式决定:

$$D = v_0 t \tag{3-3-5}$$

式中:v_0 为相机和目标的相对运动速度;t 为曝光时间。曝光时间越短,D 越小,CCD 的几何分辨能力(正比于 D 的倒数)越高。

缩短曝光时间对沿飞行方向和垂直于飞行方向的像移都有补偿作用,但带来的负面影响是使输出信号的信噪比降低。一个 CCD 像元在积分时间 t 内的有效信号振幅 ΔN_S 为 H:

$$\Delta N_S = CHASt/q$$

总噪声 N_n 为:

$$N_n = (HASt/q + N^2)^{1/2}$$

则信噪比 SNR 为:

$$\mathrm{SNR} = \frac{\Delta N_S}{N_n} = \frac{CHASt}{q(HASt/q + N^2)^{1/2}} \tag{3-3-6}$$

式中:H 为辐照度;

A 为像元面积;

S 为 CCD 的光响应度;

C 为场景的反差比;

N 为该像元中,除了散粒噪声以外的其他噪声源引起的有效方均根噪声;

q 为电子电荷量。

由式(3-3-6)可知,缩短曝光时间,有效信号幅值和总噪声都将减小,但有效信号幅值减小更快,故信噪比随之降低。受到系统最小信噪比的限制,曝光时间不能无限缩短,所以这种方法对像质的改善是有限的。

3. TDI CCD 补偿

Carl Zeiss Jena 于 1982 年提出前向运动补偿（FMC）技术。FMC 技术采用 TDI CCD 器件，多级像元对同一目标多次曝光，并将信号电荷进行累加以提高信号强度。TDI CCD 补偿原理如图 3-3-3 所示。

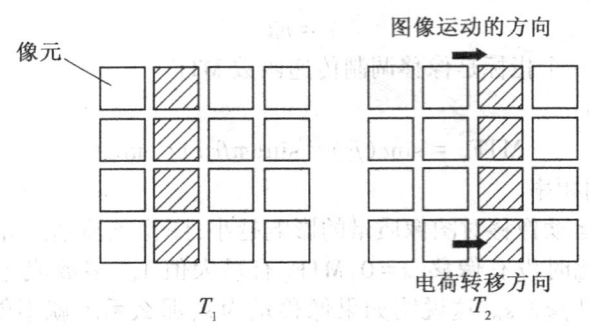

图 3-3-3 TDI CCD 补偿原理

在 T_1 时刻对地面目标曝光，目标成像在 CCD 阴影所示的像元上（左图）。曝光结束后的 T_2 时刻，由于相机随飞机一起运动，T_1 时刻目标所成的像移动到右图所示阴影部分的下一级像元上，同时控制时钟使 T_1 时刻的成像电荷包也移动到下一级像元，对同一目标继续曝光。依此类推，当最后一级像元曝光结束后，输出的信号为全部 TDI 像元对同一目标的积分电荷之和。普通 CCD 的输出信号 S_0 的大小正比于输入照度 H 和积分时间 t：

$$S_0 \propto Ht$$

而 M 级 TDI CCD 的输出信号 S_{m0} 为：

$$S_{m0} \propto MHt$$

可见 M 级 TDI CCD 的输出信号提高了 M 倍。而其几何分辨能力保持不变，仍由式（3-3-5）决定。

用 TDI CCD 进行像移补偿时，必须使目标图像在像平面上的移动速度与电荷包的转移速度同步。只有这样才能保证各级 TDI 像元对同一目标依次曝光，并最终输出同一目标的累加电荷信号，从而提高光电灵敏度和图像质量。若目标图像在像平面上的移动速度不等于电荷包的转移速度，将引起 MTF 的退化。设一次 TDI 转移的时间为 t，d 为 TDI CCD 相邻两级像元的中心距，v_e 为电荷包的平均速度，v_i 为目标在像平面上移动的平均速度，则一次转移的速度失配为：

$$\Delta V = |v_e - v_i|$$

经过 M 次 TDI 转移后，像移量为：

$$s = M\Delta Vt = M\Delta Vd/v_e$$

将 s 代入 MTF 计算式，可得由非同步效应引起的 MTF 退化为：

$$(MTF)_{\Delta v} = \frac{\sin\left(\pi f d M \dfrac{\Delta v}{v_e}\right)}{\pi f d M \dfrac{\Delta v}{v_e}} \tag{3-3-7}$$

由于图像的移动是连续的、两维的,而 TDI CCD 的电荷转移是离散的、一维的,它也只能对图像做一维的离散像移补偿。因此即使在速度完全同步的条件下仍然存在像移问题。对于 p 相 TDI CCD,在连续两次电荷转移之间像运动的距离为 d/p,由此引起的 MTF 退化为:

$$(\text{MTF})_{\text{disc}} = \frac{\sin\left(\pi f \dfrac{d}{p}\right)}{\pi f \dfrac{d}{p}} = \frac{\sin\left(\dfrac{\pi}{2} \dfrac{f}{f_n} \dfrac{1}{p}\right)}{\dfrac{\pi}{2} \dfrac{f}{f_n} \dfrac{1}{p}} \tag{3-3-8}$$

式中:$f_n = 1/(2d)$,称为 Nyquist 极限频率。

此外,由于 TDI CCD 的级数是有限的,使得信噪比的提高也受到限制。

4. 全帧转移/帧转移 CCD 补偿

这种补偿方式采用面阵全帧转移 CCD 或帧转移 CCD 器件对像移进行补偿。1992 年,Andre G. Lareau 等人在其专利中提出了一种利用全帧转移 CCD 进行像移补偿的方法,该方法可以对不同的像移速度进行补偿。美国的 F14 战机曾用此方法做过军事侦察实验,取得了较好的结果。全帧转移 CCD 补偿的原理如图 3-3-4 所示。

成像区由二维排列的光敏单元组成,将所有光敏单元按列分成若干组,每组由若干列光敏单元组成。假设分成 N 组,如图 3-3-4 中的 $C_1 \sim C_N$。又设对运动目标成像时,所成的像在成像区有沿图示方向的运动。如果使成像电荷包在驱动时钟的驱动下与像移同步运动,就可消除像移的影响。如果不同组的像移不同,可以对不同的组设置各自的控制及时钟驱动电路(同一组内各列的控制和时钟驱动电路是相同的),使电荷包转移速度与像移速度同步,以消除像移影响。组划分得越多,补偿效果越好,但系统越复杂。一般对 5000 列左右的光敏元,划分为 16 组就可以取得较好的补偿效果。图 3-3-5 以三相 CCD 为例,说明了上述电路的原理。

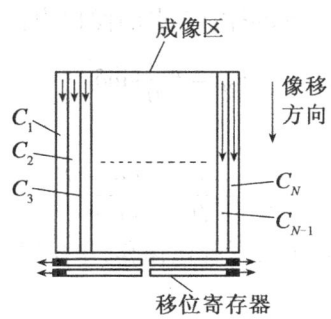

图 3-3-4 全帧转移 CCD 补偿的原理

每一组光敏元 $C_i(i=1 \sim N)$ 都有一个计数器 CN_i 和一个时钟驱动器 CD_i。控制计算机产生主时钟信号,帧启动/停止信号、预置数信号。曝光期间,计数器对主时钟信号计数。当计数值和预置数的值相等时,则产生一个触发信号,启动时钟驱动电路产生三相驱动脉冲 ϕ_1、ϕ_2、ϕ_3,使该组的电荷包沿像移方向转移一行。转移结束后,时钟驱动电路重置计数器的计数值,准备下一轮转移。改变计数器的计数值,就可以改变电荷包转移的速度,使之和像移速度同步。

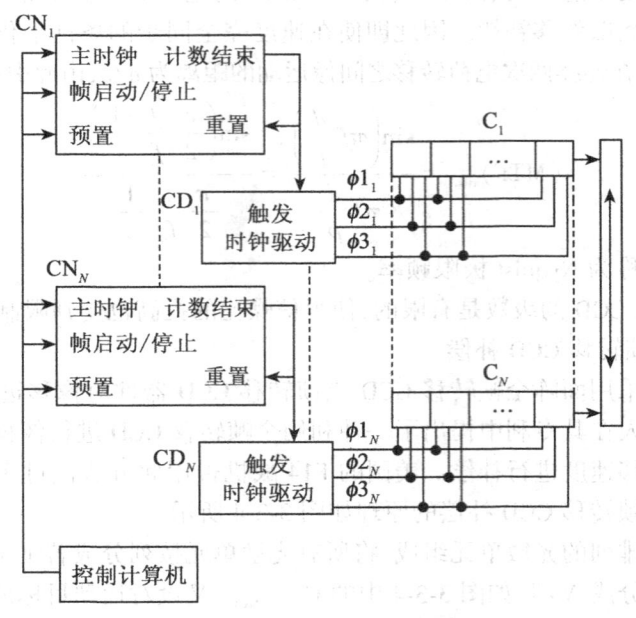

图 3-3-5 帧转移 CCD 补偿驱动时钟

在图 3-3-6 中,设飞行高度为 H,飞行速度为 v,成像系统的焦平面为 $A_F B_F C_F D_F$,焦距为 f,焦平面的法线 OP 和水平面之间的夹角为 δ。焦平面在地面的成像区域为 $ABCD$。成像区域的任意一点 I 在焦平面上的像移 v_{iF} 可用下面的公式计算出来:

$$v_{iF} = f\frac{v}{H}\frac{\sin(\delta \pm \theta)}{\cos\theta}$$

式中:θ 是 IP 和 OP 之间的夹角。例如图中 2 点的像移为:

$$v_{2F} = f\frac{v}{H}\sin\delta$$

3 点的像移为:

$$v_{3F} = f\frac{v}{H}\frac{\sin(\delta + \theta)}{\cos\theta}$$

设 CCD 光敏元的中心距为 d,则为了补偿像移,单位时间内 CCD 需要转移的行数(即时钟驱动器 D_i 的触发次数)M_i 为:

$$M_i = v_{iF}/d$$

若主时钟的频率为 f_m,则计数器 C_{Ni} 的计数值 N_i 为:

$$N_i = f_m/M_i$$

曝光结束后,根据曝光期间各组 CCD 转移行数的不同,采用不同的转移速度(即各计数器采用不同的计数值),使同一行 CCD 同时到达移位寄存器后读出。

2002 年,Gaylord G Olson 又提出了一种用帧转移 CCD 进行像移补偿的方法。全帧转移 CCD 或帧转移 CCD 像移补偿的原理类似于 TDI CCD,而且和 TDI CCD 补偿类似,帧转移 CCD 补偿只能对一维像移作离散补偿,由非同步效应和离散性引起的 MTF 退化也可以用式(3-3-7)、式(3-3-8)来计算。

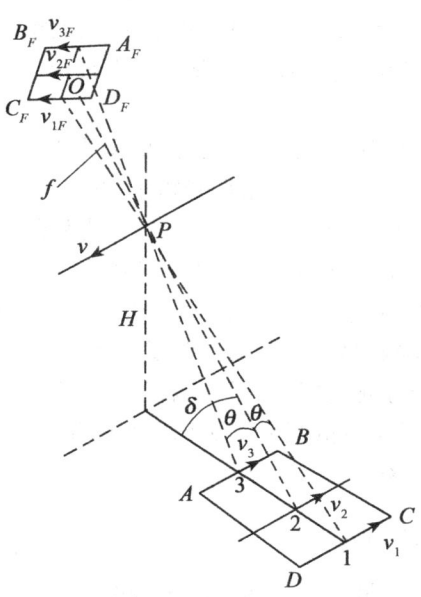

图 3-3-6 帧转移 CCD 的像移

3.4 航摄仪的自动测光系统和曝光时间的计算

3.4.1 航摄仪的自动测光系统

航空摄影的曝光时间取决于许多因素,如航摄胶片的感光度、景物的亮度、大气条件和航摄仪的光学特性等。

为了获得满意的影像质量,航空摄影时必须正确测定曝光时间。为此,现代航摄仪都备有自动测光系统,通过安装在摄影物镜旁的光敏探测元件测定景物的亮度,并根据事先安置的航摄胶片感光度,由微处理机计算出曝光时间,再通过镜箱内的自动控制机构,自动调整光圈或曝光时间。为了与航摄物镜的色差校正范围一致,光敏探测元件的波谱敏感范围设定为 0.4~0.9nm。

自动测光系统按其结构一般分为两类,即"光圈优先"和"快门优先"。所谓光圈优先就是固定光圈号数,根据景物的亮度,自动调整曝光时间;而快门优先则是固定曝光时间,根据景物亮度,自动调整光圈号数。从减少像移的影响来看,快门优先的设计更为合理。但由于航空摄影的条件变化较大(大气条件、胶片感光度),因此,现代航摄仪中的自动测光系统大多采取将两者优化组合的方式。以 RC-10 型航摄仪中的 PEM-2 测光表为例,开始工作时,光圈号数自动调整到 5.6,曝光时间将在事先安置的允许像移值范围内调整,如果曝光时间短于 1/1000s,光圈号数自动调整为 8;反之,如果曝光时间超出像移允许的范围,则光圈号数自动调整到 4,如果此时仍超出像移允许范围,检影器上的红色报警灯闪亮,航摄仪自动停止工作,表示由于航摄胶片感光度较低或大气能见度的限制已不可能进行正确曝光。

RC-10 型自动测光系统可在光圈号数 4、1/100s 至 11、1/1000s 内进行自动调整。

自动测光系统根据光学系统视场的大小,又分为积分测光和微分测光两种。目前 RC 型和 RMK 型航摄仪都采用积分测光,其探测视场角为±30°,LMK 型航摄仪采用微分测光,其探测视场角为±1.25°。

LMK 测光系统有一个很重要的特点,测光时,根据重叠度调整器测定的 H/W 的大小,能在 75% 至 99% 的重叠范围内连续测定地面景物的亮度(即同一景物在航线上至少被测定四次),然后从这些量测值中由微处理机自动选出 5 个最大亮度值和 5 个最小亮度值,分别取平均后,其中最小亮度值就作为自动调整曝光的依据,而由于同时得到了景物的亮度范围($\lg B_{最大}$ 至 $\lg B_{最小}$),因此,只要事先安置好所需要的航摄负片的影像反差 ΔD,LMK 型航摄仪将自动在操纵器上显示出冲洗航摄胶片时的推荐反差系数 r。

一般来说,微分测光比积分测光好,除了探测视场刚好沿着河流或公路进行探测外,一般不会产生在积分测光中容易出现的曝光不足(探测视场位于明亮景物上)或曝光过度(探测视场位于阴暗景物上)等现象。

3.4.2 航空摄影曝光时间的计算

由感光测定理论可知,曝光量等于像面照度 $E_{像}$ 和曝光时间 t 的乘积,即

$$H = E_{像} t$$

于是

$$t = \frac{H}{E_{像}}$$

如果不考虑航摄仪的杂光,则

$$E_{像} = \frac{\pi B K_a}{4 k^2 K_f} \tag{3-4-1}$$

式中:B 为空中景物的亮度(包括空中蒙雾亮度);

k 为光圈号数;

K_a 为物镜的透光率;

K_f 为滤光片倍数(在自动测光系统中可不予考虑)。

所以

$$t = \frac{4 K^2 K_f H}{\pi B K_a} \tag{3-4-2}$$

目前,国际上广泛使用的航摄仪主要是 RC、RMK 和 LMK 3 种型号,自动测光系统上所需安置的感光度的标准并不一致,如 RC 型航摄仪安置 ASA 值,LMK 型航摄仪安置 DIN 值,而 RMK 型航摄仪安置 AFS 值。这 3 种胶片感光度的计算公式分别为

$$S_{ASA} = \frac{0.8}{D_{D=D_0+0.1}}$$

$$S_{DIN} = 10 \lg \frac{1}{H_{D=D_0+0.1}} = 1 + 10 \lg S_{ASA}$$

$$S_{AFS} = \frac{1.5}{H_{D=D_0+0.3}}$$

因此,其相应的曝光时间的计算公式为

$$t_{(\text{RC})} = \frac{3.2k^2 K_f}{\pi B_{\min} K_a S_{\text{ASA}}} \tag{3-4-3}$$

$$t_{(\text{LMK})} = \frac{3.2k^2 K_f}{\pi B_{\min} K_a 10^{(S_{\text{DIN}}-1)/10}} \tag{3-4-4}$$

$$t_{(\text{RMK})} = \frac{6k^2 K_f}{\pi B_{\min} K_a S_{\text{AFS}}} \tag{3-4-5}$$

由于上述三种感光度的基准密度都是位于特性曲线的趾部,因此公式中的景物亮度均为景物的最小亮度。LMK 型航摄仪的自动测光系统所测定的是景物的最小亮度,因此可直接代入式(3-4-4)计算出曝光时间。但是,RMK 型和 RC 型航摄仪的自动测光系统所测定的都是景物的积分亮度即平均亮度,因此,必须作相应的换算。

假定曝光正确,航空景物的最小亮度和最大亮度分别位于如图 3-4-1 所示的直线位置,则由图可见

$$\lg H_{\Psi} = \lg H_{\min} + \frac{1}{2}(\lg H_{\max} - \lg H_{\min})$$

$$= \lg H_{\min} + \frac{1}{2}\lg\frac{H_{\max}}{H_{\min}}$$

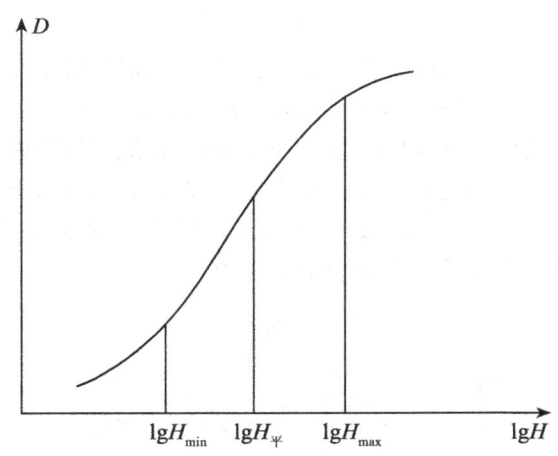

图 3-4-1 航空景物感光特性曲线

由于在同样的摄影条件下,曝光量与景物亮度是一致的,于是

$$\lg B_{\Psi} = \lg B_{\text{最小}} + \frac{1}{2}\lg u'$$

即

$$B_{\Psi} = B_{\text{最小}}\sqrt{u'} \tag{3-4-6}$$

因此,式(3-4-3)和式(3-4-5)可写成

$$t_{(\text{RC})} = \frac{3.2k^2 K_f \sqrt{u'}}{\pi B_{\Psi} K_a S_{\text{ASA}}} \tag{3-4-7}$$

$$t_{(\text{BMK})} = \frac{6k^2 K_f \sqrt{u'}}{\pi B_{平} K_a S_{\text{AFS}}} \tag{3-4-8}$$

在自动测光中,滤光片倍数 K_f 是可以不予考虑的,而 u' 为航空景物的反差,即

$$u' = \frac{B_{最大}T + \delta_1}{B_{最小}T + \delta_1} \tag{3-4-9}$$

式中: T 为大气透射率;

δ_1 为空中蒙雾亮度。

显然, u' 只可能是设计自动测光系统时赋予的估值,例如 RC-10 PEM-2A 测光表,就是令 $3.2\sqrt{u'}/K_a = 10$ 设计的($u' = 5, K_a = 0.7$),不同大气条件或不同的景物反差,都有可能由于 u' 偏离估值较大而产生曝光误差。

较为合理的处理方法是,如果采用积分测光,在设计自动测光系统时,至少应采用 $S_{0.85}$ 感光度标准,即

$$S_{0.85} = \frac{10}{H_{D = D_0 + 0.85}}$$

由于该感光度的基准密度位于特性曲线的中部,其相应的亮度 B 为景物平均亮度,于是曝光时间 t 为

$$t = \frac{40 k^2 K_f}{\pi B_{平} K_a S_{0.85}} \tag{3-4-10}$$

由第 1 章可知,航空摄影时,由于大气蒙雾的影响,不但降低了航摄景物总的反差,还使地面景物反差受到不同程度的压缩,其中阴影部分景物的反差要比明亮部分景物的反差压缩得多。航摄景物反差受到非线性压缩这一现象说明,在航空摄影曝光时,没有必要使航摄景物的曝光量范围完全落在感光材料特性曲线的直线部分上,由于航摄资料主要用于量测和判读,因此,更应该着重于显出影像的微观质量。国外一般推荐航摄胶片最大分辨率 R 的 80% 所相应的范围为最佳曝光量范围,如图 3-4-2 所示。

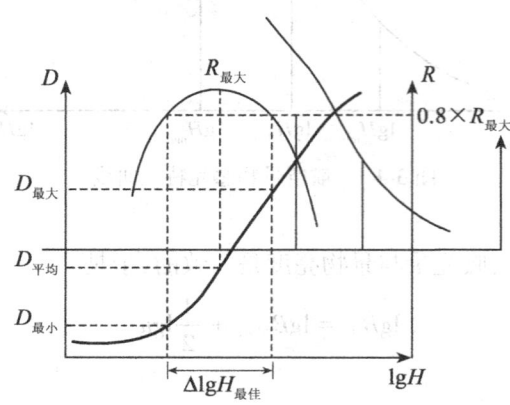

图 3-4-2 航摄胶片静态分辨率曲线

因此,为了充分发挥航摄胶片的潜力,对每一种航摄胶片都必须进行研究,测定如图 3-4-2 所示的静态分辨率曲线。在航空摄影时,航空测光表无论是采用积分式还是微分式,确

定曝光时间所需要的参数(即计算感光度的基准密度)应该随着测光系统和航摄胶片的不同而变化。

积分式测光

$$S = \frac{K}{H_{D=D_0+D_{平均}}} \tag{3-4-11}$$

微分式测光

$$S = \frac{K}{H_{D=D_0+D_{最小}}} \tag{3-4-12}$$

航空摄影的正确曝光取决于许多因素,自动测光系统至今仍有一定的缺点,尤其在彩色航空摄影中,这一问题显得更为突出,这是生产实践中需要继续研究的课题。

3.4.3 航空数码相机的测光与曝光量

数码相机的拍摄部分原理跟传统的胶片相机一样,只是后续处理和存储方面不一样。曝光之前,数码相机会进行测光工作。

1. 数码相机的测光

目前 200 万像素或以上的数码相机,绝大多数的测光模式都有多区综合测光、中心区域重点测光以及点测光三种。

打开快门时,在 LCD 屏上也会有相应大小不同的目标指示框显示,引导使用者正确测光。多区域综合测光是一个常用的方式,因为数码相机的 CCD 本身就是一个极大的测光元件,数码相机的测光区域面积比传统相机的大。它最大的优点是能将整个 CCD,即画面平均分为多个区域,传统相机多区域测光时,只要主体占所有区域的大部分,就可得到正确的曝光,但数码相机的区域是占整个画面,所以"主体占所有区域的大部分面积"中的这个面积比传统相机相对要大,所以在相同的主体拍摄时,使用多区测光,传统与数码就得到不同的效果了,因为现在数码相机更"先进"。

2. 数码相机的曝光

数码相机的自动曝光模式可以有 3 种:

① 程序设定快门速度以及光圈值大小的自动曝光模式。

② 快门优先模式。这种模式通常被用来拍摄快速运动的物体,快门速度不够快,则只能获得模糊不清的照片。

③ 光圈优先模式。这种模式通常被用来控制景深,光圈值越大,照片景深层次越分明。曝光值也是图像亮度和相当感光度的函数:

$$E_V = f(B_V, S_V) \tag{3-4-13}$$

传统相机的相当感光度一般用 ISO 值来表示,该数值越大,胶卷对光线的敏感程度增加越多。为了便于用户理解,企业一般将数码相机的 CCD/CMOS 感光度(或对光线的灵敏度)等效转换为传统胶卷的感光度,因而数码相机也就有了"相当感光度"这一说法。当 ISO 值从 100 增加到 200 时,图像的噪度和颗粒度增加了 40%。一般来讲,当光照条件足够时,以最小的 ISO 值来拍摄相对静止的物体,就可以获得清晰度较高的照片。但当光线较暗时,尽管增加 ISO 值会增加图像的噪度,但还是一种比较可行的方法。

由于对一指定数码相机,一般来讲,它的感光度是单一的,所以目前自动曝光需要迫切解决的问题是：如何确定图像亮度值 B_v 跟曝光值 E_v 之间的关系，即如何确定关系式(3-4-13)中的 f。一些数码相机采用测光计或者其他光电设备来获得参照亮度，这就要求使用对应于参照亮度的曝光值查询表格。不同测光方式给出不一样的参照亮度值，这取决于测光计所选区域的不同。现采用的算法不使用测光设备。大多数图像是根据中性灰或者18%的反光率来获得一个合适的曝光值。然而，如果景物中具有大面积的白雪或是沙滩，根据中性灰所得到的曝光值就过亮或者过暗。在这种情况下，根据中性灰所获得的曝光值就不正确。这就是为什么一些相机具有手动曝光补偿的原因。还有，如果景物中既有很亮的区域又有很暗的区域，则很难获得合适的曝光量，这也要求使用适当的曝光补偿。

曝光补偿就是机器在非完全手动挡的时候，通过自动测光得出一个光圈快门组合的基础上，进行一些调整。曝光补偿其实也就是调节光圈或者快门的速度。数码相机的曝光补偿功能可以在一定程度上满足用户对于曝光调整的需要，使相片的明暗度得以改变。

曝光补偿分为正补偿和负补偿两种。正补偿即曝光量要增加的意思，标示为 E_v+；负补偿即曝光量要减少的意思，标示为 E_v-。E_v0 是 1s、$f/1$ 的组合，E_v20 是 1/1000s、$f/32$ 的组合，可见曝光量最大值是 E_v0，最小值是 E_v20。这和数码相机中正补偿、负补偿的表示方式恰好相反，也就是说正补偿 E_v+，其 E_v 值要减小；而负补偿 E_v-，其 E_v 值要增加。

3. 已有的自动曝光算法

目前，自动曝光控制方法基本上有两种。一种是使用参照亮度值，把图像均匀地分为许多子图像，每一块子图像的亮度被用来设置参照亮度值，该参照亮度值可以通过调整光圈大小来获得，同样也可以通过设置快门速度来获得该参照亮度值。还有一些相机生产厂商采用另一种方法，就是通过研究不同光照条件下的亮度与曝光值之间的关系来进行曝光控制。这两种曝光方法都研究了大量的图像例子和许多不同的光照条件。它们都是比较强大的自动曝光控制方法。然而，这两种方法均需要在不同光照条件下所采集的图像数据库。

4. 自动曝光的神经网络算法

通过学习例子，现设计一个 BP 神经网络模块来获得一个对应于已经设定好光圈值的曝光值。神经网络是一种包括不同层次处理单元的结构体。这些处理单元构成了通过研究事例实现非线性关系的正确工具。这种研究是通过改变处理单元之间的连接权值来实现的。在方法中，图像亮度和曝光值之间存在一种非线性关系。在 BP 神经网络模型中，给出一组输入—输出向量对 (x, t)，调整神经元之间的权系数，使得总平均方差 TMSE 最小：

$$\text{TMSE} = \sum_{q=1}^{Q} \sum_{j=1}^{J} (t_j^{(q)} - z_j^{(q)})^2$$

式中：Q 表示事例的个数；J 为输出向量的个数；z_j 是第 j 维神经元的输出量。

如图 3-4-3 所示，图像被分成 5 个区域：中间区域、上面区域、下面区域以及两个侧面区域。这种划分方法是为了使自动曝光适用于不同类型的照片，不同类型的照片所需要的曝光重点不一样。每一个区域的直方图决定了各自光通量的平均值、方差、最小值以及最大值。光通量的平均值与平均亮度以及对比度有关，对比度是测定图像清晰度的。计算已有图像帧的同样空间信息，将光通量和亮度的变化信息综合到神经网络中去。因此，神经网络的输入元的数量为 20，实验确定了决定最小均方差 TMSE 的隐藏层神经元个数。所采用的神经网络包括两个隐藏层,隐藏层中共有 20 个处理单元,其中 15 个确定了最小 TMSE。输出神经元的个数取决于训练神经网络所得到的曝光值。根据所采集的数据集,曝光值从 6 变到 9,因此以 1/3 为步长从 6 变到 9 有 10 个不同值,这就使得输出神经元的个数为 10。

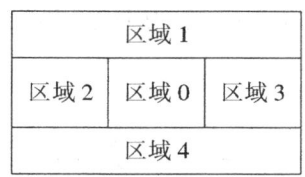

图 3-4-3 摄影分区

在数码航空摄影的过程中,自动曝光控制技术是获得高质量摄影图像的关键技术之一。一个准确可靠的自动曝光是数字成像系统拍摄出清晰图像的前提。

3.5 航摄仪内方位元素和物镜畸变差的测定

航摄负片是航测成图的原始资料,摄取航摄负片用的航摄仪,由于在使用或运输过程中受到各种外界环境的影响(如温度、大气压力以及运输过程中经受的震动等),航摄仪的内部结构可能会发生某些变化。因此,每年航摄工作开始前都要求对航摄仪作一次全面的检定,其中对摄影测量成图直接有关的检定项目包括以下几项:

① 航摄仪内方位元素——航摄仪主距 f_k 和像主点坐标 x_0, y_0。
② 航摄仪物镜的畸变差。
③ 航摄仪框标之间的距离及框标连线的垂直性。
④ 航摄负片的压平精度。

其中内方位元素和畸变差是航摄仪检定的主要项目。本节主要叙述内方位元素和畸变差的测定。

3.5.1 像主点和畸变差的基本定义

1. 像主点

在航测中,像主点(简称主点)一般定义为由物镜节点(N')到像平面的垂足点。但是在深入研究一个物镜的几何特征时,上述定义是不够完善的,还需要作进一步的引申。

(1) 最佳对称主点 PBS 或简称对称主点 S

像场内所有几何影像的径向畸变差,无论是由于物镜的像差,还是镜片在加工和安装过程中的缺陷所造成的,都应该尽可能地对称于某点 S,则该点就称为对称主点,航测中所用的像主点一般都是对称主点。

(2) 自动准直主点 PPA

垂直于像平面的物方平行光线,通过物镜后所构成的像点称为自动准直主点,以 PPA 表示。

如果组成物镜的各个镜片,在加工、安装时能保证各镜片的节点都位于公共的主光轴上，PPA 点与 S 点是重合的,否则,两者就不重合,即 PPA 点是由于主光轴偏心造成的。

如果像幅框标连线的交点以 F_c 表示,则 S 点和 PPA 点相对于 F_c 的坐标分别为 x_0、y_0 和 x_a、y_a,如图 3-5-1 所示。在检定航摄仪时,PPA 点与 S 点之间的距离作为衡量物镜加工和安装工艺水平的标准,并称为"一级非对称径向畸变差"。一般制造航摄仪的工厂在航摄仪出厂时都调整到使 PPA 点与 S 点都位于以 F_c 为中心,直径为 15nm 的圆内,并在航摄仪鉴定书上标明其坐标值。

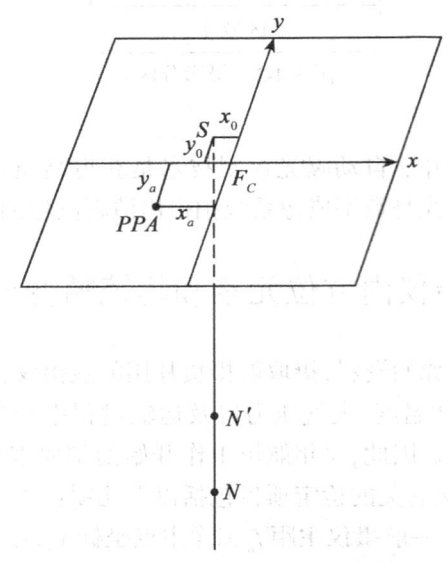

图 3-5-1 主光轴在像片面上的构像

2. 畸变差

根据畸变差产生的原因,物镜的畸变差分为两类。

(1) 对称径向畸变差

设计物镜时,由于物镜的残余像差引起的畸变差称为对称径向畸变差。图 3-5-2 表示地面上有一对对称于主光轴的 A、B 点,通过航摄仪物镜后在像平面上的构像。对于一个理想的无像差物镜而言,物点 A、B 应该分别成像在 a、b 点,但由于物镜的残余像差使入射角 α、β 不等于出射角 α′、β′,实际像点位于 a′、b′ 点。

理想像点 a 沿径向的位移 aa′ 称为对称径向畸变差,以符号 Δ 表示。规定 a′ 位于主点 Sa 的延长线上时取正值,位于 Sa 之间时取负值。这种畸变差是对称于主点 S 的,并且入射光线、出射光线与主光轴都位于同一平面上。

(2) 非对称畸变差

如果不考虑物镜的残余像差,只考虑组成物镜的每一个镜片在加工上的缺陷以及在安装时没有使每一个镜片的节点都调整到公共的主光轴上,则此时就会产生主光轴的偏心畸变差,由于主光轴的偏心,使入射角和出射角不位于同一平面上,如图 3-5-3 所示。

由图 3-5-3 可以看出,偏心畸变差将引起切向畸变差 ΔT 和非对称径向畸变差 ΔR。两者统称为非对称畸变差。

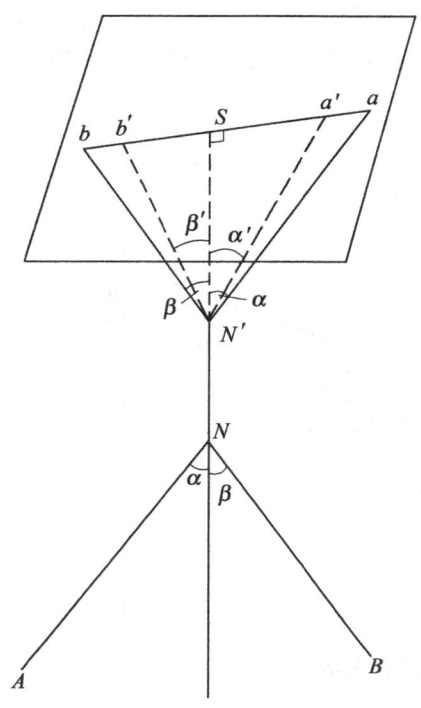

图 3-5-2 对称径向畸变差

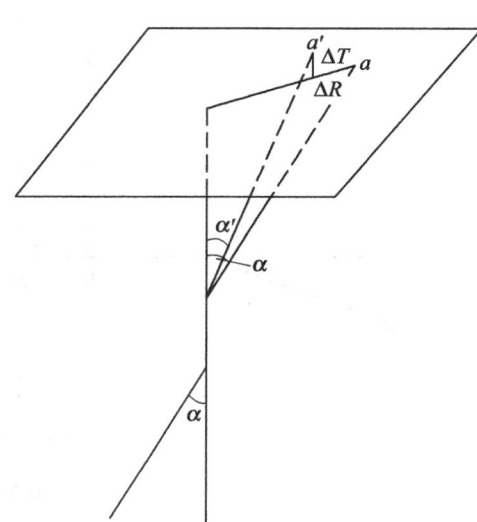

图 3-5-3 非对称畸变差

任何摄影物镜,总是存在某些残余像差和主光轴的偏心误差,由此而产生的畸变差将包括对称径向畸变差 Δ、非对称径向畸变差 ΔR 和切向畸变差 ΔT,前两种畸变差之和称为径向畸变差。由于切向畸变差的数值很小,一般为径向畸变差的 1/5~1/7,因此,在生产实践中一般只测定径向畸变差,即假定入射角和出射角位于同一平面上。

既然假定入射角与出射角位于同一平面上,从理论上讲,这种畸变差就应该对称于主点 S,即不再区分对称径向畸变差与非对称径向畸变差,一律从测定对称径向畸变差的思想出发来研究内方位元素的测定和平差计算的方法。为简单起见,以下简称(径向)畸变差,以符号 Δ 表示。

根据畸变差的定义,由图 3-5-2 可知,畸变差 Δ 可表示为

$$\Delta = R - f_k \tan\alpha \tag{3-5-1}$$

式中:R 为像主点 S 至像点 a' 的距离;

f_k 为物镜主距;

α 为入射角。

根据测定内方位元素的方法,上式中的 R 和 α 中有一个是已知值,另一个是观测值。因此,畸变差的数值与 f 值有关,如果赋予不同的 f 值,就会得出不同的畸变差,航摄仪鉴定书上的 f 值不是焦距,而是平差后的计算值,为了区别起见,以 f_k 表示并称为航摄仪物镜的主距。对一个摄影物镜来说,焦距 f 是唯一的,它表示物方平行光束通过物镜后的像点与物镜后节点的距离,而不同的平差方法可以得出不同的主距 f_k,由于 f 与 f_k 在数值上相差很小,所以很多资料,当提及焦距时往往给出概略的数值,如 $f = 153\text{mm}$,而当提及主距时,则给出

精确的数值,如 $f_k=153.38$ mm。

为了更进一步说明主距的概念,我们换一种表示畸变差的方法,即假设入射角总是等于出射角,而畸变差的产生是由于后节点 N',随着入射角 α 的变化沿主光轴移动的结果,如图 3-5-4 所示。

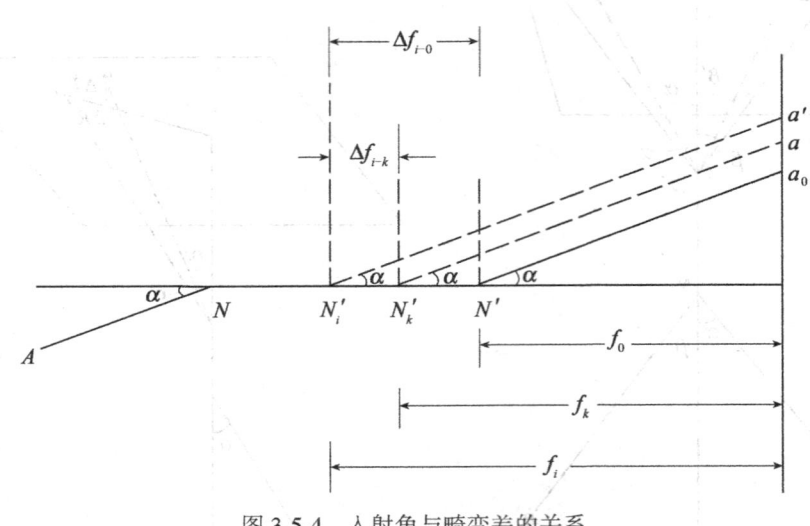

图 3-5-4　入射角与畸变差的关系

当 $\alpha=0$ 时,$f=f_0$;
$\alpha=\alpha_i$ 时,$f=f_i$。

也就是说,在像场的不同位置,有不同的主距 f_i,我们称 f_i 为带区主距,它是 α 的函数。由图可见

$$\Delta_0 = R - f_0\tan\alpha = f_i\tan\alpha - f_0\tan\alpha = \Delta f_{i=0}\tan\alpha \tag{3-5-2}$$

式中:Δ_0 为位于带区 a_i 的像点相对于主距 $f_0(\alpha=0)$ 时的畸变差。

如果测定内方位元素时,对 Δ 给予一定的条件,使平差后的主距定为 f_k,则其相应的畸变差就可以理解成带区主距 f_i 相对于 f_k 移动了 $\Delta f_{i=k}$ 后产生的畸变差,即

$$\Delta_k = \Delta f_{i=k}\tan\alpha = f_i\tan\alpha - f_k\tan\alpha = R - f_k\tan\alpha \tag{3-5-3}$$

为方便起见,去掉脚符 k,仍以 Δ 表示,则得到与式(3-5-1)相同的表达式

$$\Delta = R - f_k\tan\alpha \tag{3-5-4}$$

式(3-5-4)是假定框标连线的交点 F_C 与主点 S 重合时的畸变差表示式。

图 3-5-5 对上述的分析表示得更为清楚,由图可见

$$\Delta = \Delta_0 - \Delta f_{i=k}\tan\alpha \tag{3-5-5}$$

由此可见,径向畸变差的数值与平差方法有关,因为,不同的平差方法将得出不同的主距值 f_k,从而也影响到畸变差的大小。

我们也可以用同样的方法来理解非对称畸变差,因为它是由于主光轴的偏心引起的,也就是后节点 N' 离开了主光轴,首先由 SN' 旋转至 N'' 再沿主光轴平移到 N''',如图 3-5-6 所示,图中 N''、N''' 不一定位于图面,实际像点 a' 与理想像点 a 之间就产生两个分量,即 ΔR 和 ΔT。

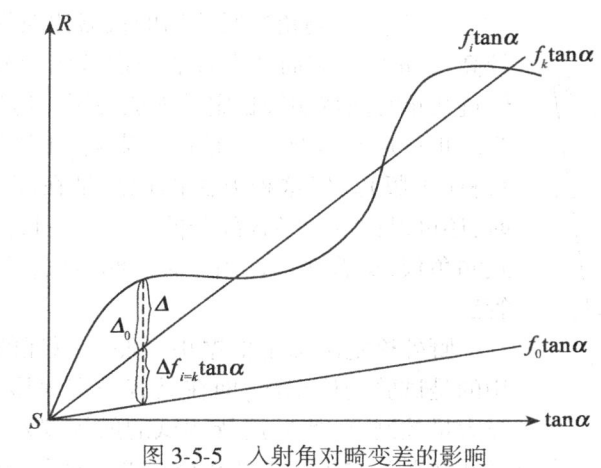

图 3-5-5 入射角对畸变差的影响

图 3-5-6 非对称径向畸变差分解图

3.5.2 航摄仪内方位元素的测定

航摄仪的检定可分为两类:实验室检定法和野外检定法,具体分类如下:

$$
\text{航摄仪检定}\begin{cases}\text{实验室检定法}\begin{cases}\text{多筒准直管法}\\\text{测角法}\begin{cases}\text{垂直式测角}\\\text{水平式测角}\end{cases}\end{cases}\\\text{野外检定法}\begin{cases}\text{试验场检定法}\\\text{恒星法}\end{cases}\end{cases}
$$

多筒准直管法,就是在安装航摄仪平台的前方,在水平方向上呈扇形布设一系列准直管,两准直管之间的夹角一般为 7.5°。在准直管内的十字丝平面上,除标有十字丝外,还有一个分辨率砚板的图案,所有准直管都位于航摄仪的视场内,测定时,打开准直管内的光源,照明十字丝,航摄仪对其摄影、冲洗后,用精密坐标仪量测负片上各十字丝交点的影像,最后进行平差计算。显然,多筒准直管法中 α_i 为已知值,R_i 为量测值。

与多筒准直管法相反,测角法是 R_i 为已知值,α_i 为量测值,测定时在航摄仪的框标平面上安装一块量测格网板如图 3-5-7,格网刻线的间距为 1cm。航摄仪安置到光学平台上后,用望远镜量测每一个格网点相对于 F_c 点的夹角,量测后进行平差计算。垂直式测角仪的结构比水平式测角仪复杂,但与航空摄影的条件一致。

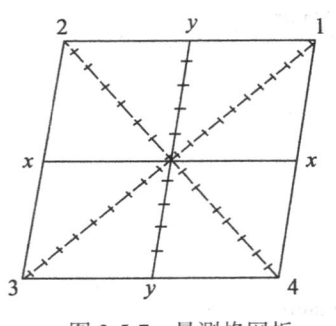

图 3-5-7 量测格网板

一般来说,测角法所使用的仪器比较简单,而且量测精度较高(2nm),而多筒准直管法的设备比较复杂,一般安装后要经过几年时间待座架稳定后才能使用,其量测精度为 3~5nm,为防止负片变形及压平精度的影响,摄影时需使用硬片感光材料(干版)。但这种方法的优点是在测定内方位元素的同时,还可以检定像场各部分的分辨率。目前,威特厂使用水平式测角仪,奥普托厂使用垂直式测角仪,蔡司厂使用多筒准直管法。

野外检定法都是根据摄影测量原理的摄影方法,当前常用的是试验场检定法,即在具有一定地形起伏的试验场内布设大量控制点,然后用待测试的航摄仪对试验场地进行航空摄影,最后用空间后方交会或区域网平差方法分析其残余误差。这种方法最符合实际航空摄影的条件,如果在试验场内同时布设各种形式的觇板(标志),还可以同时分析影像质量,包括影像的判读性能、摄影分辨率和航摄系统的调制传递函数等。

恒星法就是对天空的恒星进行摄影,这种方法精度最高,但计算工作量很大,而且要求精确地辨认星像。由于摄影条件,即大气折射情况不同,其测定结果能否用于航测生产尚需进一步研究。

现以水平测角法为例,叙述内方位元素的测定过程。

图 3-5-8(a)为水平测角仪的结构示意图,(b)为威特厂生产的测角仪。测角仪的平台上安置待测试的航摄仪,平台的后方为准直管,前方为望远镜,准直管与望远镜的视准轴都位于同一高度,望远镜与测角仪的旋转平台连在一起,度盘的读数精度可达 0.5″。

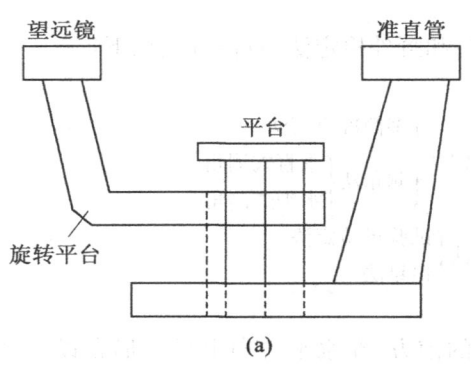

(a)   (b)

图 3-5-8 水平测角仪的结构示意图

在实验室检定时,一般是沿着框标连线 xx、yy(或像幅对角线)两个方向上测定径向畸变差。现就以 xx 方向上的测定步骤为例介绍如下:

① 将望远镜的十字丝交点瞄准准直管的十字丝交点,并使度盘读数凑整至 100°00′00″,这个读数就是 PPA 点的读数。

② 将格网板(图 3-5-7)的刻线面向航摄仪物镜,安置于航摄仪的框标平面上,并使格网中心与 F_C 点重合(即格网线与各个框标完全重合)。

③ 将航摄仪物镜面向望远镜安置于测角平台上,一边旋转航摄仪,一边用望远镜观察,使相应于 xx 方向的框标连线处于水平线上,同时,前后移动航摄仪,使物镜的前节点位于旋转平台的旋转轴上。

④ 通过准直管观测格网板背面中心的涂银圆斑,调整平台面的角度,使准直管中的十字丝与其在银斑上的反射影像完全重合,这样就保证了格网板平面垂直于准直管的视准轴。

⑤ 重复检查 2、3、4 各步骤后,就可以依次瞄准 F_C 及各格网交点,并读取其相应的水平角度。

在 xx 方向上观测完毕后,将航摄仪旋转 90°,重复 3、4、5 步骤,在 yy 方向上继续进行观测。

图 3-5-9 为 RC-10A 航摄负片注记说明。

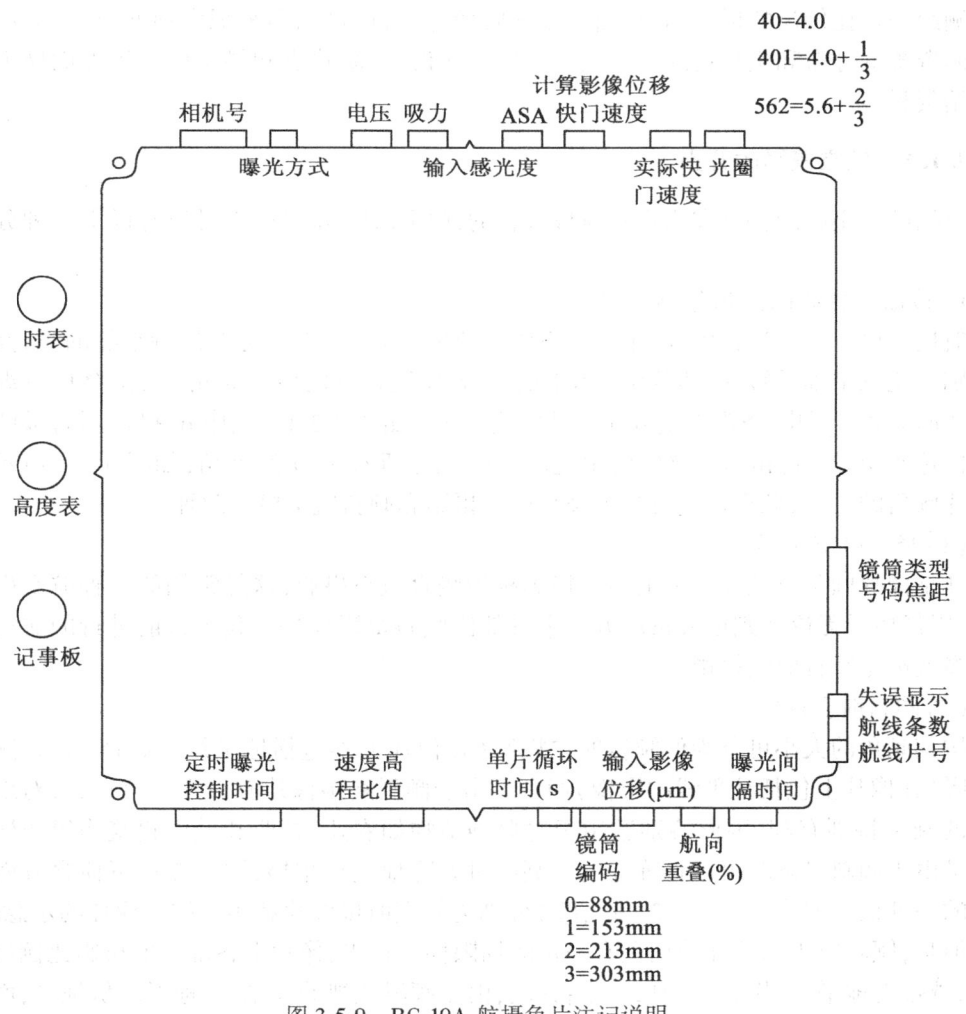

图 3-5-9　RC-10A 航摄负片注记说明

第4章 航空摄影技术过程

4.1 概 述

航空摄影就是将航摄仪安装在飞机上并按照一定的技术要求对地面进行摄影的过程。航空摄影的目的是为了取得某一指定地区(摄区)的航摄资料,即航摄负片(或称航摄底片),在这种负片上详尽地记录了地物、地貌特征以及地物之间的相互关系。利用航摄资料既可测绘一定比例尺的地形图、平面图或正射像片图,也可以用来识别地面目标和设施,了解地面资源的分布和生长情况。它是城乡经济建设、国防建设和科学研究等方面极为重要的原始资料。

4.1.1 航空摄影的分类

根据航空摄影的特点和用户对航摄资料的使用要求,航空摄影可以有以下三种分类方法。

1. 按航空摄影的倾角分类

航摄飞机在飞行过程中,由于受到空中气流的影响,飞机不可能保持平稳的飞行状态,将分别围绕三个轴系转动,即分别产生围绕机翼连线转动的航向倾角 α_x,围绕机身纵轴转动的旁向倾角 α_y 和围绕铅垂线方向转动的旋角 κ(如图2-2-4),其中 α_x 和 α_y 所合成的角度称为像片倾角 α。它相当于航摄仪主光轴 OSo 与铅垂线 NSn 的夹角,如图4-1-1所示。根据像片倾角的大小,航空摄影可分为竖直航空摄影和倾斜航空摄影两种。

(1)竖直航空摄影

凡是像片倾角 α 为 2°~3° 的航空摄影称为竖直航空摄影,这是常用的一种航空摄影方式,其影像质量无论从判读或量测方面来看都比倾斜摄影要好。我国目前进行的航空摄影绝大多数都是竖直航空摄影。

(2)倾斜航空摄影

按其倾角的大小可分为低倾斜航空摄影(在像片上不包括地平线的影像)和高倾斜航空摄影(在像片上包括地平线的影像)两种。由于倾斜航摄像片有较强的透视感,对地物和目标的判读特别有利,因此特别适用于对典型地物如农业、林业和城市建筑物等作样本分析。又由于倾斜摄影时可以在阵地的一侧向对方阵地进行拍摄,因此在军事侦察方面也是常用的一种摄影方式。图4-1-2(a)、(b)分别为竖直航摄像片和倾斜航摄像片的示意图。

但是,倾斜航摄像片在使用上有一定的局限性。首先,像片上各部分的摄影比例尺都不一致,越接近地平线,摄影比例尺越小;其次,由于倾斜透视的关系,在地形起伏地区,面向航摄仪一边的斜坡边长增长,背向航摄仪一边的边长缩短,有时甚至在像片上无法显示。此

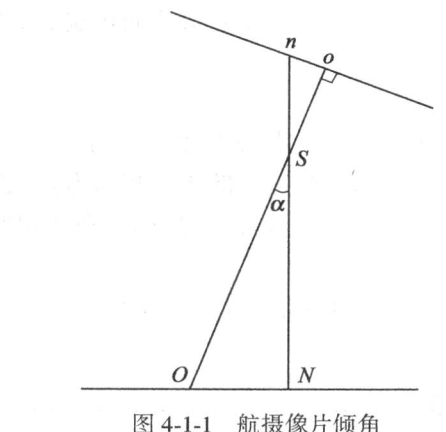

图 4-1-1 航摄像片倾角

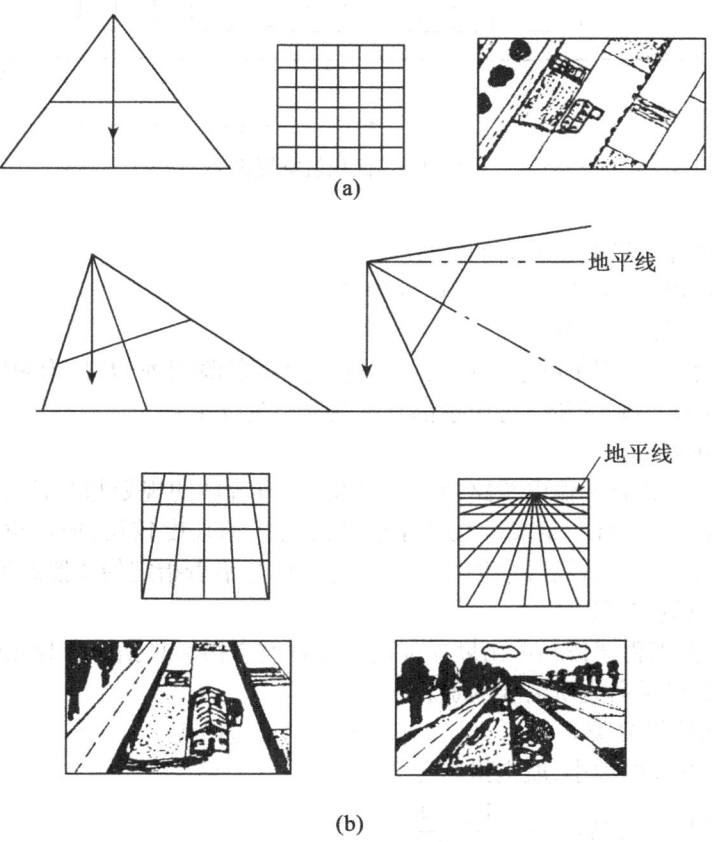

图 4-1-2 竖直航空摄影与倾斜航空摄影示意图

外,由于空中蒙雾亮度的影响,靠近地平线一边影像的分辨率和清晰度都将大大降低,从而减少了像片的有效使用面积。

2. 按航空摄影的方式分类

根据用户单位的实际需要,竖直航空摄影又可分为面积航空摄影、线状地带航空摄影和独立地块航空摄影三种。

(1) 面积航空摄影

在规定的高度上,有计划地按一定间隔敷设互相平行的直线航线而进行的竖直航空摄影称为面积航空摄影,如图 4-1-3 所示。在每条航线上相邻像片之间要保持一定的航向重叠度(q_x),航线之间又需保持一定的旁向重叠度(q_y),因此在面积航空摄影中,每张像片的有效使用面积 $S_{有效}$ 为

$$S_{有效} = (1 - q_x)(1 - q_y)l_x l_y m^2$$

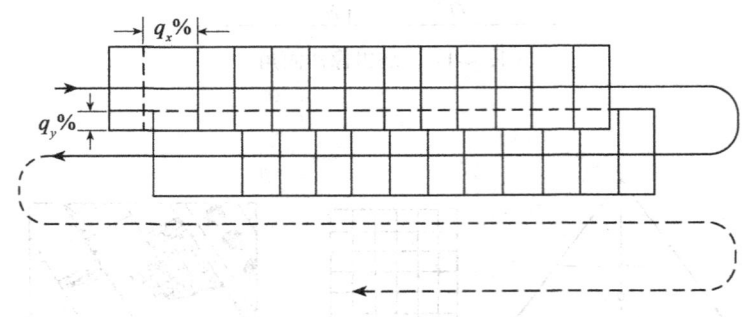

图 4-1-3　面积航空摄影

式中:l_x 为航摄仪像幅沿航线方向的边长;
　　　l_y 为航摄仪像幅在垂直于航线方向的边长;
　　　m 为航空摄影比例尺分母。

面积航空摄影主要用于测绘地形图或进行大面积资源调查,尤其为测图目的而进行的测图航空摄影,对摄影质量和飞行质量都有比较严格的要求。

(2) 线状地带航空摄影

主要用于公路、铁路和输电线路的定线以及江、河流域的规划与整治等工程,与面积航空摄影的区别是一般只有一条或少数几条航线。航线的长度较长,但不再是一条直线(划分成许多航线段,在每个航线段中仍按直线飞行),而是沿着指定的线段或河流走向敷设。

(3) 独立地块航空摄影

主要用于大型工程建设和矿山勘探部门。这种航空摄影只拍摄少数几张具有一定重叠度的像片,以获取科学研究所需要的资料。

3. 按摄影比例尺分类

按照摄影比例尺的大小,航空摄影分为:

(1) 大比例尺航空摄影——$\dfrac{1}{m} \geq \dfrac{1}{1万}$;

(2) 中比例尺航空摄影——$\dfrac{1}{1万} > \dfrac{1}{m} > \dfrac{1}{2.5万}$;

(3) 小比例尺航空摄影——$\dfrac{1}{m} \leq \dfrac{1}{5万}$。

为了充分发挥航摄负片的使用潜力,降低成本,在满足成图精度和使用要求的前提下,一般都选择较小的摄影比例尺。表 4-1-1 为测图航空摄影中航摄比例尺与成图比例尺之间的关系。其中"航摄计划用图"一栏为用户向航摄单位联系航摄任务时,所需递交的一定比例尺的地形图,该地形图既作航摄计划用,也作航摄领航用。

表 4-1-1 摄影比例尺与成图比例尺的关系

成图比例尺	航摄比例尺	航摄计划用图
1:500	1:2000~1:3000	1:1万
1:1000	1:4000~1:6000	1:1万或1:2.5万
1:2000	1:8000~1:12000	
1:5000	1:8000~1:1.2万 1:1.5万~1:2万 (像幅23cm×23cm)	1:2.5万或1:5万
1:10000	1:1万~1:2.5万 1:2.5万~1:3.5万 (像幅23cm×23cm)	
1:25000	1:2万~1:3万	
1:50000	1:3.5万~1:5.5万	1:10万或1:20万
1:100000	1:6万~1:7.5万	

应该指出,随着航摄质量的不断提高,或者当航摄资料主要用于判读或修测旧图时,航摄比例尺还可以进一步缩小,以便最大限度地发挥航摄负片的作用。

此外,还可以按航摄仪焦距的大小或像幅的大小以及像场角 2β 等对航空摄影进行分类,在此就不一一赘述了。

4.1.2 航空摄影的技术过程

图 4-1-4 为整个航空摄影过程的方框示意图。由图可见,航空摄影中主要涉及三个单位,即用户单位、航摄单位和当地航空主管部门。在本节中就航空摄影的每一步骤先作简单的介绍,许多具体问题将在以下各节中详细讨论。

1. 提出技术要求

在航摄规范中,对大部分技术要求都有明确规定,但对其中的个别项目,用户单位应根据本单位的实际条件和对资料的使用要求进行仔细的分析,这是用户单位在向航摄单位联系航摄任务前必须认真考虑的问题。一般用户单位应在以下八个方面提出具体的要求:

① 划定摄区范围,并在"航摄计划用图"上用框线标出;
② 规定摄影比例尺;
③ 规定航摄仪型号和焦距;
④ 规定航摄胶片的型号;

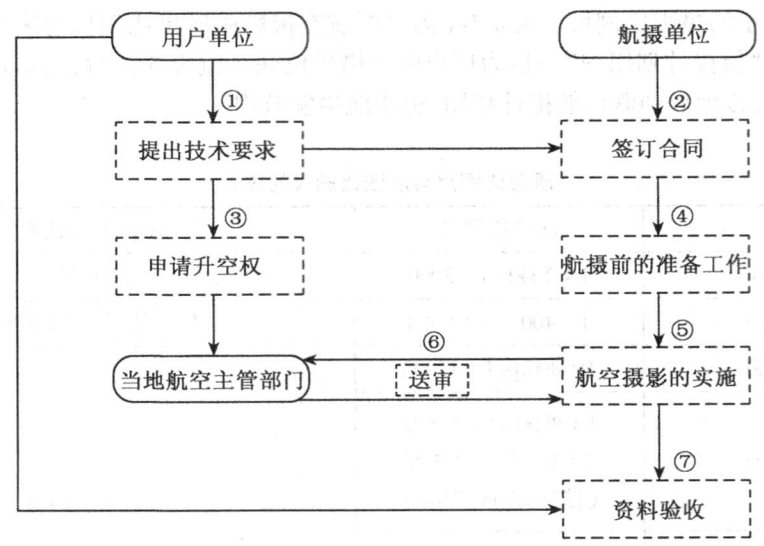

图 4-1-4 航空摄影过程的方框示意图

⑤ 规定对重叠度的要求(航向重叠度 q_x 和旁向重叠度 q_y);
⑥ 规定冲洗条件;
⑦ 执行任务的季节和期限;
⑧ 所需提供航摄资料的名称和数量。

2. 与航摄单位签订技术合同

用户单位在确定了技术方案后,应携带航摄计划用图和当地气象资料与航摄单位进行具体协商。其中,航摄计划用图是航摄单位进行航摄技术计算的依据,也是引导飞机按计划航线飞行摄影的导航图。气象资料主要是近 5~10 年内每月的平均降雨天数和大气能见度,它是最后确定实施航空摄影日期的依据。

在与航摄单位具体讨论时,有些技术要求可能会由于某种客观原因而需要做一些适当的调整,如旁向重叠度和冲洗条件等。此外,虽然在航摄规范中,对航空摄影的一些主要技术要求都有明确的规定。但是,如果用户单位希望提高技术指标而航摄单位又具有相应的技术力量和物质条件时,某些技术指标也可以进行调整。如对像移值的限制等,但是验收航摄资料时是根据合同进行的,因此在签订合同的过程中,用户单位和航摄单位都应认真细致地进行讨论。

3. 申请升空权

用户单位与航摄单位签订合同后,应向当地航空主管部门申请升空权。申请时应附有摄区略图,在略图上要标出经纬度。此外,在申请报告上还应说明摄影高度(航高)和航摄日期等具体数据。

4. 航摄前的准备工作

航摄单位在与用户单位签订合同后,就着手进行一系列的准备工作,其中包括航摄技术计算、所需消耗材料(航摄胶片、像纸等)的准备、飞机和机组人员的调配和航摄仪等。航摄技术计算后,应将各条航线标明在航摄计划用图上,该地形图也由此作为航摄时的领航图。在地图上,除了画出各条航线外,还应在每条航线上标明进入、飞出和转弯等各方向标以及开始和终止摄影的标志,如图 4-1-5 所示。

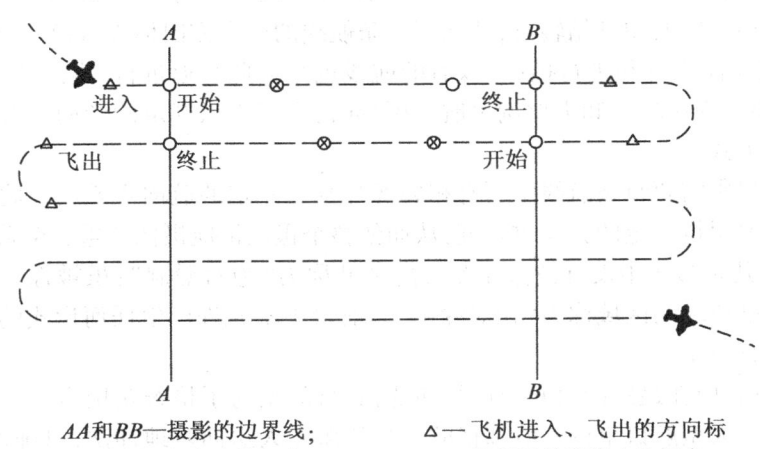

AA 和 BB——摄影的边界线;　　△——飞机进入、飞出的方向标
⊗——控制飞行方向的标志;　　○——摄影开始和终止的标志

图 4-1-5　航摄计划用图

飞机的调配,主要根据摄影航高(涉及飞机的升限及最低安全飞行高度)、摄区面积(涉及油料消耗量)和成本等因素。表 4-1-2 所示为我国常用的航摄飞机。

航摄单位所需进行的准备工作主要是航摄技术计算,由于全年度的航摄任务较重,其他准备工作一般都在上年末准备完毕。

表 4-1-2　　　　　　　　我国常用的航摄飞机

飞机型号	最大升限(m)	巡航速度(km/h)	备注
安-12	1 万	600	
安-30	7 000~8 000	450	
伊尔-14	6 000	300~320	
伊尔-12	5 000	270	
里-2	3 500	220	
米-八	3 000	150	直升飞机
空中国王	1 万	120~460	附惯性导航
呼　唤	1.2 万	120~400	附惯性导航
双　水	<1 万	120~400	

5. 航空摄影的实施

航摄准备工作结束后,按照实施航空摄影的规定日期,调机进驻摄区的机场,并等待良好的天气以便开始进行航空摄影。

航空摄影时,当飞机飞近摄区,航高达到规定的高度后,就对着第一条航线的进入方向标保持平直飞行。当飞机飞越开始摄影标志的正上空时,便打开航摄仪进行自动连续摄影,直至飞机达到终止标志正上空时,才关闭航摄仪,停止摄影。此时,飞机仍继续向前飞行,当到达飞出方向标上空时便开始转弯,并向第二条航线的进入方向标飞入第二条航线,然后按照第一条航线那样飞行和进行摄影,以后的航线也是如此往返进行,直到整个摄区摄完为止。此外,在摄区面积较小和大比例尺航空摄影时,为了确保规定的旁向重叠度,也可以采用单向进入的方式。

面积航空摄影需要每条航线中所有相邻像片都有一定的航向重叠度。此外,相邻两条航线的像片也要保持一定的旁向重叠度,从而使整个摄区被航摄像片重叠覆盖,否则将产生"航摄漏洞"。凡是摄区中没有被像片覆盖的区域称为"绝对漏洞";虽被像片覆盖,但没有达到规定重叠度要求的区域称为"相对漏洞"。航摄中不允许产生任何形式的漏洞,一旦出现漏洞必须进行返工。

航摄完毕后,应在最短的时间内进行冲洗,其目的是为了检查航摄质量,以便确定是否需要进行返工。大型航摄单位一般都将航摄胶片派专人送回基地冲洗,以确保统一的冲洗质量,小型航摄单位则派出冲洗组携带冲洗、晾干设备,在机场所在地区附近冲洗。

为了确保航空摄影工作的顺利进行,航摄时当飞机进入摄区后,机组人员都有明确的分工。驾驶员的工作是一旦进入摄区,必须尽可能地使飞机保持平稳状态,保持平直飞行规定的飞行高度。领航员的工作是既要不断协助驾驶员修正航线以补偿由于风向所引起的偏流,以及引导飞机进入下一条航线,确保旁向重叠度,又要与摄影员联系,发出开、闭航摄仪和进入、飞出航线的信号。摄影员的工作是一旦接到领航员飞机已进入某一航线的信号,就开始着手整平航摄仪,旋转由于改正偏流而引起的航偏角,并操纵重叠度调整器,确保航向重叠度。

6. 送审

航摄工作结束后,航摄单位应将航摄负片送至当地航空主管部门进行安全保密检查。航空摄影全过程中,申请升空权和送审航摄负片这两项在世界各国都是必须包括的内容。

7. 资料验收

航摄负片送审完毕后,用户单位按合同进行资料验收。验收工作除检查资料是否齐全(包括航摄负片、像片、像片索引图、航摄仪检定表和航摄冲洗、拍摄条件等记录)外,主要检查飞行质量和摄影质量。

综上所述,航空摄影的整个技术过程是:首先搜集和分析摄区的自然地理和气象资料,根据用户对资料的使用要求和摄区的具体情况选择合适的飞机、航摄仪和摄影材料,并进行航摄技术计算。准备工作结束后,便选择良好的天气进行摄影,并紧接着进行航摄胶片的冲洗、晒像、摄区像片索引图的镶辑和进行航摄质量的自我检查。如发现存在不符合合同要求的应组织返工,只有当航摄成果完全合格并齐全后才能交付用户单位验收。

4.2 摄影测量对航空摄影技术的要求

航摄资料主要用于量测和判读,都需要进行立体观测。因此,在叙述航空摄影技术之前,有必要首先分析一下重叠度与立体观测效应之间的关系。

4.2.1 重叠度

在航空摄影中,同一条航线内相邻像片之间的重叠度称为航向重叠度 q_x,相邻航线之间的重叠度称为旁向重叠度 q_y,都以百分数表示。为了使立体像对之间能有一定的连接,一般在航线方向要保持三度重叠,如图4-2-1所示。

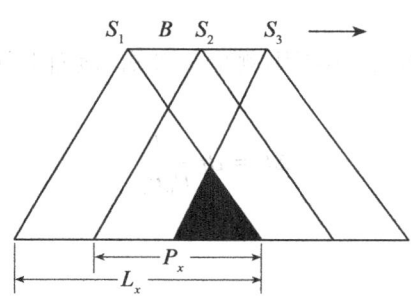

图 4-2-1 航摄像片三度重叠

根据重叠度的定义,有

$$q_x = \frac{P_x}{L_x} \tag{4-2-1}$$

$$q_y = \frac{P_y}{L_y} \tag{4-2-2}$$

两摄站之间的距离称为摄影基线 B,显然摄影基线 B 与重叠度 q 的关系为

$$B_x = (1 - q_x) m l_x \tag{4-2-3}$$
$$B_y = (1 - q_x) m l_y \tag{4-2-4}$$

式中:B 为摄影基线;

P 为重叠长度;

q 为重叠度;

l 为航摄仪像幅边长;

L 为航摄仪像幅边长在地面上的投影长度(即 $L = l \cdot m$);

X 为航线方向;

Y 为垂直于航线方向。

在已知同一航线上相邻两张像片的重叠度 q_x 后,可以立即估算出第一张像片与第 i 张像片的重叠度,即

$$q_{1,i} = q_x - (1 - q_x)(i - 2) \tag{4-2-5}$$

式中:$i = 2, 3, 4, \cdots$

例如设 $q_x = 80\%$,则第一张与第三张像片的重叠度即三度重叠 $q_{1,3}$ 为 $q_{1,3} = 2q_x - 1 = 60\%$。

这说明如果使航向重叠度达到80%,则通过一次航空摄影,就可以采取抽片的方式,同时为两个用户单位分享资料,其中每一套资料中相邻两张像片的重叠度均为60%,从而使各用户单位减少航摄费用而又能各自独立地拥有航摄资料。

4.2.2 基高比

摄影基线 B 与航高 H 之比定义为航空摄影的基高比,即

$$基高比 = \frac{B}{H} = \frac{(1-q_x)l_x}{f} \quad (4\text{-}2\text{-}6)$$

由式(4-2-6)可见,基高比与航高、重叠度和航摄仪焦距成反比,与航摄仪像幅在航线方向的边长成正比。

基高比与立体观测精度有关,由摄影测量学可知,地面上任意一点 A 相对于起始点的高差 Δh 为

$$\Delta h = Bf\frac{\Delta P}{P_0 P_a} \quad (4\text{-}2\text{-}7)$$

式中:ΔP 为左右视差较;
　　　P_0 为起始点的左右视差;
　　　P_a 为 A 点的左右视差。

4.2.3 垂直夸大

若将摄影基线 B 换成观测者的眼基线 b_e,航摄仪焦距 f 换成立体镜主距 d(立体镜透视中心至像片的距离),则立体观测时,在立体模型中观测到高差 $\Delta h'$ 也可仿照上式写出,即

$$\Delta h' = b_e d \frac{\Delta P}{P_0 P_a} \quad (4\text{-}2\text{-}8)$$

所以立体观测时,在立体镜内所观测到的立体模型在垂直方向上的比例尺 $\frac{1}{m'}$ 为

$$\frac{1}{m'} = \frac{\Delta h'}{\Delta h} = \frac{d}{f}\frac{b_e}{B}$$

而立体模型在水平方向的比例尺为

$$\frac{1}{m''} = \frac{b_e}{B}$$

立体模型在垂直方向的比例尺与水平方向的比例尺之比 V 表示立体模型在垂直方向(高程)上的变形,即

$$V = \frac{d}{f} \quad (4\text{-}2\text{-}9)$$

由于判读航摄像片时所用的反光立体镜的主距总是大于航摄仪的焦距,因此 V 值一般都大于1,所以称 V 值为立体模型的垂直夸大。

除了观测系统外,垂直夸大还与航摄条件有关。因为,根据垂直夸大的定义,也可直接写出

$$V = \frac{\frac{1}{m'}}{\frac{1}{m''}} = \frac{\frac{H'}{H}}{\frac{b_e}{B}} = \frac{\frac{B}{H}}{\frac{b_e}{H'}} \quad (4\text{-}2\text{-}10)$$

式中：H' 为立体模型中，模型点离开立体镜透视中心的距离。

由式(4-2-10)可知，对同一摄区而言，在相同的观测条件下，垂直夸大与基高比成正比，即与航摄仪像幅在 x 方向上的边长 l_x 成正比，而与重叠度和焦距成反比。图 4-2-2 表示像幅为 23cm×23cm 时，各种焦距在不同重叠度时对垂直夸大的影响。

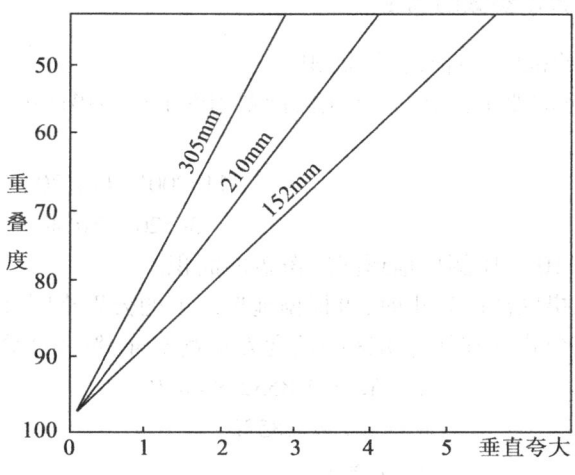

图 4-2-2 各种焦距在不同重叠度时对垂直夸大的影响

4.2.4 坡度夸大

对地形起伏不大的地区或小比例尺航空摄影时，垂直夸大有利于提高立体照准精度。但是，垂直夸大的同时，也将引起地面坡度的夸大。设地面本身的坡度为 α，在立体观测时，由于垂直夸大而引起的立体模型坡度将变成 α'，则 α' 与 α 之比 S 定义为立体观测时立体模型的坡度夸大，即

$$S = \frac{\alpha'}{\alpha} \tag{4-2-11}$$

如果有一地面高度为 270m，宽度为 1000m 的山地，设垂直夸大 $V=4$，则

$$\tan\alpha = \frac{270}{1000} = 0.27, \alpha = 15°, \tan\alpha' = \frac{4 \times 270}{1000} = 1.08, \alpha' = 47°$$

所以
$$S = \frac{47°}{15°} = 3.1$$

坡度夸大容易使观测者在立体观测时，对地物的辨认得出错误的印象，这是在像片判读时必须注意的一个问题。

通过上述分析可知，在航摄计划中，考虑航向重叠度和航摄仪焦距时，必须同时注意由此而引起的对垂直夸大和坡度夸大的影响。

4.3 航空摄影技术计划

航空摄影技术计划主要包括两个方面：一是由用户单位根据对航摄资料的使用要求，选

择和确定航摄技术要求(参数),另一个是航摄单位根据自身的技术力量和物质条件,在确认可以完成用户单位所提出的所有技术要求后,进行航摄技术计算(设计)。虽然航摄规范对航摄技术要求基本上有明确的规定,但用户单位仍然可以根据自身的技术条件提出较高的技术要求。

4.3.1 航空摄影技术参数的确定

1. 划定航摄区域的范围和计算摄区面积

用户单位根据任务的要求,用框线在航摄计划用图上标出摄区范围,并按图幅分幅的方法用经纬度表示,例如

东经　　　　　　　　　　　　　　　　114°00′~114°30′
北纬　　　　　　　　　　　　　　　　30°20′~30°40′

这相当于一幅1:10万比例尺地形图所覆盖的面积。

在一般情况下,当摄区范围较小时,可根据地形图上的公里格网计算摄区面积。当摄区范围较大时,可用下列公式分别估算摄区的长度 L 和宽度 W,然后计算出摄区面积 S,即

$$L = \Delta L \times 1.8532 \times \cos B \tag{4-3-1}$$

$$W = \Delta B \times 1.8532 \tag{4-3-2}$$

$$S = L \times W \tag{4-3-3}$$

式中:ΔL 为摄区经度差,单位为分;

ΔB 为摄区纬度差,单位为分;

B 为摄区中心的纬度。

2. 规定航空摄影比例尺

航摄资料主要用于量测和判读,因此摄影比例尺的选择必然与成图比例尺的大小或航摄资料用于判读时像片的极限放大倍数有关,后者由于各用户单位在提取信息时对判读的具体要求不同,难以提出统一的规定。但航摄资料无论用于量测或判读,总是希望在保证满足使用要求的前提下,尽可能缩小摄影比例尺,以便提高经济效益,降低航摄经费。

以下从测绘地形图的角度来分析选择和确定摄影比例尺的依据。

一般成图比例尺 $1/M$ 与摄影比例尺 $1/m$ 之比称为图像比 K,即

$$K = \frac{m}{M} \tag{4-3-4}$$

因此,所谓摄影比例尺的选择,实际上就是确定图像比。显然,在保证成图精度的前提下,K 值越大,经济效益越高。一般来说,在立测法成图中,图像比 K 取决于以下三个因素。

① 测绘仪器的放大率是否与选定的图像比匹配;

② 测绘一幅地形图所需要的立体模型数;

③ 航摄资料的质量能否满足图像比的要求。

使用精密立体测图仪时,测绘仪器的放大率等于仪器的模型放大率 K_1 和绘图桌缩放比 K_2 的相乘积。由于各用户单位所备有的测绘仪器不同,所以测绘仪器的放大率是用户单位首先需要根据本单位的物质条件和测区的地形特征进行考虑的因素,对小比例尺成图而言,这一因素一般可以不予考虑。因为,由于飞机升限的限制,其最小摄影比例尺将大于1:15万,若测绘1:5万地形图,图像比的最大值为3,一般精密立体测图仪器都能满足要求。

测绘一幅地形图所需要的模型数 N 可近似地表示为：

$$N \approx \frac{\text{一幅地形图的面积} S}{\text{一张像片的有效测绘面积} S_{\text{有效}}} = \frac{L_x L_y M}{(1-q_x)(1-q_y)l^2 m^2} \quad (4\text{-}3\text{-}5)$$

式中：l_x、l_y 分别为图幅在 x、y 方向的边长。

由式(4-3-5)可见,在相同条件下,测绘一幅地形图所需要的模型数与图像比的平方成反比,因此提高图像比将有利于降低测绘成本,缩短成图周期。

以下从摄影测量加密平、高点的精度要求出发,具体分析图像比和成图精度与航摄负片影像质量之间的关系。

(1) 平面量测精度

设航摄负片的面积加权平均分辨率为 R，如图 4-3-1 所示，就平面位置的量测精度而言，(m_x, m_y) 为

$$m_x = m_y = \pm d = \pm \frac{1}{2R}$$

由于
$$m_x m = M_S M$$

因此,为了满足平面位置的量测精度,航摄负片的分辨率 R_1 应为

$$R_1 = \frac{K}{2M_S} \quad (4\text{-}3\text{-}6)$$

式中：M_S 为航测内业加密控制点所规定的平面位置的中误差。

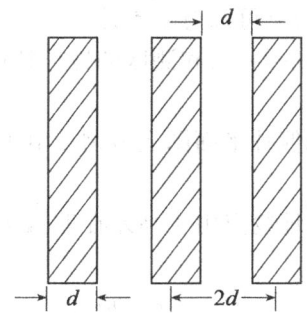

图 4-3-1　航摄负片的面积加权平均分辨率

(2) 高程量测精度

取左右视差较的量测精度为

$$m_{\Delta p} = \frac{m_x}{\sqrt{2}} = \frac{1}{2\sqrt{2}R}$$

根据高程量测精度的经验估算公式

$$m_{\Delta h} = \pm 1.21 \frac{H}{b} m_{\Delta p} = \pm 1.21 \frac{Hm}{B} \frac{1}{2\sqrt{2}R} = \pm 1.21 \frac{KMf}{(1-q_x)l} \frac{1}{2\sqrt{2}R}$$

设 $q_x = 60\%$，则为满足高程量测精度，分辨率 R_2 为

$$R_2 = \frac{KMf}{lm_{\Delta h}} \tag{4-3-7}$$

式中：$m_{\Delta h}$ 为航测内业加密控制点所规定的高程中误差。

公式(4-3-6)和公式(4-3-7)是纯理论的推导公式，在实际作业中必须同时考虑诸如飞行质量、外业控制点精度、地形特征、航摄系统质量(畸变差、胶片变形、压平精度)和影像反差等各种因素对量测精度的影响，尤其是原始航摄负片并不直接用于生产，都是使用经过复制后的透明正片，在复制过程中，影像质量又将进一步下降，因此实际应用时应将估算的分辨率数值提高一倍以上。

3. 规定航摄仪型号和焦距

我国使用的航摄仪，除国产航甲-17(像幅 18cm×18cm)和 HS2323(像幅 23cm×23cm)外，基本上由国外进口，这些从国外引进的航摄仪，其构像质量都属于同一层次，并且都具有自动测光系统。因此航摄仪的选择主要考虑像幅的大小以及是否需要像移补偿装置。

由式(4-3-5)可知，在相同的航摄条件下，测绘同样比例尺的地形图时，测绘一幅地形图所需要的模型数 N 是与像幅边长的平方成反比的。因此，在用户单位测绘仪器允许的条件下，应尽可能使用 23cm×23cm 像幅的航摄仪。

航空摄影时，由于飞机的前进运动而产生的像点位移，将降低影像的分辨率和清晰度，从而影响航摄资料的使用潜力，使用像移补偿装置后必将在沿航线方向上提高影像的质量。在大比例尺测图航空摄影中，像移值较大，在条件许可的情况下应尽可能采用像移补偿装置。但在小比例尺航空摄影中，只要航摄时有较好的大气能见度，使曝光时间控制在 $\frac{1}{400}$ s 以下，此时，像移值对影像质量的影响可以忽略不计。

航摄仪焦距的选择主要考虑成图方法和测区的地形特征。

(1) 综合法成图

当采用综合法成图时，应考虑像片平面图上地物点由于高差引起的投影差，不应超出成图精度的许可范围。

由摄影测量学基本理论可知，地物点由于高差在航摄像片上所引起的投影差 δ_h 的计算公式为

$$\delta_h = \frac{hr}{H} = \frac{hr}{fm} \tag{4-3-8}$$

式中：h 为地面点相对于摄区平均平面的高差；

R 为像点至像底点的距离；

F 为航摄仪焦距；

M 为航摄比例尺分母。

显然，航摄仪焦距越长，投影差越小，因此，综合法成图时，一般都选择长焦距的航摄镜箱。

图 4-3-2 直观地表示了在航摄比例尺相同时，由不同焦距摄取的像片所产生的投影差的情况。

(2) 立测法成图

在立测法成图时，航摄仪焦距的选择要考虑地形条件，以下分平坦地区和丘陵高山地区

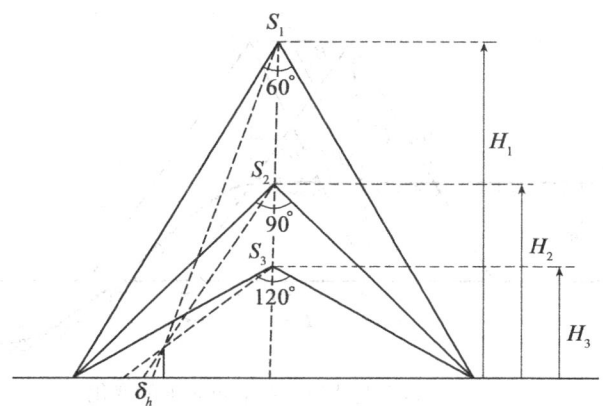

图 4-3-2 不同焦距摄取的像片所产生的投影差

两种情况分别进行分析。

当测区为平坦地区时,应选择较短的焦距,因为由基高比的计算公式(4-2-6)可知

$$\text{基高比} = \frac{B}{H} = \frac{(1-q_x)l_x}{f} \tag{4-3-9}$$

显然,焦距越短,基高比越大,有利于改善立体观测效应。

当测区为丘陵或高山地区时,就要选择长焦距航摄物镜,以便减小左右视差较 ΔP,提高高程量测精度和减少由于地形起伏所需增加的航摄像片数量。

由摄影测量学可知,高差的计算公式为

$$\Delta h = \frac{H \Delta P}{b} = \frac{fm \Delta P}{b} \tag{4-3-10}$$

式中:ΔP 为左右视差较;

B 为摄影基线在像片上的距离。

显然,当 Δh 为常数时,随着焦距增大,左右视差较将逐渐减小。一般来说,左右视差较大,有利于立体观测。但在高山地区左右视差较本身就很大,如果超过 15mm,反而会使立体观测感到困难,因此在山区(尤其是高山地区)应采用长焦距航摄仪,可使左右视差较适当减小,从而有利于提高高程量测精度。

最后,我们来研究由于地形起伏所引起的重叠度的变化。图 4-3-3 中,S_1 和 S_2 为同一条航线上两个相邻摄影站,B_x 为两摄站之间的距离(即摄影基线)。如果所摄影的地面比该摄区的平均基准面高出 $\triangle h$,则摄影后航摄像片的实际重叠度 q_x'(或旁向重叠度 q_y)要小。图 4-3-3 中,设 P_x 为按规定的重叠度在平均基准面上所相应的航向重叠长度,P_x' 为地面上的实际航向重叠长度,L_x 为像幅沿航向的边长在平均基准面上的长度,L_x' 为像幅沿航向的边长在地面上的实际长度,ΔP_x 为地形起伏引起的重叠长度误差,则由图可得

$$\frac{H - \Delta h}{H} = \frac{\Delta P_x' + P_x'}{P_x} = \frac{L_x'}{L_x}$$

于是

$$\frac{\Delta P_x' + P_x'}{L_x'} = \frac{P_x}{L_x}$$

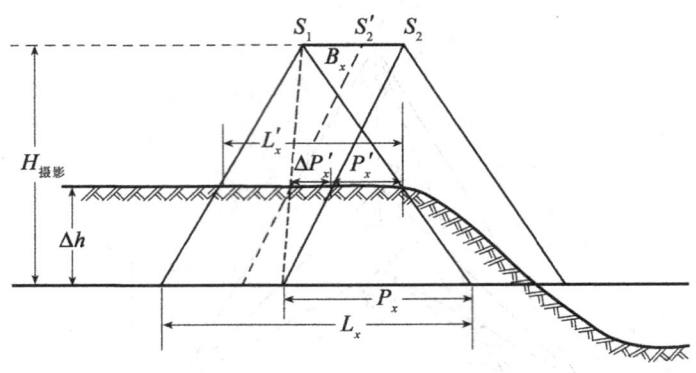

图 4-3-3 地形起伏所引起的重叠度的变化

而由于地形起伏所引起的重叠度误差 $(\Delta q_x)_{\Delta h}$ 为

$$(\Delta q_x)_{\Delta h} = q_x' - q_x = \frac{P_x'}{L_x'} - \frac{P_x}{L_x} = \frac{P_x' - \Delta P_x' - P_x'}{L_x'} = -\frac{\Delta P_x'}{L_x'}$$

又

$$\frac{\Delta P_x'}{\Delta h} = \frac{B}{H} = \frac{(1-q_x')L_x'}{H}$$

所以

$$\Delta P_x' = \frac{\Delta h}{H}(1-q_x')L_x'$$

而

$$-\frac{\Delta P_x'}{L_x'} = -\frac{\Delta h}{H}(1-q_x')$$

故

$$q_x = q_x' + (1-q_x')\frac{\Delta h}{H} = q_x' + (1-q_x')\frac{\Delta h}{fm} \quad (4\text{-}3\text{-}11)$$

同理

$$q_y = q_y' + (1-q_y')\frac{\Delta h}{H} = q_y' + (1-q_y')\frac{\Delta h}{fm} \quad (4\text{-}3\text{-}12)$$

式(4-3-11)和式(4-3-12)表示由于地形起伏的影响,为了达到用户要求的重叠度 q_x',平均基准面上的重叠度 q_x 必须大于 q_x',即必须在用户规定的重叠度的基础上增加地形起伏引起的重叠度改正数。因为航摄计算时是参照平均基准面设计的,如果不考虑地形起伏对重叠度的影响,必将产生航摄漏洞。这相当于摄站 S_2 后移至 S_2'(图 4-3-3),这样就在航线方向上缩短了摄影基线的长度 B_x,而在垂直于航线方向上缩短了航线之间的间距 B_y,从而增加了航摄像片的数量。

显然,从式(4-3-11)和式(4-3-12)可知,航摄仪焦距越长,地形起伏引起的重叠度改正数越小,越有利于减少像片数量并减少成图工作量。

综上所述,选择航摄仪焦距的基本原则是:当利用综合法测图时,宜选择较长的焦距;当采用立测法测图时,在平坦地区宜选短焦距航摄仪物镜,而在丘陵和高山地区则需选择较长的焦距。

4. 规定航摄胶片的型号

目前,在我国航空摄影事业中,可供选择的航摄胶片型号是很多的。由化工部第一胶片厂生产的乐凯牌航摄胶片已具有系列产品,可供用户选择,表4-3-1列出各种乐凯牌航摄胶片的感光特性及分辨率数值。

在测图航空摄影中,要求使用几何变形小的航摄胶片,如1022P(表4-3-1)。该片种的乳剂性能与1022T相同,但由涤纶片基制作,这就保证了航摄负片几何尺寸的稳定性。需要注意的是,当用户选择该片种时,航摄单位必须备有全自动冲洗设备,以满足高温冲洗的要求。

表4-3-1　　　　　各种乐凯牌航摄胶片的感光特性及分辨率数值

新型号	旧型号	感光度 $S_{0.85}$	反差系数(v)	分辨率(线对/mm)	备注
1021	航微-1 或 1099	500~800	1.8~2.4	≥100	
1022T	航微-2 或 1048	650~1000	1.8~2.2	≥85	醋酸片基
1022P	航微-2 或 1048	650~1000	1.8~2.2	≥85	涤纶片基、高温冲洗
1032	航高-1	28DIN	1.6~2.2	≥60	
1041	航高-1	700	1.0~1.5	≥60	
1411	6875	600~950	1.8~2.5	≥85	增感高峰 680,750nm
1421	1075	350	1.8~2.2	≥85	增感高峰 750nm
1431	多光谱黑白负片	450	1.8~2.4	≥80	增感高峰 550,595,680,750,850nm
1871	彩红外反转片	21DIN200~230(黄)	2.5~4	≥60	
1821	彩红外负片	120~150(品)80~100(青)	1.5~2	≥60	
1621	彩色负片	$S_{最小}$≥60	1.2~2	≥60	

表4-3-1中的1032(航高-1)和1041(航宽-1)胶片分别表示高感光度和大宽容度航摄胶片,是为特殊地区航摄需要而专门制造的片种。

目前,第一胶片厂生产出的新型双-200航摄胶片,图4-3-4为该片种的感光特性曲线和静态分辨率曲线。顾名思义,所谓双-200就是感光度 $S_{0.85}$ 和分辨率都达到200的意思。虽然双-200胶片感光度较低,但分辨率和反差系数较大,在小比例尺航空摄影中能获得满意的影像质量。

当航摄资料主要用于判读目的时,除彩色胶片外,1411(6875)和1421(1075)是两种较为理想的片种,其中1411胶片在680nm和750nm处有两个增感高峰。而1421胶片仅在750nm处有一个增感高峰,用户可根据地物波谱特性和对信息提取的要求选择使用。多光谱黑白负片(1431)具有五个增感高峰,但使用时要求在航摄仪物镜前附加相应的波谱滤光片,这种胶片主要用于多光谱摄影。

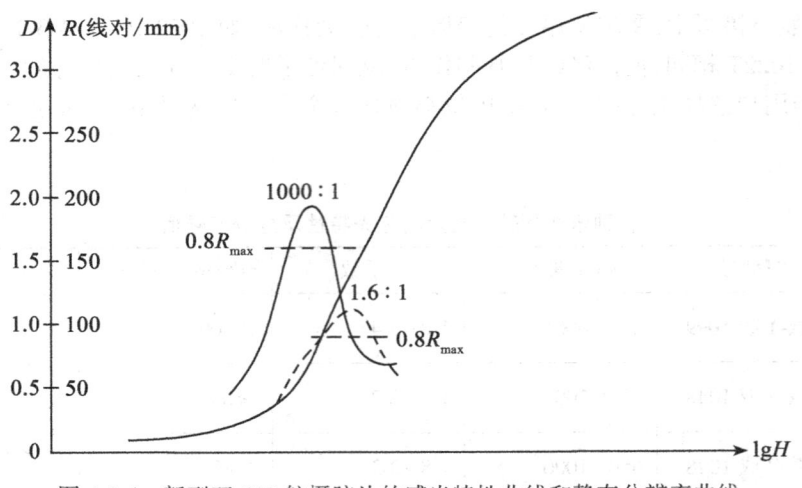

图 4-3-4 新型双-200 航摄胶片的感光特性曲线和静态分辨率曲线

5. 规定对重叠度的要求

像片重叠部分是保证立体观测和像片连接用的。在航线方向必须要有三张相邻像片的公共重叠部分——三度重叠部分，以便于立体模型的连接和选择公共的定向点。

一般来说，当使用像幅为 18cm×18cm 的航摄仪时，摄影测量定向点离像片边缘要大于 1cm。而当使用像幅为 23cm×23cm 的航摄仪时，定向点离像片边缘要大于 1.5cm。因为像片边缘部分的影像清晰度较差，影响量测精度，所以当像幅为 18cm×18cm 时，航向重叠度至少应大于 56%。此时第Ⅰ、Ⅲ两张像片共有 12% 的三度重叠。如果选定的定向点位于该重叠部分中央，则该点刚好离Ⅰ、Ⅲ两片各 1cm 左右。同理，当像幅为 23cm×23cm 时，航向重叠度至少应大于 55%。

但是航向重叠度也不宜过多，否则，不但浪费摄影材料，而且减少了像片的有效使用面积，增加了立体模型数，从而增加测绘工作量，因此一般规定航向重叠度应控制在 60%~65% 之间（对于 23cm×23cm 的像幅，重叠度为 58%~63%）。

旁向重叠度不要求很大，只需保证相邻航线像片之间的正常连接即可，一般情况是 30%（对于 23cm×23cm 的像幅为 24%）。

实际上，航空摄影时，由于种种原因，并不能保证航向重叠和旁向重叠达到规定的要求，总是存在一定的重叠度误差，根据摄影测量的最低要求，规定航向重叠度最小不能小于 53%，旁向重叠度最小不能小于 15%（对于 23cm×23cm 的像幅为 12%）。

引起像片产生重叠度误差的原因很多，其中气流的稳定性、摄区地物的变化和地形条件是产生重叠度误差的主要原因。例如，气流不稳定，不但影响飞机速度的稳定性，而且造成航摄仪整平和定向的困难，而地形条件首先造成领航的困难。上述这些因素都将影响对重叠度的控制，尤其在大比例尺航空摄影中，对航迹的保持比较困难，因此，对某些特殊地区，应对旁向重叠度的要求作适当的放宽。

6. 规定冲洗条件

航摄胶片的冲洗有两种方法：一种是利用回转式显影仪进行半手工冲洗，目前该方法已不使用;另一种是利用全自动冲洗仪进行全自动冲洗。

全自动冲洗仪一般航摄单位只需配备一台就能完成全部冲洗任务。其冲洗质量较回转式显影仪好,而且在冲洗前能很方便地在剩余的胶片片头上晒印光楔,从而可以利用感光测定原理评定航摄负片的曝光和冲洗质量。

7. 执行任务的季节和期限

执行任务的季节和期限应根据用户单位自身的业务计划、摄区地形、地物情况和气象条件以及航摄单位的业务情况协商决定。

8. 提供航摄资料的名称和数量

一般情况下,应提供的航摄资料有:

① 航摄负片——全套;
② 航摄像片——根据用户单位的需要提供1~2套;
③ 像片索引图——负片和像片各一份;
④ 航摄质量鉴定表——两份;
⑤ 航摄仪检定数据表——两份。

所谓像片索引图是由航摄像片按地物重叠并根据图幅拼接缩小而成的像片图,如图4-3-5所示。像片索引图主要用于在后继的摄影测量工作中查找资料。

如果用户要求航摄胶片冲洗前需晒印光楔,则航摄单位还需提供测感试片(光楔试片),以及利用感光测定原理对航摄曝光和冲洗质量的检查数据。

图 4-3-5 像片索引图

4.3.2 航摄技术计算

航摄单位在与用户单位签订合同后,就可以着手拟订航摄技术计划,但在拟订航摄技术计划之前,首先应详细了解摄区的地势、地形情况、地物点高程、地物种类和特性以及它们的分布情况,以便为划分摄影分区、设计航线、进行航摄技术计算和选定合适的曝光和冲洗条件等作好充分的准备。如果航摄地区的旧地形图资料不全或过于陈旧,还须考虑进行勘查飞行以填补和修正原有旧图,以免在航摄领航和摄影时产生困难。其次,还要详细分析当地气象资料,其中包括摄影期限内的晴天数、阴天数和大风天数,从而估计出有效的航摄天数,以便为统一调配航摄机组人员和飞机作出初步的规划。

完成以上两项准备工作后,便可正式进行下列航摄技术计算。

1. 划分摄影分区和选定航线方向

当航摄区域的面积较大,航线较长或摄区内地形变化较大时,应将摄区划分成若干个摄影分区,如图 4-3-6 所示。

因为当航摄区域的面积较大时,将受到飞机续航时间和太阳光照及太阳高度角的限制,不可能通过一次飞行就完成整个摄区的航摄任务。由于航摄领航技术的限制,摄影航线不能太长,否则就难以保持航线的直线性及航线间的平行性,影响航摄飞行质量。而当摄区内地形变化较大时,更应划分成若干个摄影分区,在每个分区内用不同航高进行摄影以保持像片比例尺的一致。

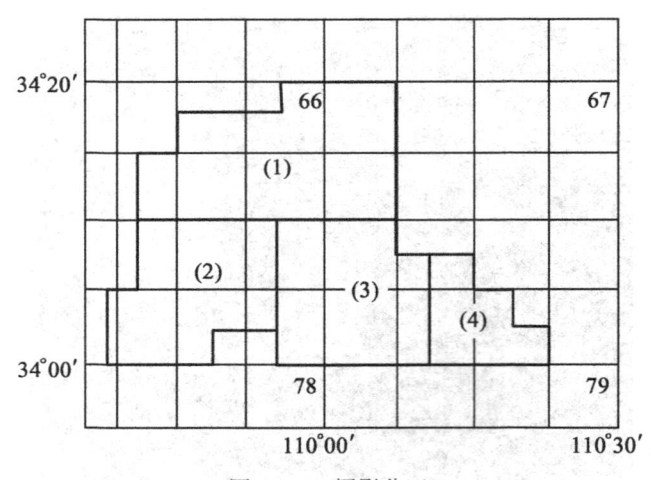

图 4-3-6 摄影分区

划分摄影分区时应注意以下一些要求:
① 航摄分区的界线应与成图图廓线相一致。
② 航摄分区内的地形高差不能超过如下规定:
当航摄比例尺小于 1:8000 时,不得大于四分之一航高;
当航摄比例尺大于或等于 1:8000 时,不得大于六分之一航高。
摄影航线的方向原则上均沿东西方向敷设,因为航线方向与图廓线平行,有利于航测作业。此外,在小比例尺航摄时,航高一般都大于3000m,由于地球自转的影响,风向一般均为东西方向,此时沿东西方向敷设航线有利于改正偏流,保证飞行质量。

在特殊情况下,如线路、河流、国境线、海岛、特殊地形条件等也可按南北或任意方向(如沿山谷、山脊线方向)敷设航线。

2. 计算航高 H

一般而言,飞机的飞行高度称为航高。在航空摄影测量中,航高是航摄像片的外方位元素之一。因此为了获得规定比例尺的航摄像片,航空摄影时,航摄飞机必须保持规定的航高。

由于确定航高的起算平面不同,飞机的飞行高度可以由以下四种方法表示,如图4-3-7所示。

相对航高——飞机相对于飞机场的高度;
摄影航高——飞机相对于摄影分区平均平面(基准面)的高度;
绝对航高——飞机相对于平均海平面的高度;
真实航高——飞机在某一瞬间相对于实际地面的高度。

在航摄技术计算中,首先计算摄影航高,即

$$H_{摄影} = fm \tag{4-3-13}$$

其次,计算摄影分区平均基准面的高程 $h_{平均}$,即

$$h_{平均} = \frac{h_{最高} + h_{最低}}{2} \tag{4-3-14}$$

式中:$h_{最高}$ 和 $h_{最低}$ 是根据摄区内10个最高地物点和10个最低地物点高程在分别舍取其最大值和最小值后各自求得的平均值。在大比例尺城市航空摄影时,要特别注意建筑物、高压线和烟囱等的高度。

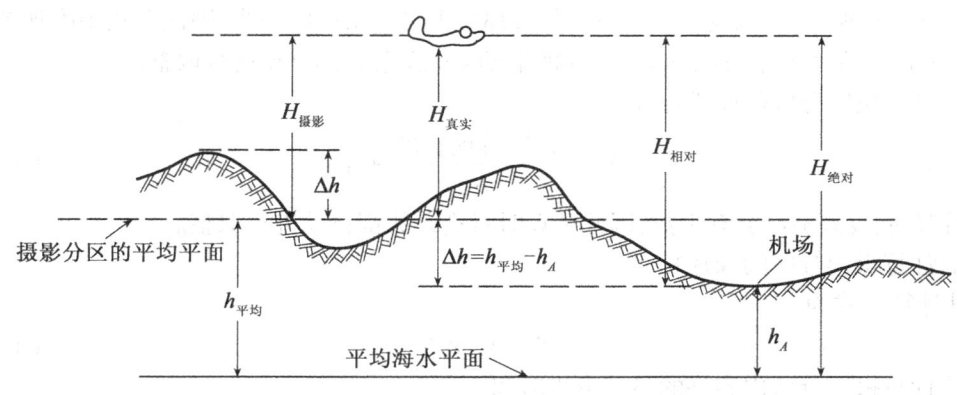

图4-3-7 飞机的飞行高度四种方法

最后计算绝对航高,即

$$H_{绝对} = H_{摄影} + h_{平均} \tag{4-3-15}$$

航摄时,驾驶员一般是根据绝对航高进行飞行的,相对航高和真实航高在一般情况下无须计算。

3. 计算重叠度

在分析航摄技术参数时,我们已经讨论过用户规定的重叠度(q_x', q_y')与相对于摄区平均平面(基准面)上的重叠度(q_x, q_y)之间的关系。由于地形起伏的影响,$q_x(q_y)$大于q_x'(q_y'),即

$$q_x = q_x' + (1 - q_x') \frac{\Delta h}{H_{摄影}} \tag{4-3-16}$$

$$q_y = q_y' + (1 - q_y') \frac{\Delta h}{H_{摄影}} \tag{4-3-17}$$

式中:
$$\Delta h = h_{最大} - h_{平均} = h_{平均} - h_{最小} = \frac{1}{2}(h_{最大} - h_{最小}) \tag{4-3-18}$$

应该再次强调,虽然航摄时使用了重叠度调整器,在航线方向自动地保持了用户规定的重叠度q_x',但在航摄技术计算时,仍需进行重叠度改正数的计算,因为在航线方向增大重叠度意味着摄影基线的缩短,即航摄像片的数量增加了,更重要的是航线的间距B_y也由于地形起伏而缩短了。因此在重叠度计算中,若不考虑地形改正数,必将在航线之间产生航摄漏洞。

4. 计算摄影基线B_x和航线间隔B_y的长度

摄影基线B_x的计算公式为

$$B_x = (1 - q_x) l_x m \tag{4-3-19}$$

航线间隔B_y的计算公式为

$$B_y = (1 - q_y) l_y m \tag{4-3-20}$$

5. 计算每条航线的像片数N_1

其计算公式为

$$N_1 = \frac{摄影分区长度}{B_x} + 3 \tag{4-3-21}$$

航摄规范规定,在航线方向的两端各自都要多飞一条摄影基线,因此上式中附加了常数3。此外,由于像片数不可能有小数,因此计算时每逢余数都自动进行取整。

6. 计算摄影分区的航线数N_2

$$N_2 = \frac{摄影分区长度}{B_y} + 1 \tag{4-3-22}$$

同理,航线数不可能有小数,因此计算时每逢余数都自动进行取整。

7. 计算摄影分区的像片数N

其计算公式为

$$N = N_1 \times N_2 \tag{4-3-23}$$

8. 计算摄影分区内容许的最长曝光时间

根据规定的容许像移值$\delta_{最大}$,飞机相对于地面的速度W和航摄仪焦距f,按下式计算,即

$$t_{最长} = \frac{\delta_{最大} H_{低}}{Wf} \tag{4-3-24}$$

式中:$H_{低}$表示飞机离摄影分区内地形最高点(即十个最高地物点中被舍去的最大值)之间的高度,即

$$H_{低} = H_{绝对} - h_{最大} \tag{4-3-25}$$

9. 计算分区摄影时间

分区摄影时间包括每条航线所需要的摄影时间和航线间的转弯时间,前者取决于航线长度、摄影比例尺和飞机速度,后者取决于航线间隔和领航技术水平。

10. 计算航摄生产率

其计算公式为

$$生产率 = \frac{分区面积}{分区摄影时间} \tag{4-3-26}$$

此外,飞行时间(包括机场至摄区飞行所需时间)、油料用量、摄影材料及冲洗用药消耗量等计算也属于航摄单位内部掌握的数据。

航摄技术计算工作结束后,应在航摄计划用图上画出摄影分区及各条航线,并递交给领航员,以便熟悉摄区的地物地形特征,为航摄领航作好充分的准备。

4.4 对航摄资料质量的要求

航摄资料的质量将直接影响测绘成图的工效、精度和对地物信息的提取。因此,在航空摄影实施过程中,如何保证航摄质量乃是航空摄影技术的关键。

当航摄技术参数确定后,航摄资料的质量主要包括飞行质量和摄影质量(曝光和冲洗)两个方面,用户单位在验收资料时,主要也是从这两个方面着手进行的。

4.4.1 对飞行质量的要求

飞行质量主要包括航摄比例尺、重叠度、像片倾角、旋偏角、航线弯曲度、航迹和图廓覆盖等7项。

1. 对保持航摄比例尺的要求

在同一航高下进行航空摄影时,同一摄影分区内的航摄比例尺应基本上保持一致。但是,由于空中气流的影响,会使飞机产生或升或降的现象,从而造成航摄比例尺的变化。如果相邻航摄像片的比例尺相差太大,则会影响像片的立体观测。当像片比例尺的差别超出了航测仪器结构的许可活动范围时,仪器就无法作业。为此,必须对保持航摄比例尺的精度提出一定的要求。

对一架航摄仪而言,焦距是固定的常数,因而摄影比例尺的变化是由于航高的变化所引起的。假定航高变化为$\pm \Delta H$,则摄影比例尺分母也将相应地变化$\pm \Delta m$,即

$$m \pm \Delta m = \frac{H \pm \Delta H}{f} = m \pm \frac{\Delta H}{f}$$

因此

$$\pm \Delta m = \pm \frac{m \Delta H}{H}$$

或写成

$$\pm \frac{\Delta m}{m} = \pm \frac{\Delta H}{H} \tag{4-4-1}$$

一般规定不应超过$\pm 5\%$,故航高的相对误差也不应超过$\pm 5\%$,即航高误差的限度为

$$\Delta H \leqslant \pm 5\% H_{摄影}$$

在大比例尺测图航空摄影中,对保持航高的精度要求更为严格:

①同一航线上相邻像片的航高差不得大于20m。

②同一航线上最大航高与最小航高之差不得大于30m,摄影分区内实际航高与设计航高之差不得大于50m,当航高大于1000m时,分区内实际航高与设计航高之差不得大于设计航高的5%。

2. 对像片重叠度的要求

上一节中叙述了对像片重叠度的基本要求,但实际航空摄影的情况比较复杂,由于领航员的技术水平、像片倾角和旋偏角的影响,不能保证同一摄区内都保持相同的航向和旁向重叠度,因此航摄规范中对其限差的上、下限都有明确规定。为了确保重叠度,航摄机组人员在航摄时要严格控制航向,保持航线的平直飞行,整平好航摄仪并尽可能将旋偏角改正到最低限度。

3. 对像片倾角的要求

航摄仪主光轴与通过物镜的铅垂线所夹的角称为像片倾角。像片倾角将引起像点位移,虽然这一误差可用光学仪器的投影来消除,但增加了作业过程。有时甚至会超出仪器的使用范围。此外,在立体摄影测量中所用的许多公式,都是假定像片倾角较小,省略了高次项以后的简化公式。因此,航摄规范规定像片倾角一般不大于2°,最大不超过3°(在大比例尺测图航空摄影时,允许不超过4°)。

应该指出,像片倾角不但影响航测成图精度,而且还将对重叠度产生影响。设S_1和S_2为航线上相邻的两个摄影站(如图4-4-1),B_x为摄影基线,航摄仪像场角在摄影基线方向的分量为2β。假设在S_2位置曝光时,航摄仪主光轴偏离垂线α_x的角度,因而重叠部分将产生的ΔP_x误差,即

$$\Delta P_x = P - P_x'$$

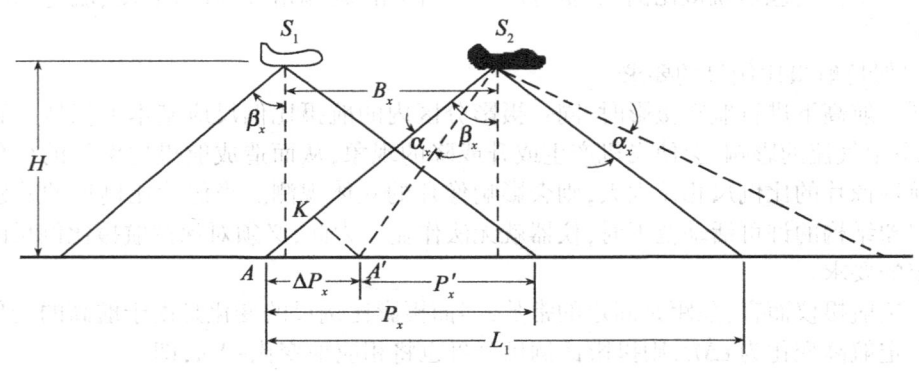

图4-4-1 像片倾角引起重叠度变化

自A'点作一直线$A'K$与AS_2垂直,则

$$\Delta P_x = \frac{A'K}{\cos\beta_x} = \frac{S_2A'\sin\alpha_x}{\cos\beta_x} = \frac{H\sin\alpha_x}{\cos\beta_x\cos(\beta_x-\alpha_x)}$$

简化后得

$$\Delta P_x = \frac{H\tan\alpha_x}{\cos^2\beta_x} \cdot \frac{1}{H\tan\alpha_x\tan\beta_x}$$

在竖直航空摄影中,像片倾角 α_x 较小,一般不会超过 3°,对于特宽角航摄仪而言,$\tan\beta \leqslant 1.9$,因此 $\frac{1}{H\tan\alpha_x\tan\beta_x} \approx 1$。若以 α_x^0 代替 $\tan\alpha_x$,则上式可改写成

$$\Delta P_x = \frac{H\alpha_x^0}{\rho\cos^2\beta_x}$$

显然,重叠部分的变化与摄影基线距离的变化 ΔB_x 相等,而可按下式求得

$$\Delta B_x = \frac{l_x m \Delta q_x}{100}$$

于是

$$\Delta q_x = \frac{100H\alpha_x^0}{\rho^0 l_x m\cos^2\beta_x}$$

由于

$$l_x = 2f\tan\beta_x$$
$$H = fm$$

则

$$\Delta q_x = \frac{100\alpha_x^0}{\rho^0 \sin 2\beta_x}$$

若考虑到相邻两摄站都有可能产生像片倾角而引起重叠度误差,则总的重叠度误差为

$$\Delta q_x = \frac{100\sqrt{2}\alpha_x^0}{\rho^0 \sin 2\beta_x} = 2.5\frac{\alpha_x^0}{\sin 2\beta_x} \tag{4-4-2}$$

同理

$$\Delta q_y = 2.5\frac{\alpha_y^0}{\sin 2\beta_y} \tag{4-4-3}$$

以 RMK 航摄仪为例,设 $\alpha_{x,y} = 3°$,表 4-4-1 分别列出了使用不同焦距航摄时产生的重叠度误差 $\Delta q_{x(y)}\%$。

由表 4-4-1 可见,即使采用 153mm 焦距的宽角航摄仪,当像片倾角达到 3°时,重叠度误差也有可能达到 7.8%,所以航摄时,整平好航摄仪是航摄员的一项重要工作,因为它不但影响后继的摄影测量工作,而且也将影响航摄飞行质量。

表 4-4-1　　　　　　　　不同焦距航摄时产生的重叠度误差

焦距(mm)	85	153	210	305	610
$S_{AFS}\frac{1.5}{H_{D=D_0+0.3}} \cdot 2\beta_{x(y)}$	108°	74°	58°	42°	22°
$\Delta q_{x(y)}\%$	7.9	7.8	8.8	11.2	20

4. 对旋偏角的要求

相邻像片的主点连线与像幅沿航线方向的两框标连线之间的夹角称为像片的旋偏角,并以 κ 表示。旋偏角 κ 是由于航空摄影时,航摄仪定向不准产生的。

旋偏角不但影响像片的重叠度,而且在航测内业定向作业中增加困难,根据航测仪器旋偏角的活动范围以及航空摄影的实际条件,航摄规范对旋偏角有如下规定:

$$\frac{1}{m} \leqslant \frac{1}{8000} \qquad \kappa < 6°(个别 < 8°)$$

$$\frac{1}{8000} < \frac{1}{m} < \frac{1}{4000} \qquad \kappa < 8°(个别 < 10°)$$

$$\frac{1}{m} \geq \frac{1}{4000} \qquad \kappa < 10°(个别 < 12°)$$

5. 对航线弯曲度的要求

航线弯曲度是航线长度 L 与最大弯曲矢距 δ 之比(图 4-4-2),航线弯曲度将影响像片旁向重叠度,弯曲度太大,有可能产生航摄漏洞;其次,航线不规则将增加航测作业中的困难,影响航测内业加密精度,根据航测内业成图仪器的许可活动范围,航摄规范规定航线弯曲度应不超过 3%,即

$$\frac{\delta}{L} \leq 3\%$$

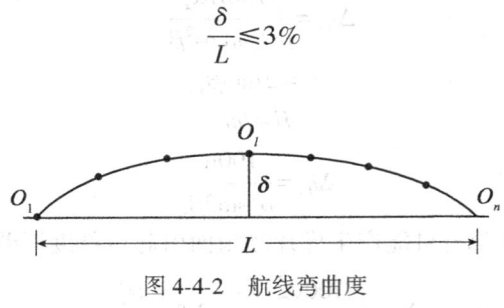

图 4-4-2 航线弯曲度

6. 对航迹的要求

航迹是航线在地面上的投影。一般要求航迹应与图幅上下两边的图廓线平行。但实际飞行的结果,航迹往往会与图廓线形成一个夹角(航迹角)。显然,航迹角太大不但增加航摄工作量,而且会使航测内业加密和测图工作增加困难。

7. 图廓覆盖和分区覆盖

测绘工作者都知道,凡是与相邻图幅接边之处,为便于接边,都应测出图廓线以外若干距离。航空摄影也是一样,也要超出图廓线多摄一部分。一则便于航测成图时接边,二则可避免图廓处产生航摄漏洞,特别要注意紧接摄影区域边界的图幅,要考虑邻接的非摄影区域的图幅在以后测图时因地物特征的变化所造成的接边困难。因此,航摄规范规定:

(1) 摄区边界的图廓

航向超出图廓线不少于一条基线,旁向超出图廓线一般不少于整张像片的 50%,在大比例尺测图航摄中,若按图幅中心线或公共图廓线飞行时,旁向超出图廓线不得少于整张像片的 12%。

(2) 摄区内各分区之间相接时

如航线方向相同,旁向正常接飞,航向各超出分区界线一条基线,分区之间航线方向不同时,航向各自超出分区界线一条基线,旁向超出分区界线一般不少于整张像片的 30%,最小不少于整张像片的 15%。在大比例尺测图航摄中,若按图幅中心线或公共图廓线飞行时,最小不少于整张像片的 12%。

4.4.2 对摄影质量的要求

航摄资料的摄影质量(影像质量)原则上应满足下列基本要求:

① 能够正确地辨认出航摄负片上各种地物的影像。这就要求航摄时曝光和冲洗条件

正确,影像细节能充分显露;负片的密度必须适中;相邻地物的影像和同一地物的影像细节都应具有明显的、人眼能觉察到的反差;亮度相同的物体,构像在像幅任何位置上,都应具有相同的色调和密度。

② 在航测加密和成图中,测绘仪器观测系统中的测标能精确地照准地物影像的边沿或中心。

③ 能精确地测绘出被摄物体的轮廓,以便正确地量测地物的大小和面积。

显然,要满足上述要求,必须控制好航摄过程中的各个环节。其中包括航摄仪的质量(分解力、畸变差和压平精度等)、航摄胶片的质量(感色性、分辨率和颗粒度等)、曝光瞬间像移值的大小、航摄时的大气和光照条件(大气能见度、空中蒙雾亮度、太阳高度角和云影等)以及航摄时的曝光和冲洗条件等许多因素。

严格地说,摄影质量比飞行质量难以控制和评定,一般飞行质量有比较具体的规定,容易检查,而许多摄影质量的科学评定方法(如分辨力、清晰度等)在生产中难以推广;另外,当航摄技术参数确定后,决定摄影质量的某些因素(航摄仪、航摄胶片)也已确定,航空摄影时主要控制良好的大气条件和摄影时间,以及控制好曝光和冲洗条件。

应用感光测定原理,在航空摄影过程中,可以在一定程度上控制曝光和冲洗条件。图4-4-3 为某一种感光材料的显影动力学曲线,它表示一种确定的航摄胶片在确定的摄影处理条件(显影液、显影温度)下,感光度 S、反差系数 r 和灰雾密度 D_0 与显影时间的关系。

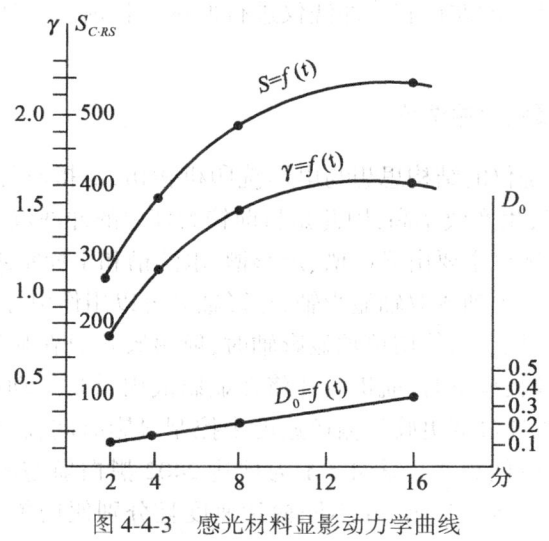

图 4-4-3 感光材料显影动力学曲线

对航摄负片而言,要求其影像反差 ΔD ($D_{最大} - D_{最小}$) 控制在 0.6~0.9 之间。由感光测定理论可知

$$\Delta D = \gamma \Delta \lg H = \gamma \Delta \lg B \tag{4-4-4}$$

式中:$\Delta \lg B$ 为航空景物的反差,它取决于地面景物的反差和大气条件。

航空摄影时,航摄员应能及时地估计出航空景物的反差,并根据(4-4-4)式计算出航摄胶片冲洗时所需达到的反差系数值。与此同时，根据显影动力学曲线求出达到该反差系数所相应的航摄胶片的感光度，并将该感光度数值安置到自动测光表中。航摄后，航摄员应将航空景物的反差及时告诉冲洗人员，这样根据感光测定原理，基本上就能保持正常的曝光和冲洗条件。由显影动力学曲线可知，感光度是随着冲洗条件而变化的，如果航摄员只告诉冲洗人员航摄景物的反差，但曝光时仍然使用统一的感光度数值，这样，随着冲洗条件的变化，必将导致曝光过度或不足。因此，航摄单位在进行航空摄影之前必须充分做好航摄胶片的感光测定，用图表的形式列出航空景物反差与反差系数以及感光度与反差系数之间的关系，以便航摄员根据实际情况正确控制曝光。

除了保持正确曝光和冲洗条件外，航摄时还应注意滤光片的正确选择。

4.5 航摄胶片的冲洗

为了与航空摄影工作紧密配合，航空摄影后应及时冲洗航摄胶片，并晒印成航空像片，以便航摄质量检查人员对航摄资料进行飞行质量和摄影质量的检查。如不满足合同规定的要求，就必须立即检查原因并组织返工。

航摄胶片的冲洗，要求影像细节能充分显露，显影均匀，色调层次丰富，反差适中，灰雾小，且没有划痕、静电斑痕、折伤或脱胶等缺陷。

由于航摄胶片的长度很长（60~120m），而且都是成卷的，不可能在盆中显影，为了保证冲洗质量，一般都利用特制的航摄胶片冲洗仪进行冲洗。目前广泛使用的冲洗仪是全自动航摄胶片冲洗仪。

4.5.1 全自动航摄胶片冲洗仪

全自动航摄胶片冲洗仪的结构思想与电影洗印机相仿，航摄胶片在全自动冲洗仪内冲洗可以做到"干进干出"，生产效率高，因此是目前较为理想的冲洗仪。

全自动航摄胶片冲洗仪主要由显影槽、定影槽、水洗槽和干燥室组成。

显影槽内可分别放置单轴或双轴显影轴，显影轴既可以用作引导航摄胶片前进运动，又可用来调整显影时间。显然，当使用单轴显影轴时，航摄胶片只在显影液内来回运动一次，显影时间短；而当使用双轴显影时，航摄胶片将在显影液内重复运动两次，显影时间长。此外，全自动冲洗仪还可以通过变更胶片输送速度来控制显影时间，胶片输送速度愈快，显影时间愈短；反之，则显影时间愈长。表4-5-1为柯达2402黑白航空胶片使用柯达Versamat 1140型全自动冲洗仪和885显影液，在不同输片速度且分别使用单、双显影轴时的感光特性。

冲洗航摄胶片时，随着输入胶片的增加，显影剂被消耗，溴化物累积，显影速度将逐渐减慢。为此，全自动冲洗仪在冲洗过程中都按一定的显影液更新率替换陈旧显影液，即根据输入胶片的多少自动排出一定量的陈旧显影液，并同时补充相应的补充液，以保持一致的冲洗质量。显影液更新率取决于航摄胶片的感光特性，显影液种类和全自动冲洗仪的型号，一般胶片制造厂都对更新率有专门的规定。

表 4-5-1　　　　　　　　柯达 2402 黑白航空胶片感光特性

输片速度(m/min)	显影轴数	反差系数	航摄相片感光度 $S_{AFS}\dfrac{1.5}{H_{D=D_0+0.3}}$	灰雾密度
3	1	2.0	400	0.11
6	1	1.3	250	0.07
9	1	1.0	160	0.06
12	1	0.85	125	0.06
3	2			0.33
6	2	2.0	400	0.11
9	2	1.8	320	0.08
12	2	1.45	250	0.08

因此，全自动冲洗仪在冲洗过程中能使胶片一直处于稳定的运动状态，能不断地接触显影液，精确地控制冲洗条件。冲洗后的航摄负片密度均匀，反差一致。由于冲洗过程中拉力均匀，负片变形小，所以是当代较为理想的航摄胶片冲洗仪。

4.5.2　航摄胶片的冲洗方法

冲洗航摄胶片用的显影液根据冲洗设备也有一定区别。一般在全自动冲洗仪中冲洗时，都是在 30℃ 左右的高温下冲洗。胶片制造厂将提供特制的配套药品和冲洗程序，以保证冲洗质量。如国产 1022P 胶片采用 BX-1 套药，而柯达黑白航空胶片均采用代号为 885 的套药。

冲洗航摄胶片前应做好下列准备工作。

用全自动冲洗仪冲洗时，先将与航摄胶片相同厚度的透明模片送入冲洗仪，冲洗后检查模片表面有否擦痕或污斑，并检查机器的运转情况（显影液温度、显影槽轴数、输片速度安置值和显影液更新率安置值等）。

使用回转显影仪时，显影前必须对航摄胶片进行一次"水浴"，即将航摄胶片全部卷绕到卷片架后，应在水洗桶内放上半桶清水，将卷片架倒置搁在桶上并使卷片轴保持水平。其中卷有胶片的卷片轴在上不接触清水，空轴浸入水中，用手摇柄，慢慢地将胶片通过清水后再卷绕到空轴上。水浴后，待清水滴完即可开始显影。水浴不但可清除防光晕层，保护显影液，更主要的是，若不进行水浴，而直接将胶片放在显影液中就会使胶片沾连而无法进行显影，造成冲洗失败。

无论采用哪一种冲洗设备，正式冲洗前都要裁下一段试片（航摄员在飞近摄区前一般都拍摄几张试片）进行试冲，以便最后确定冲洗条件，修正曝光时可能存在的偏差。

冲洗前还应在多余片头上晒印几条感光测定试片，以便应用感光测定原理检查航空摄影时的曝光和冲洗质量。

准备工作结束后，就可以开始正式冲洗。一旦航摄胶片冲洗后，就必须对航摄负片进行编号，号码数一般都标注在正北方向的右边，然后晒印航空像片，检查航摄质量。晒像时需注意将印像机压平、匀光,显出的像片要色调均匀一致,细节清楚,框标影像齐全。因为一般用户单位都要求提供至少一套航摄像片,如果航摄质量合格,这套像片也可作为航摄资料递交。

当摄影分区全部航摄完毕并检查合格后,就按图幅拼接复照(缩小)成像片索引图。

4.6 航摄资料质量的检查和评定

航摄工作结束并将航摄资料送审后,用户单位就可以着手验收航摄资料。除了清点按合同要求提供的资料名称和数量外,主要检查航摄负片的飞行质量和摄影质量。每个暗匣的压平质量一般均由航摄单位检定,用户单位在一般情况下不作检查。

4.6.1 飞行质量的检查

飞行质量主要包括航摄比例尺、重叠度、像片倾角、旋偏角、航线弯曲度、航迹和图廓覆盖等7项。其中航摄比例尺可根据航摄像片上气压高度表的读数变化进行评定,而航迹和图廓覆盖可直接从像片索引图上进行检查。验收人员对其他项目的检查也可先目视检查像片索引图,然后再对存在疑问的个别像对或航线进行详细检查。

1. 像片重叠度的检查

航摄像片的重叠度可用重叠百分尺量测,它是按像幅的边长分为100等份,如像幅为23cm×23cm时,则1%即为0.23cm,每隔10等份注以数字,如图4-6-1所示。

图 4-6-1 重叠百分尺

检查像片重叠度时,先将相邻的两张像片按中心附近不超过2cm远的地物点重叠后,将百分尺的末端置于第2张像片的边缘,读第1张像片的边缘与百分尺相合之处的分划数值,如图4-6-2所示的重叠度为68%。

如航摄区域为山区,则应按相邻像片主点连线附近不超过1cm远的地物重叠,再将一张像片边缘的直线影像转绘到相邻像片上,所成曲线至像片边缘的最短距离即为最小重叠度。

2. 像片倾斜角的检查

原则上像片倾斜角是按圆水准器影像中气泡所处的位置来确定的,但是有的航摄仪(如RC型航摄仪)圆水准器的分划是每圈0.5°,圆水准器一共有5个分划,即使气泡位于边缘也只能读到2.5°,而且由于惯性原理,气泡所指示的位置未必表示曝光瞬间航摄仪的真实状态,因此最好的方法是检查整条航线中的气泡影像。如果整条航线中气泡的位置忽左忽右,这说明航摄时没有很好整平。

3. 航线弯曲度的检查

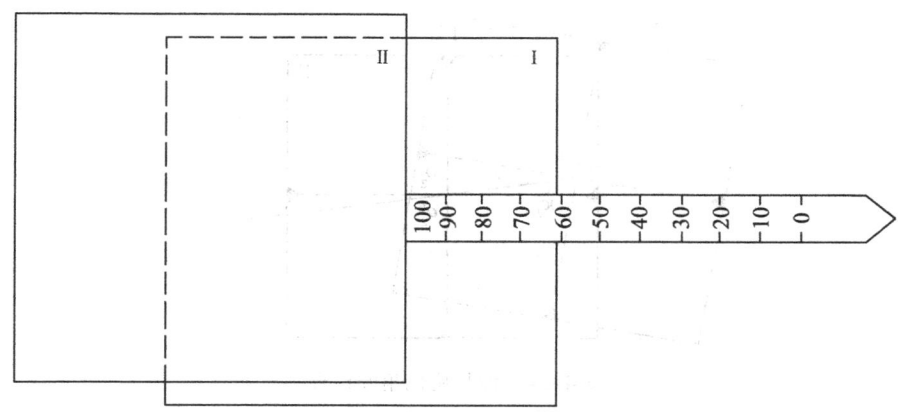

图 4-6-2 像片重叠度的量测

每条航线都应检查它的弯曲度,在平坦地区按像片索引图检查,起伏地区将每条航线分别进行检查,如图 4-6-3 所示。用直尺量测航线两端像片主点间的距离 L 和偏离直线最远的像主点与该直线的距离,即

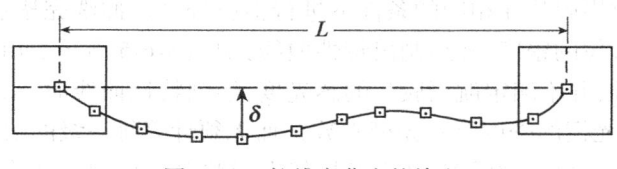

图 4-6-3 航线弯曲度的检查

$$航线弯曲度 = \frac{\delta}{L} \cdot 100\% \quad (4-6-1)$$

4. 像片旋偏角的检查

首先在相邻像片上标出主点位置 o_1 和 o_2,然后按像主点附近地物将这两张像片重合,并把像主点 o_2 用针刺在第 1 张像片上得 o_2',再用量角器量测直线 o_1o_2' 与第 1 张像片上沿航线方向框标连线的夹角。其角度即为第 1 张像片上的旋偏角 κ_1,以同样方法将 o_1 刺在第 2 张像片上,量测第 2 张像片上的旋偏角 κ_2,如图 4-6-4(见下页)所示。每一像对都有两个旋偏角,以数值大的 κ 角作为评定的依据。

4.6.2 摄影质量的检查

在验收航摄资料时,摄影质量主要检查以下项目:
① 框标的影像是否清晰、齐全,像幅四周指示器件的影像是否清晰可辨。
② 由于太阳高度角的影响,地物阴影的长度是否超过航摄规范的规定。
③ 航摄负片上是否存在云影、划痕、折伤和乳剂脱胶等现象。
④ 航摄负片的最大密度 $D_{最大}$、最小密度 $D_{最小}$ 和影像反差 $\Delta D(=D_{最大}-D_{最小})$ 是否符合航

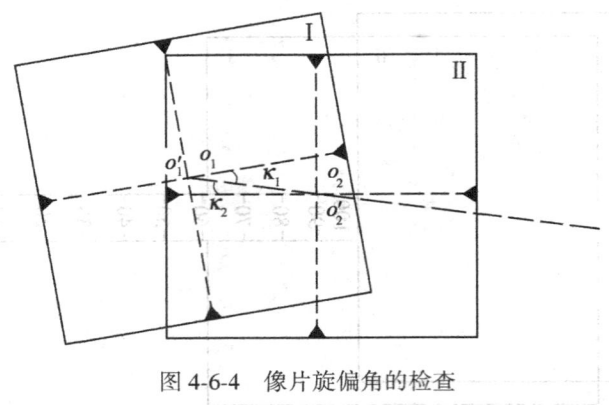

图 4-6-4 像片旋偏角的检查

摄规范规定的要求。

⑤ 航摄中曝光和冲洗条件是否正常。

最后两项可用感光测定法进行评定。

应用感光测定方法评定航摄资料摄影质量的具体做法如下:

首先利用感光仪在航摄胶片的剩余片头上晒印光楔试片,这样,冲洗航摄胶片时,光楔试片就与已曝光的航摄胶片在相同的条件下进行摄影处理。冲洗完毕后裁下测感试片,在密度仪上量测各级影像的密度,并绘制出特性曲线,如图 4-6-5 所示。由于只检查航空摄影时的曝光和冲洗条件,并不测定航摄胶片的感光度,绘制特性曲线时,只需知道相邻两级的曝光量之差(即标准光楔的密度差—光楔常数),而无须计算每一级的曝光量数值。

如果使用国产航摄仪或德国 MRB 型航摄仪进行航空摄影,则每个像幅中都摄有光楔影像,航摄胶片显影后,可直接量测光楔影像的各级密度,并绘出特性曲线,这样就可以省略在感光仪上曝光光楔的步骤。

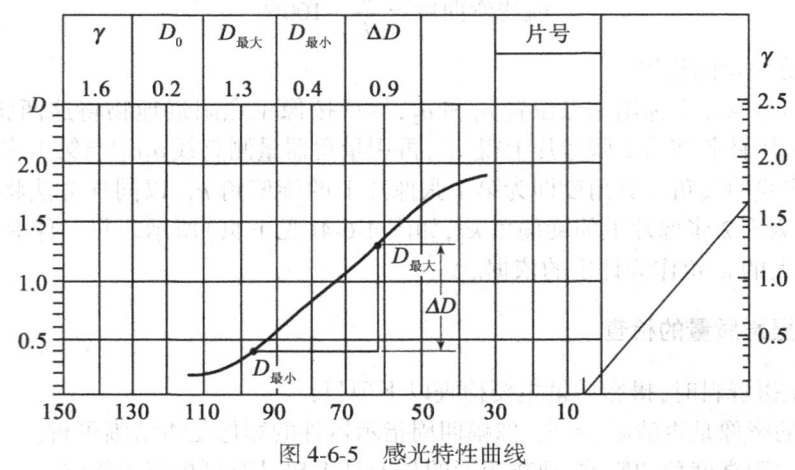

图 4-6-5 感光特性曲线

绘制出航摄胶片的特性曲线后,再在航摄负片上选取几张代表摄区典型景物的像幅,并在密度仪上量测这几张像幅中影像的最大密度 $D_{最大}$、最小密度 $D_{最小}$ 和灰雾密度 D_0，分别取其平均值后将这些数值标注在特性曲线上。量测时应注意在每张像幅中多选几个地物，并且这些地物的构像面积应大于密度仪的量测孔径（一般为 1mm），量测最大密度时要特别注意不能选择镜面反射的影像，如湖泊等，因为它并不代表实际景物的亮度。

这样从特性曲线上可获得下列特性数值：

反差系数　　　　　　γ
灰雾密度　　　　　　D_0
负片最小密度　　　　$D_{最小}$
负片最大密度　　　　$D_{最大}$
负片的影像反差　　　ΔD（$=D_{最大}-D_{最小}$）

根据上述特性数值就可以评定航摄负片的摄影质量：

灰雾密度应小于 0.2（个别情况下不得大于 0.3）；

最小密度至少应比灰雾密度高出 0.2；

最大密度应控制在 1.2~1.5 之间，在摄区地形、地物条件特殊的情况下应小于 1.8 或大于 1.0；

影像反差应控制在 0.6~0.9 之间，在摄区地物、地形条件特殊的情况下，不得大于 1.4。

上述数值为优质航摄负片的评定标准。考虑到摄区的具体情况，作为验收标准，在航摄规范中还略微放宽一些。

从图 4-6-5 的特性曲线上还可以评定和分析航空摄影时曝光和冲洗的质量。

由感光测定理论可知，最小密度和最大密度所相应的曝光量范围 $\Delta \lg H$（$=\lg H_{最大}-\lg H_{最小}$）表示航空景物的反差 u'，如果航摄时 $\Delta \lg H$ 位于特性曲线直线部分，则

$$\Delta D = \gamma \Delta \lg H = \gamma \lg u'$$

$$u' = 10^{\frac{\Delta D}{\gamma}} \tag{4-6-2}$$

由于空中蒙雾亮度的影响，航空景物的反差 u' 要比地面景物的反差 u 小，而地面景物的反差在航摄前可以根据摄区地物、地形特征作出大致的估计，如果两者相差太大，则表示航空摄影是在大气条件（能见度）较差的情况下进行的。

曝光量范围 $\Delta \lg H$ 在 $\lg H$ 轴上的位置表示航空摄影时的曝光情况。如果 $\Delta \lg H$ 基本上位于特性曲线直线部分，则表示曝光正确；如果 $\Delta \lg H$ 向左偏移，一部分位于特性曲线趾部，则表示曝光不足；反之，若 $\Delta \lg H$ 向右偏移，则表示曝光过度。

反差系数 r 的大小表示航摄胶片的冲洗条件。如果最大密度、最小密度和影像反差都符合要求，则无论曝光是否正确，都应该认为冲洗条件是正常的；如果最大密度、最小密度和影像反差不符合要求，情况就比较复杂。首先要检查曝光是否正确，如果曝光正确，则表示冲洗条件不正确（如显影液选择不当，显影时间不足或过度等）；若曝光也不正确，则要看冲洗后的结果是改善了曝光中的偏差还是加重了曝光中的偏差。例如，若检查后发现曝光不足，但冲洗的反差系数值偏小，则说明在冲洗过程中并没有补救曝光中的误差。反之，如果检查后发现曝光过度，而冲洗的反差系数值偏大，且灰雾密度又有所增大，则说明不但曝光过度，而且在冲洗中显影也过度了。

用感光测定法评定摄影质量的主要优点是不但评定的方法比较客观，而且能从量测的数据中分析存在问题的原因。这种方法用户单位应该掌握，对航摄单位而言，也是内部质量

自检中分清职责的重要依据。

4.6.3 航摄负片压平质量的检查

除了检查航摄资料的飞行质量和摄影质量外,对航摄负片的压平质量原则上不作检查。因为航摄单位在每年开飞前都要对航摄仪进行全面检定,其中压平质量的检查结果也作为一项检定数据记入每架航摄仪的履历簿中,如果用户单位在检查验收中,确认有必要重作此项检查时,必须满足下列条件:

① 每个暗匣应检查两个连续的立体像对。

② 定向点(标准配置点)到方位线的距离不得小于 9.5cm(像幅 23cm×23cm)或 7.5cm(像幅 18cm×18cm),检查点应分布均匀,每个像对不少于 10 点。

③ 用于检查的负片影像质量优良,重叠正常,倾角和旋偏角小,框标清晰齐全。

④ 应尽量选择地形起伏小的平坦地区。

⑤ 量测的仪器经过严格检校,符合正常作业状态。

⑥ 作业人员的工作责任心和业务技术水平要能确保量测数据准确无误。

航摄负片压平质量的检查方法有两种,即解析法和图解内插计算法。

1. 解析法

解析法检查航摄负片的压平质量是应用摄影测量学中解析空中三角测量的原理。将欲要检查的两个连续立体像对(其重叠范围刚好是一张像片的有效面积),在精密立体坐标量测仪上进行方位线定向后,测定每个像对中定向点及检查点的坐标(x,y)和视差(p,q),如图 4-6-6 所示。然后利用连续像对相对定向计算程序在计算机上进行解算,当相对定向元素解算完毕时,则可认为立体模型中所有像点的同名光线都已对对相交,上下视差为零。如果航摄负片没有严格压平,则地物点的构像就会移位,也就满足不了相对定向的几何条件。因此,在解算相对定向元素的同时,检查定向点与检查点的剩余上下视差 Δq,若 Δq 小于某一限值,则表示航摄负片的压平质量合格。

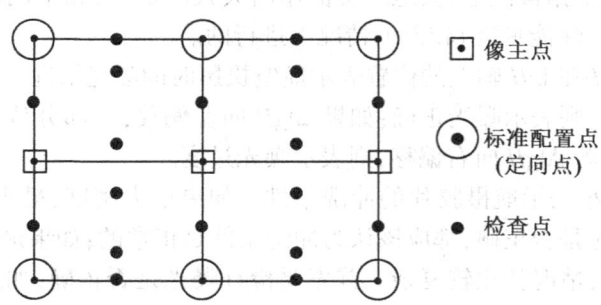

图 4-6-6 立体像对的定向点和检查点

设某检查点的坐标为 y,剩余上下视差为 Δq,则由于压平不良,胶片离开贴附框平面的距离(不平度)Δm 为

$$\Delta m = \frac{f \Delta q}{y} \tag{4-6-3}$$

解析法检查航摄负片压平质量在理论上是一种严密的检查方法,与摄区的地形特征无关,但由于物镜畸变差、大气折光差和地球曲率等因素引起的在定向点上的上下视差,将产生大小相等、符号相反的误差(对像主点上的上下视差则没有影响),而航摄胶片的不均匀变形也将使像点坐标和视差量测值产生误差,因此,为了尽可能消除这些误差,确保负片压平检查数据的可靠性,量测时,定向点的点位必须位于像片最大有效面积的边沿,在计算程序还必须对上述系统误差进行改正。

2. 图解内插计算法

图解内插计算法是一种适合于平坦地区的近似检查方法。由摄影测量学可知,上下视差 q 与相对定向元素的一次项关系式为

$$q = -\frac{x_1 y_1}{f}\tau_1 + \frac{x_2 y_2}{f}\tau_2 - x_1\kappa_1 + x_2\kappa_2 + \left(f + \frac{y_1 y_2}{f}\right)\varepsilon \tag{4-6-4}$$

式中:下角标 1 表示左像片,下角标 2 表示右像片。当以方位线定向后,$\kappa_1 \approx \kappa_2 = \frac{f\varepsilon}{p}$,则

$$q = -\frac{x_1 y_1}{f}\tau_1 + \frac{x_2 y_2}{f}\tau_2 + \frac{y_1 y_2}{f}\varepsilon \tag{4-6-5}$$

设 $x_1 - x_2 = p$,$x_1 = x_2$,$y \approx y_1 \approx y_2$,$\Delta\alpha = \tau_2 - \tau_1$,并以函数 φ 表示 $\frac{q}{y}$,则

$$\varphi = \frac{q}{y} = \frac{1}{f}(x\Delta\alpha + y\varepsilon - p\tau_1) \tag{4-6-6}$$

对平坦地区而言,p = 常数,于是

$$\varphi = \frac{1}{f}(x\Delta\alpha + y\varepsilon + c) \tag{4-6-7}$$

因此,当摄区为平坦地区时,函数 φ 是 x、y 的线性函数,这就是图解内插法检查压平质量的理论依据。

在坐标仪上将欲要检查的立体像对进行方位线定向后,量测像主点、定向点及检查点的坐标和视差;在方格纸上根据量测的坐标值展绘出这些点的点位;然后计算四个定向点上的 φ 值,由于函数 φ 是线性函数,可以进行图解内插,从而求得检查点上的 $\varphi_{检}$ 值,并按下式计算各检查点上应有的上下视差 q',即

$$q' = \varphi_{检} y \tag{4-6-8}$$

而检查点上、下视差的量测值 $q_{量}$ 与 q' 之差即为剩余上下视差,因此

$$\Delta q = q' - q_{量} \tag{4-6-9}$$

图解内插法的检查精度较低(只取上、下视差的一次项计算式),此外,手工计算工作量大,只适合于平坦地区。当对山区的航摄负片进行压平检查时,还必须考虑由于地形起伏而引起的对 φ 值的改正数 $\Delta\varphi$。

4.7 彩色航空摄影

根据所使用的感光材料,彩色航空摄影可以分为两类:一类是真彩色(天然色)航空摄影,另一类是假彩色航空摄影。真彩色航空摄影对可见光谱段(蓝、绿、红光线)感光,假彩

色航空摄影对部分可见光谱段(绿、红光线)和红外波谱段感光。但航摄冲洗后一般都晒像在普通的彩色像纸上。因为彩色航空摄影经费昂贵,加工工艺复杂,但彩色像片的信息量丰富,能提取出许多黑白像片上难以获得的信息。因此,彩色航空摄影所摄取的资料一般都不用于测绘地形图,而主要用于地质勘探、城市环境调查、自然资源普查和林业等部门。

4.7.1 真彩色航空摄影

真彩色航空摄影使用的彩色感光材料与地面彩色摄影用的彩色片其结构是一样的。所不同的是对感光特性的要求方面有些差异。如反差系数和宽容度较大,且均为日光型彩色片。图 4-7-1 为国产乐凯牌 1621 型彩色航空胶片的结构示意图。图 4-7-2 为其三层彩色感光乳剂层的感光特性曲线。

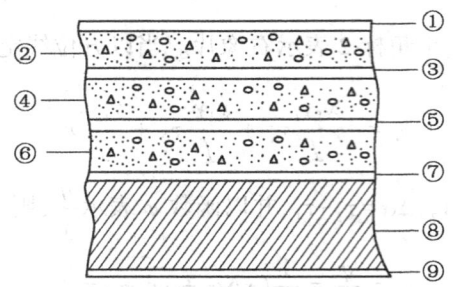

① 明胶保护层;② 感蓝光乳剂层,含呈黄色成色剂;③ 黄色胶体银滤色层;
④ 感绿光乳剂层,含呈品红色成色剂;⑤ 明胶隔层;⑥ 感红光乳剂层,含呈青色成色剂;⑦ 明胶底层;
⑧ 无色透明三醋酸纤维素酯片基;⑨ 绿色防光晕、防静电层

图 4-7-1 乐凯牌 1621 型彩色航空胶片的结构示意图

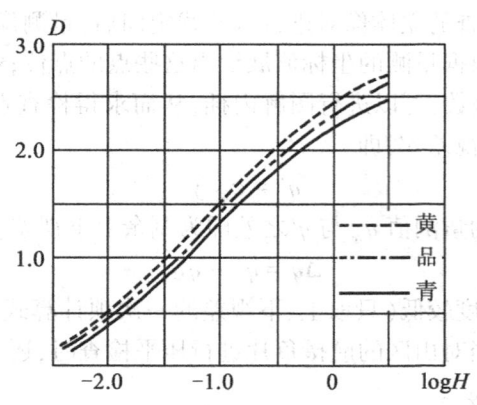

图 4-7-2 乐凯牌 1621 型彩色航空胶片三层彩色感光乳剂层的感光特性曲线

在评定彩色感光材料的质量时,除了和黑白感光材料一样需评定感光材料的感光特性和显微特性等项目外,还必须评定彩色感光材料各乳剂层之间的平衡性,即感光度平衡 B_s 和反差系数平衡 B_y,其中:

$$B_s = \frac{S_{最大}}{S_{最小}} \quad (B_S 应 \leq 2.5)$$

$$B_r = r_{最大} - r_{最小} \quad (B_r 应 \leq 0.2)$$

真彩色航空摄影时一般都不使用滤光片,因为供黑白航空摄影用的滤光片将吸收蓝色光线,从而完全消除了上层感光乳剂(感蓝层)的作用,破坏了分色。当航高较高时,为了避免大气蒙雾的影响,可以使用无色的只吸收紫外光线的紫外滤光片或淡黄色滤光片,这种淡黄色滤光片是专门为某种彩色航空胶片设计的,其光谱透光曲线类似于地面摄影用的补偿滤光片。使用这种滤光片时要特别慎重,不但要符合胶片制造厂推荐的要求,以便与彩色感光材料的光谱感光曲线匹配,而且还要考虑摄区地物的波谱反射特性。这两种滤光片的倍数均为1。

彩色航空摄影对大气条件的要求都极为严格。因为彩色航空胶片都是日光型胶片,其色温为5400K,但日光的光谱成分是不断变化的。因此一般都需要在中午前后"碧空"的条件下进行,否则将影响物体的彩色表达。

彩色航空胶片一般都应在全自动冲洗仪中严格按胶片制造厂推荐的冲药和程序进行冲洗。与黑白航空摄影相比,彩色航空摄影对曝光和冲洗条件更为严格。航摄前应对所使用的感光材料作好充分的感光测定试验,并在试飞后总结经验的基础上才能开始正式飞行。

4.7.2 假彩色航空摄影

假彩色航空摄影所使用的彩色感光材料有两种,一种是三层乳剂的彩色片,另一种双层乳剂的假彩色片,这两种假彩色片都有一个共同的特点,即都有一层对近红外波谱段感光的红外乳剂层,因此假彩色片也称为彩红外片。

原苏联生产的假彩色片除 CH-23 外,都为双层假彩色片,摄影后一般都晒像在双层彩色正片或像纸上。图 4-7-3 和图 4-7-4 分别为原苏制双层假彩色负片和正片的结构示意图。

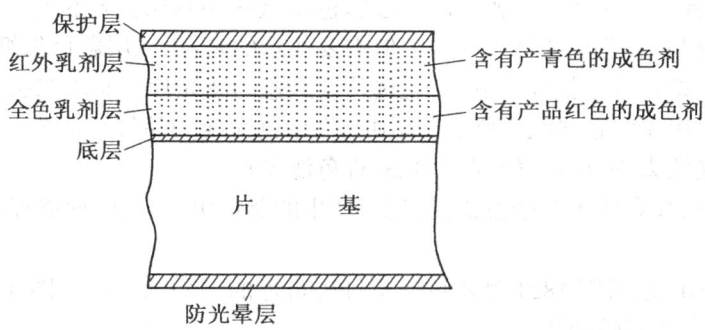

图 4-7-3 原苏制双层假彩色负片的结构示意图

原苏制 CH-6 双层假彩色负片的结构是,上层为红外乳剂层,能感受蓝光和红外线,并含有产青色染料的成色剂,下层为全色乳剂层,主要感受蓝光和红光,并含有产品红色染料的成色剂。此外,还有保护层、底层和绿色防光晕层等涂料。但是,它没有黄色滤光层,所以摄影时,必须加黄色滤光片,以便消除蓝光而只利用红色和红外两个波谱段摄影。原苏制双层假彩色片还有另外的组合法,如只感受绿光和红外线的 CH-5 双层假彩色负片等。

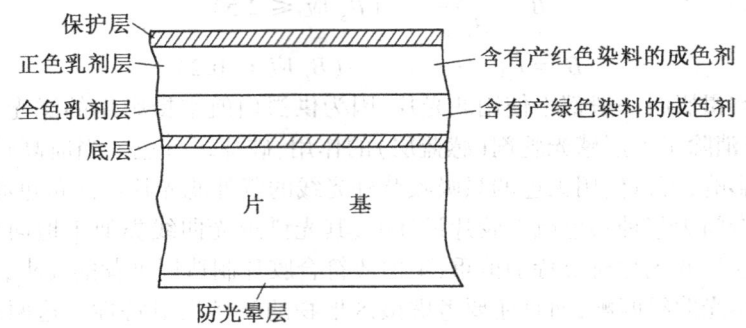

图 4-7-4 原苏制双层假彩色正片的结构示意图

与上述负片配合成一个体系的彩色正片和像纸也是由双层乳剂构造的,但乳剂层的感色性和所含成色剂不同,上层为正色乳剂层,能感受蓝光和绿光,并含有红色染料的成色剂,下层为全色乳剂层,能感受蓝光和红光,并含有产绿色染料的成色剂。这种正片也没有黄色滤光层,所以印像时须附加黄色滤光片。

显然,反射红外光线的地物在负像上呈青色,正像呈红色;反射红光的地物在负像上呈品红色,正像呈绿色。随着物体对各种光线反射能力的不同,影像的颜色也有深浅不同的差别。尤其是有些物体,不仅反射红光,而且也反射红外线,从而使上、下两层乳剂层都感光,出现的影像就不再是单一的颜色。除了生成深浅不同的青色、品红色外,还将产生其他的颜色。

双层假彩色片宜于拍摄苔原冻土带、原始森林和沼泽地。用于判读植物,识别土壤的湿度和确定水界的位置等特别有效。

由于在双层假彩色正片上晒像时,负片上的青色生成红色,品红色生成绿色,刚好是负片上相应颜色的补色。因此若用普通的三层彩色像纸晒印双层假彩色负片,在像片上生成的颜色与使用双层假彩色正片是一致的。但需要注意的是:用三层彩色像纸时,校正滤光片的选择规则不变,即像片上偏什么颜色,就选什么颜色的滤光片。而用双层假彩色正片晒像时,像片偏红色是由于绿色光线太强,需选用吸收绿色光线的品红色滤光片,当像片偏绿色时,是由于红色光线太强,应选择吸收红光的青色滤光片。

三层假彩包负片利用了三个波谱段摄影,产生的颜色更丰富,因而能提取更多的地物信息。

图 4-7-5 为国产乐凯牌 1821 型彩色航空红外负片的结构示意图。图 4-7-6 为其三层彩色感光乳剂层的感光特性曲线。

图 4-7-7 为国产乐凯牌 1871 型彩色航空红外反转片的结构示意图。图 4-7-8 为其三层彩色感光乳剂层的感光特性曲线。

由图可见,三层假彩色片也没有黄色光层(美国柯达高清晰度 SO—131 假彩色反转片有黄色滤光层),因此航空摄影时也必须加黄色滤光片。彩色负片和彩色反转片的乳剂层在感光特性方面有一定的差别,但在结构上,除了反转片的防光晕层涂在下层乳剂与片基之间外,基本上是一致的。假彩色负片获得假彩色负像,假彩色反转片获得假彩色正像。

图 4-7-9 为利用假彩色反转片对彩色景物摄影所得彩色影像的色彩再现过程,其生成

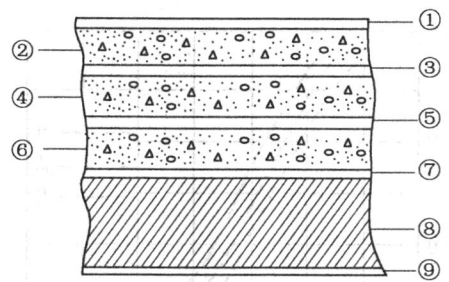

① 明胶保护层;② 感红外乳剂层,含呈青色成色剂;③ 明胶隔层;
④ 感绿乳剂层,含呈黄色成色剂;⑤ 明胶隔层;⑥ 感红乳剂层,含呈品红色成色剂;⑦ 明胶底层;
⑧ 无色透明三醋酸纤维素酯片基;⑨ 绿色防光晕、防静电层

图 4-7-5　乐凯牌 1821 型彩色航空红外负片的结构示意图

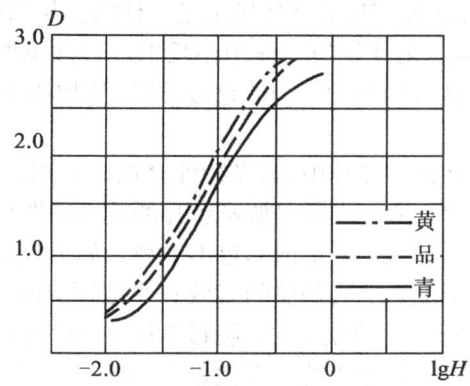

图 4-7-6　乐凯牌 1821 型彩色航空红外负片三层彩色感光乳剂层的感光特性曲线

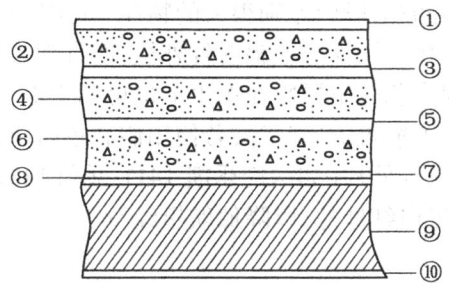

① 明胶保护层;② 感红外乳剂层含呈青色油溶性成色剂;③ 明胶隔层;
④ 感绿光乳剂层含呈黄色油溶性成色剂;⑤ 明胶隔层;⑥ 感红光乳剂层含呈品红色油溶性成色剂;
⑦ 胶态银黑色防光晕层;⑧ 明胶底层;⑨ 无色透明三醋酸纤维素酯片基;⑩防静电假漆层。

图 4-7-7　国产乐凯牌 1871 型彩色航空红外反转片的结构示意图

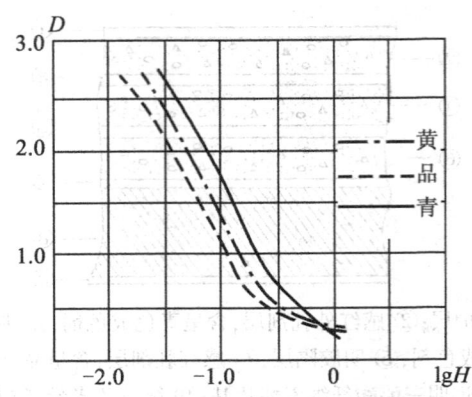

图 4-7-8　国产乐凯牌 1871 型彩色航空红外反转片三层彩色感光乳剂层的感光特性曲线

的颜色与假彩色负片晒像在普通三层彩色像纸上是一样的。从图中可以看出所得影像的色彩与原景物的颜色完全不同。尤其是当物体中不反射红外波谱时,景物中三原色(红、绿、蓝)所生成的颜色刚好向短波方向移动一个波谱段,即红色物体生成绿色,绿色物体生成蓝色,而蓝色物体生成黑色。

彩色片与黑白片一样,在保存过程中,感光特性会逐渐衰退,而且各层乳剂感光特性的变化程度不同,从而破坏彩色平衡。尤其是假彩色片的感光特性变化特别快,乳剂层感光度的衰退速度比其他感光层快,这就势必造成彩色不平衡。如果使用双层假彩色片,摄影时可使用橙色或红色滤光片,以降低全色乳剂层的有效感光范围,即降低其分层感光度,从而使两层乳剂的感光度重新达到平衡。但是,三层假彩色片出现感光度不平衡时,就很难在摄影中加以补救,因为感红和感绿层的感光特性变化也不一致,只有待晒印正像时再进行校正。因此彩色片应该特别注意保存条件。一般都放在低温下保存($-13 \sim 18$℃)。

最后应该指出,假彩色空中摄影的目的是为了充分利用红外波谱段,目的是为了使彩色像片上生成的彩色反差达到最大,以利于对地物信息的提取。对于那种在可见波谱段内波谱反射率比较接近,而在红外波谱段内差别很大的物体,利用假彩色片进行航空摄影是相当有效的。例如健康的绿色植物能够强烈地辐射红外线,而且随着生长环境、生长条件和品种的不同有很明显的差别。假彩色航空摄影在军事上也可用于揭露伪装。但是对一些比较单调的地物,如海面、沙漠和冰雪覆盖的田野等,若使用假彩色航空摄影,其效果并不理想。此外,对某些地物如果使用黑白红外片(如国产乐凯 1411 型和 1421 型两种胶片)也能达到相同的效果时,应尽可能采用黑白红外片,以降低航摄经费。

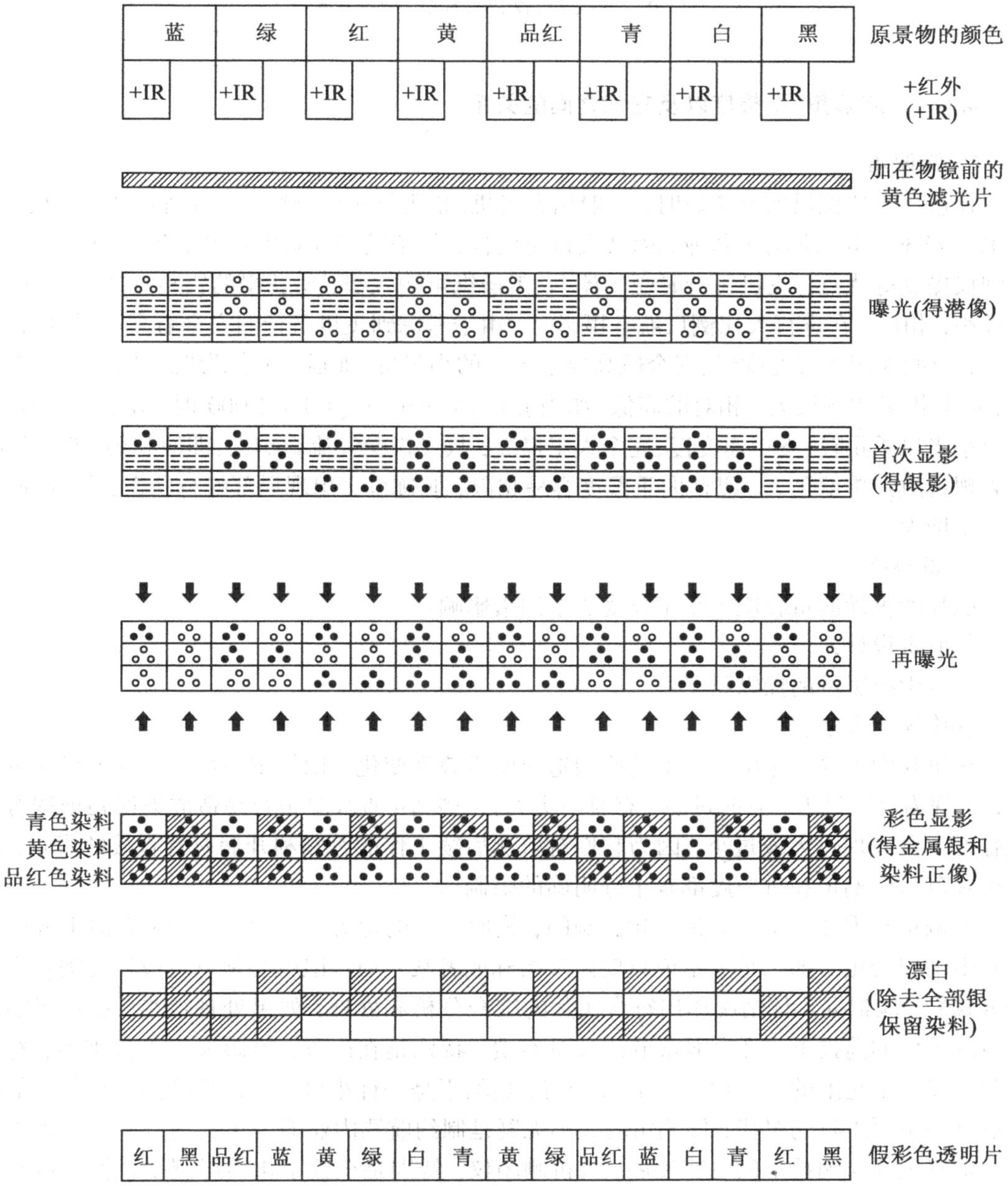

图 4-7-9 利用假彩色反转片对彩色景物摄影所得彩色影像的色彩再现过程

4.8 大比例尺航空摄影

4.8.1 旋偏角、重叠度以及它们之间的关系

1. 旋偏角

在进行小比例尺航空摄影时，一般用大飞机(指飞行速度较快，飞行高度高的飞机，如运12、安30、双水獭等)作业，因其飞行速度快，每条航线作业时间短，进入航线后自动驾驶仪操纵等优点，飞机飞行时受气流、人工操纵影响较小，所获得的资料直线性好、旋偏角较小；相反，在进行大比例尺航空摄影时，由于考虑到飞机飞行的安全航高、影像位移等因素，一般采用飞行速度慢、安全航高要求不高的小飞机(如运五)作为航空摄影的空中平台，因其摄影比例尺大，相对航高低(如当 f_k = 152mm、$m_{像}$ = 1∶2 000 时，$H_{相}$ = 304m)，加上小飞机重量轻、飞行速度慢、完全人工操纵，故飞机受气流影响大，即使利用 GPS 导航，仍表现为航片旋偏角大，纵横向重叠度容易超限，航迹也会出现局部蛇行状态，导致补飞、重飞率增大。

2. 重叠度

航片的纵横向重叠度大小主要受3个因素影响：

①航带设计；

②空中摄影员的操纵状况；

③旋偏角大小。

这里我们主要讨论由于旋偏角原因造成的重叠度变化。因旋偏角影响航线的纵向重叠度，表现为有时过大，有时过小，有时一头大，一头小(查片时很容易造成失误)；航线旁向重叠度主要表现过大或过小，因为它们对航测后续工作能否顺利开展有着直接的影响，故航摄规范对旋偏角和重叠度都有十分明确的限制。

旋偏角与重叠度实际上是互相影响的，旋偏角大的地方，一般来说，纵横向重叠度也会发生剧烈变化。那么是不是说只要两项指标或者某一项超限就必须重飞或补飞呢？实践告诉我们，应根据具体情况作出符合实际的综合分析和处理，如果处理得当，在不影响航测后续工作的前提下，可为国家节约大量经费。特别是在南方，摄影天气十分难抓，有时要为补飞一个超限的像对而等上 1~2 个月，显然不是一件小事。在以模拟测图仪作为航测内业制图主要工具的时代，旋偏角的大小无疑是制约航测内业能否顺利进行的主要因素之一。随着现代航测技术的飞速发展，解析测图仪，特别是全数字化摄影测量仪器已逐步装备各测绘单位，因此，我们认为，航片的验收应把主要精力放在像片重叠度上，即放在因旋偏角原因的重叠度变化是否造成了不可弥补的航摄漏洞(主要指绝对漏洞)，而对旋偏角本身我们应灵活掌握。例如：当 f_k = 152mm，$m_{像}$ = 1∶3 000，23cm×23cm 像幅航片，35% 旁向重叠设计时，如果上下两条航线在某处突发性各自向相反方向偏离100m，则可知此处航片旋偏角大于 20°，此处旁向重叠约为 6%。如果认为在极为困难的情况下，6% 尚可以通过采取一定技术措施后完成测图作业的话，那么 20° 的旋偏角是可以为现代航测内业测图仪所接受的，如此所带来的经济上、时间上的效益将是非常大的。

4.8.2 影像位移问题

航空胶片上影像发生位移或变形的主要来源有：
① 胶片变形；
② 曝光瞬间胶片未完全压平；
③ 镜头像差；
④ 大气折光及地球曲率；
⑤ 由于飞机的运动，航空相机在曝光瞬间产生的影像位移。

对于已经过鉴定的航空相机和选择了合乎要求的航空胶卷，前4项因素所导致的影像位移或变形已成为固定值且都在规定的限制之内了，这里我们主要讨论曝光瞬间由于飞机运动所产生的影像位移(为讨论方便，仅以运五飞机、乐凯航微Ⅱ胶片为例)。运五飞机的巡航速度约为180km/h(顺风、逆风时其速度会在一定范围内变化)，每次正式航摄前，都必须算出最大曝光时间，假如其允许的最高处影像位移$\delta \leq 0.06$mm，则运五飞机在各种比例尺下的最大允许曝光时间可参考表4-8-1。

表4-8-1　　运五飞机各种比例尺下的最大允许曝光时间($\delta \leq 0.06$mm)

摄影比例尺	1∶2000	1∶2500	1∶3000	1∶3500	1∶4000	1∶5000
最大曝光时间(S)	1/500	1/400	1/350	1/300	1/250	1∶200

对1∶5 000及小于1∶5 000比例尺的航摄，由于比例尺较小，所产生的位移均在限差以内，用任何相机都可不考虑其位移影响。

对于大于1∶5 000的航空摄影，影像位移影响应慎重对待，如采用无补偿装置的相机，为了保证影像位移在限差以内，必须以不大于上表所计算的最大允许曝光时间进行摄影；对大于1∶3 000比例尺摄影，必须选择大晴天、光照足的天气进行摄影(如果最高处影像位移值采用$\delta \leq 0.03$mm，则1∶3 000及以上的航空摄影必须采用带自动补偿的航空相机进行报告)。在大山区或者大城市为减少阴影影响，迫使人们采用所谓云下摄影或者选择光照较弱的阴天摄影。此种情况下，由于光照相对较弱，一般需增加曝光时间、减小光圈号数来保证胶卷正确曝光，而这样一来，有可能使影像位移值超限(除非使用带自动补偿相机)，所以在城市或者大山区摄影时要么以阴影大，给后续工作增加工作量，改在大晴天进行摄影(实际上，人们大都采用此法)；要么选择带自动补偿相机进行云下摄影。考虑到目前国内还有大量无自动补偿相机在使用，对于影像位移问题应认真对待。

4.8.3 大比例尺航空摄影的相机焦距选择问题

以航测方式绘制大比例尺地形图，高程精度总是更为人们关注。为顾及高程精度，人们习惯于选择宽角镜头($f_k = 152$mm)进行各种比例尺航空摄影，但1∶500城市地形图，高程精度要求高(铺装路面对最近控制点的高程中误差为±0.07m，其他地方为±0.15m)，以完全航测方式内业读取高程点，要满足上面的要求是十分困难的，因此一般城市测图高程仍采取地面实测方法。因此，我们建议在实施大比例尺航空摄影时，可以选择$f_k = 210$mm

的常角镜头进行摄影,诸如投影差、飞机飞行的稳定性、补飞重飞概率都会有明显的改善。山区和大山区摄影也一样,采用f_k = 210mm 常角镜头摄影,也会降低补飞、重飞率,减小投影差,有利于内业测图。由于航高增加而导致的高程精度降低,因为山区高程精度本身要求低一些而不会明显影响整个测图质量。

4.8.4 不同摄区的航摄季节选择问题

1. 平原

平原一般来说由于所摄景物比较单一,表现在影像上为影像反差平淡,严重时影响影像判读。如果摄区水系发达,在长时间晴天后,摄影时容易产生空中蒙雾,能见度较差,除非有一次较大的天气变化过程,否则,晴天越长,能见度越差,即使使用特大比例尺航空摄影,能力、能见度仍很差,摄影资料灰雾仍很大,冬季平原摄影尤其应注意。当然,平原地区可摄影时间较长,能最大限度提高作业效率。

2. 山区

山区系气候变化较为剧烈的地方。南方一般的摄影天气主要集中在秋、冬季及初春。山区摄影最大问题是阴影对航测后续工作的影响,因此一天中可摄影的时间较短。冬天由于太阳南移,即使正午也存在大量阴影,山越大,阴影愈甚(阴影大的地方不能立体测图,为此要么使图纸不连续,要么采用实地补测)。

夏天山区摄影,由于太阳居中,阴影可最大限度地减少,但夏天山区气候变化快,柱子云、雷雨时有发生,可摄天气十分有限,即使有好天气,由于山区气流较为紊乱,大比例尺航摄在诸如航迹偏离、旋偏角和重叠度方面也容易超限,导致补飞、重飞概率增加。

3. 沿海地区

沿海地区的气候一般属海洋性气候,温度升高时,海上起云是摄影的最大障碍,故沿海地区摄影最好选择在秋冬季有大量冷空气南下的季节实施。

4. 城市

城市大比例尺航空摄影除投影差外,主要是城市高楼形成的阴影十分严重,在冬天此问题尤为突出,这也是某些特大城市已逐步失去航测成图机会的主要原因。另外,城市能见度一般较旷野差,特别是特大城市在长时间晴天后,空气中飘浮着大量尘埃,严重影响着能见度,所摄资料不能良好地反映微地貌、微地物,如果要进行云下摄影,往往因光照不足使影像质量难以得到很好保证。

此外,影响摄影飞行的人为因素是部队训练飞行对航摄飞行的影响,如果摄区与部队飞行发生冲突,往往是部队优先飞行训练,这样一来给航摄飞行造成十分被动的局面。一般来说,部队在深秋后开始减少训练量或者转入夜间飞行,这一经验也不妨作为南方选择航摄季节时所要考虑的因素之一。

4.8.5 摄影质量

要获得一张优秀的航片,一般地说,必须满足以下几个条件:

①选择能见度好、光照足的晴天进行摄影。

②城市大面积1∶1 000、1∶500 地形图航空摄影,飞机最好在摄区最近的机场起落,这样摄影人员对天气情况、飞行高度能有较好的把握。

③减少外部干扰,例如甲方对工期的不停催促、部队训练的干扰等。

④努力提高摄影处理人员的理论、实践水平。由于目前黑白片航空摄影处理大都处于经验判断的基础上,故摄影处理人员的理论素养及实践经验相当重要。

第 5 章　航天摄影型遥感器

遥感器是获取遥感数据的关键设备,它的任务是收集、探测、记录目标的电磁辐射信息。遥感器的性能主要包括以下几个方面:
(1)对电磁波波段的响应能力(如探测灵敏度和光谱分辨率);
(2)空间(地面)分辨率及影像的几何特性;
(3)获取目标电磁辐射信息量的大小和可靠程度等。
遥感器的性能决定了遥感数据的应用范围和应用潜力。

5.1　航天遥感器概述

5.1.1　遥感器分类

由于设计和获取数据的特点与应用目的不同,遥感器的种类很多,分类方式也多种多样,常见的分类方式有以下几种。

1. 按电磁辐射来源

按电磁辐射来源的不同,遥感器可分为主动式遥感器和被动式遥感器。其中,主动式遥感器向目标发射电磁波,然后收集由目标反射回来的电磁波信息,如合成孔径雷达(SAR)和干涉成像雷达(IFSAR 或称 INSAR)等。被动式遥感器自身不发射电磁波,而是收集目标反射的太阳电磁辐射和(或)目标自身辐射的电磁波信息,如各种摄影机、多光谱扫描仪等。

2. 按遥感器是否成像

按遥感器是否成像可将其分为成像遥感器和非成像遥感器。成像遥感器获取的遥感数据是目标的影像,如画幅式摄影机、多光谱扫描仪、成像光谱仪、成像雷达等;非成像遥感器获取的遥感数据是目标的特征数据而非目标的影像,如微波散射计、微波高度计、激光水深计、重力测量仪等。

3. 按成像原理

按成像原理的不同,成像遥感器可分摄影型遥感器、扫描型遥感器和成像雷达等三种类型
(1)摄影型遥感器

摄影型遥感器的记录介质是摄影胶片,携带摄影型遥感器的航天器通常都是回收型航天器。按获取影像特性的不同,摄影型遥感器又可分为框幅式(画幅式)、缝隙式和全景式、多光谱型等。

(2)扫描型遥感器

扫描型遥感器采用专门的光敏或热敏探测器把收集到的来自目标的电磁波能量变成电信号,通过无线电实时地向地面发送,或暂时存储起来,在适当的时候向地面发送。携带此

类遥感器的航天器不需要回收,因而轨道较高,寿命较长,适合于长期对地观测。扫描型遥感器又可细分为物面扫描型和像面扫描型,物面扫描型遥感器直接对地面扫描成像,该类遥感器有光机扫描仪、红外扫描仪、成像光谱仪等。像面扫描型遥感器首先在像面上进行光学成像,然后对像面进行扫描成像,该类遥感器主要有线阵或面阵 CCD 扫描仪,电视摄像机等,其中线阵 CCD 扫描仪又可视为两种方式的结合,即在飞行方向上由平台移动构成物面扫描,而在垂直于飞行方向上实行像面扫描。

(3) 成像雷达

成像雷达与前两类遥感器完全不同,它是通过天线向移动方向的侧方发射电磁波,然后接收从目标返回的后向散射波,并按返回的时间顺序进行成像的主动式遥感器。雷达按其天线形式又可分为真实孔径雷达和合成孔径雷达,其中,用于干涉成像的合成孔径雷达又称为干涉合成孔径雷达。

4. 按对电磁波不同波段的敏感程度和响应能力

按对电磁波不同波段的敏感程度和响应能力,或者说,按遥感器探测的电磁波波段划分,遥感器可分为光学遥感器和微波遥感器。探测波谱范围从可见光到红外区的遥感器称为光学遥感器,而探测微波范围的遥感器称为微波遥感器。光学遥感器又可分为全色波段遥感器、多光谱遥感器和红外遥感器。微波遥感器有雷达、微波辐射计、微波散射计和微波高度计等。对遥感器更详细的分类见图 5-1-1。

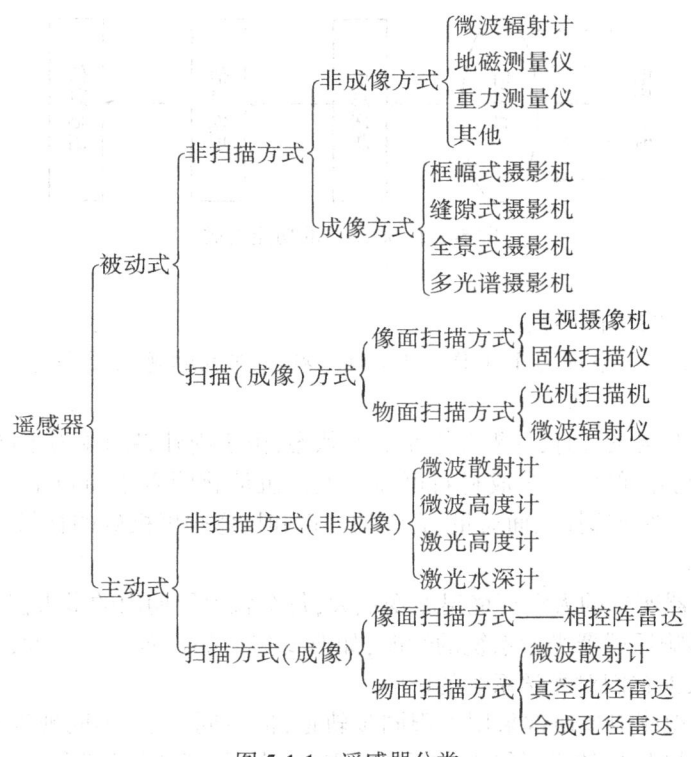

图 5-1-1 遥感器分类

5.1.2 遥感器的基本组成

1. 基本组成

遥感器的种类很多,结构也各不相同,但归纳起来,各类遥感器主要由收集器、探测器、处理器、输出器等四个基本部分组成,如图5-1-2所示,各部分的主要功能如下:

(1)收集器

收集器收集来自目标的电磁辐射能量,常用作收集器的器件有透镜组、反射镜组、天线等。

(2)探测器

探测器将收集器收集到的电磁辐射能转换成化学能或电信号。常用的探测器件有摄影感光胶片、光电二极管、光敏和热敏探测元件等。

(3)处理器

处理器对收集和转换的信号进行处理,获得原始遥感信息或数据,如显影与定影、信号放大与变换、信号校正与编码等。常用的处理器有摄影处理装置、电子处理装置与数字处理装置等。

(4)输出器

输出器的任务是输出获取的遥感数据。常用的输出器有扫描晒像仪、阴极射线管、磁带记录仪、无线电发射机等。

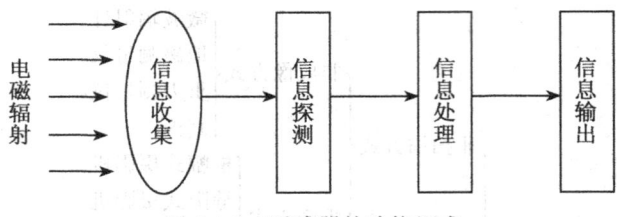

图 5-1-2　遥感器的功能组成

2. 航天遥感器的工作环境

航天遥感器要在太空环境下工作,因而有一些特殊的问题需要考虑,主要包括以下方面。

① 航天器在太空飞行时,外界几乎是真空状态,由于内外界的压力不同,很容易造成观测窗口的变形。此外,舱内的合成材料可能挥发出沉淀物附着于窗口上,造成成像质量下降,因而,观测窗口必须选择表面质量、光学均匀性和抗弯强度极好的材料,且必须装有清除窗口污染的装置。

② 航天遥感器所处的太空环境温度变化大,每个轨道周期内的最大温差可达几百摄氏度,因而会直接影响遥感器光学系统的性能,如改变焦面的位置等。因此,必须控制好舱内的温度与压力,减少它们对光学系统的影响。

③ 尽管对地观测卫星通常采用太阳同步轨道,但不同季节、不同地理纬度地区的太阳高度并不相同,不同目标的反射能力也不同。因此,为了能随时得到合适的曝光量(摄影胶片、光敏或热敏元器件),遥感器必须有自动曝光控制装置。

④ 航天器飞行速度快,飞行高度高,要求摄影胶片、光敏或热敏元件有很高的敏感度(灵敏度)。为了在高速运动中获得清晰的影像,要求遥感器具有较好的像移补偿装置。

⑤ 由于航天器的轨道高度都在几百公里以上,为了得到较高的地面分辨率,一般要求遥感器光学系统有较长的焦距、较小的畸变差。

⑥ 为了获取指定地区、重叠范围的航天遥感影像,要求航天器有较高的指标精度。因此,携带成像遥感器的航天器的姿态控制应采用三轴稳定方式。

5.1.3 摄影型遥感器

摄影型遥感器是大家最熟悉的一种遥感器,它主要由物镜、快门、光圈、暗盒(胶片)和机械传动装置等组成,曝光后的底片只有目标的潜影,须经过摄影处理后(显影和定影)才能显示和保存目标的影像。航天遥感中常用的摄影型遥感器有框幅式摄影机、缝隙式摄影机、全景式摄影机、多光谱摄影机等,下面我们分别介绍它们的成像原理与影像的特性。

5.2 框幅式摄影机

航天器上使用的框幅式摄影机(Frame Camera)与航空摄影机的成像原理相同,在摄影瞬间,地面视场范围内的目标的辐射与反射信息一次性地通过光学系统在焦平面上成像。由于框幅式摄影机使用胶片,因此,使用此类摄影机的航天器都为回收型航天器。

与用于侦察的摄影机相比,对测量用框幅式摄影机的要求非常严格,它必须很好地满足光学条件和几何条件:

① 镜头畸变要小;
② 解像力要高,包括在边缘部分都能得到清晰的影像;
③ 主光轴与胶片平面必须正交;
④ 可以精确测量出主光轴与像面的位置关系,即摄影机的内方位元素;
⑤ 胶片应具备严格的平面性,要用真空装置将胶片压平;
⑥ 为了能在高速运动中取得清晰的、消除像移的影像,摄影机要配有使胶片平面移动的像移补偿装置。

用于航天遥感的框幅式摄影机很多,如已在美国航天飞机及空间实验室工作过的RMK-A30/23摄影机,焦距为305.128mm,像幅为23cm×23cm,标称卫星高度为250km,像片比例尺为1:82万,每幅像片对应的地面范围为189km×189km,物镜最大畸变差为6μm,分辨率为39线对/mm,每4~6s或8~12s曝光一次,摄影机姿态精度控制在±0.5°以内,获取影像的航向重叠度为60%~80%。据报道,利用它可以测制1:10万比例尺的地形图。

另外一种有代表性的框幅式摄影机是美国的大像幅摄影机(LFC),其摄影机焦距为305.0mm,分辨率为80线对/mm,像幅为23cm×46cm。飞行高度为225km时像片比例尺为1:73.8万,对应的地面范围为170km×340km。利用星相机测定摄影机摄影时的姿态,相对精度可达±5″,整个摄影机的姿态精度可控制在±0.5°之内。

俄罗斯于1998年发射的"和平"号轨道站自然舱安装了两台框幅式摄影机KFA-1000,焦距达1000mm,像幅为30cm×30cm,地面分辨率高达5m,地面覆盖为100km×200km,可用于测制1:5万比例尺地形图和修测1:2.5万比例尺地形图。

除了安装在自然舱以外,该摄影机也曾安装在资源-F(Resource-F)卫星上。

俄罗斯1998年发射的返回式商业遥感卫星SPIN-2上安装了性能更高的框幅式摄影机KVR-1000,地面分辨率高达2m,是迄今为止地面分辨率最高的商用框幅式航天摄影机,其影像可以满足1:1万比例尺地形图的成图要求。

框幅式摄影机获取的影像是被摄地区的中心投影影像,即来自地面上所有点的光线通过一固定点(投影中心)在像面上成像,根据摄影测量学的知识,像点与地面点之间的数学关系可以由共线条件方程(中心投影的构像方程)描述:

$$\left.\begin{array}{l} x = -f\dfrac{a_1(X-X_S)+b_1(Y-Y_S)+c_1(Z-Z_S)}{a_3(X-X_S)+b_3(Y-Y_S)+c_3(Z-Z_S)} \\ y = -f\dfrac{a_2(X-X_S)+b_2(Y-Y_S)+c_2(Z-Z_S)}{a_3(X-X_S)+b_3(Y-Y_S)+c_3(Z-Z_S)} \end{array}\right\} \tag{5-2-1}$$

其中:f为摄影机主距;

(x,y)为像点在像平面坐标系中的坐标;

(X,Y,Z)为像点(x,y)对应的地面点在地面坐标系中的坐标;

(X_S,Y_S,Z_S)为投影中心在地面坐标系中的坐标。

令 $M = \begin{bmatrix} a_1 & a_2 & a_3 \\ b_1 & b_2 & b_3 \\ c_1 & c_2 & c_3 \end{bmatrix}$,称为外方位角元素构成的旋转矩阵。

利用一定数量的地面控制点可以解算像点与地面点坐标之间的关系,即摄影光束的外方位元素,包括投影中心在地面坐标系中的坐标(X_S,Y_S,Z_S)和确定摄影光束方向的外方位角元素ϕ,ω,κ。

5.3 缝隙式摄影机

5.3.1 成像原理

缝隙式摄影机(Strip Camera)又称航带摄影机或推扫式摄影机。该摄影机在物镜的焦面处,有一个与航天器飞行方向垂直的缝隙快门,它的宽度可以调节。在全部摄影时间内,快门始终是打开的,地物通过物镜所成的光学影像经缝隙快门在胶片上曝光。如果在摄影过程中,胶片不断地进行卷绕,且卷绕速度与地面的光学影像通过缝隙的移动速度相等,就能在胶片上得到连续的二维影像,如图5-3-1所示。

缝隙摄影机获取二维影像是由摄影机缝隙成像和航天器飞行(胶片卷绕)组合完成的,即摄影机的缝隙实现垂直于飞行方向上的成像,而航天器的飞行(胶片卷绕)实现飞行方向上的成像。若航天器高度为H,飞行速度(地速)为V,摄影机主距为f,那么,要获得清晰的影像,胶片的移动速度(卷绕)v必须满足下式:

$$v = \dfrac{f}{H}V \tag{5-3-1}$$

缝隙式摄影机实行动态摄影(连续曝光),获得的影像为行(或列)中心摄影影像,即每

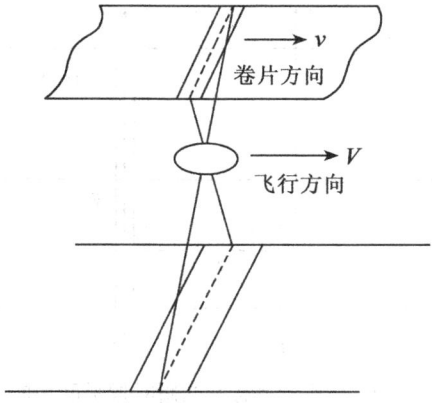

图 5-3-1 缝隙式摄影机

条影像带有一个投影中心。

如果摄影机的姿态在整个摄影过程中不发生变化,那么只要式(5-3-1)得到满足,就能得到清晰的影像,否则,影像便会出现重叠和遗漏。当胶片移动速度过慢时,会出现重叠现象;当胶片移动速度过快时,会出现遗漏(不连续)现象。由于实际摄影时难以保持合适的卷片速度,摄影机姿态在摄影过程中会发生变化,因而,缝隙式摄影机已很少应用,但缝隙式摄影机的思想却是目前广泛应用的线阵 CCD 遥感器的基础。

5.3.2 像片的几何特性

缝隙式像片在成像瞬间只有一个条带的地面辐射通过镜头在胶片上曝光,随着航天平台的飞行,不同条带依次曝光成像,所以对整幅缝隙式影像来讲,它是所摄地区的行(或列)中心投影,而不同行的外方元素是随时间变化的函数,称为瞬时的方位元素,记为:$X_S(t)$,$Y_S(t)$,$Z_S(t)$,$\omega(t)$,$\phi(t)$,$\kappa(t)$。

为了讨论方便,首先定义瞬时像平面坐标系。

如图 5-3-2 所示,对缝隙影像来说,取瞬时像平面坐标系的 $\bar{y}$ 轴为缝隙方向,$\bar{x}$ 轴为飞行方向,原点为缝隙中心点,则 t 时刻对应的缝隙中,像点的像平面坐标为 $(0,\bar{y})$,因而,缝隙式影像的瞬时构像方程为:

$$\left.\begin{array}{l}\bar{y}=0=-f\dfrac{(X)}{Z}\\[4pt]\bar{y}=-f\dfrac{(Y)}{(Z)}\end{array}\right\} \tag{5-3-2}$$

$$\begin{bmatrix}(X)\\(Y)\\(Z)\end{bmatrix}=\begin{bmatrix}a_1(t)&b_1(t)&c_1(t)\\a_2(t)&b_2(t)&c_2(t)\\a_3(t)&b_3(t)&c_3(t)\end{bmatrix}\begin{bmatrix}X-X_S(t)\\Y-Y_S(t)\\Z-Z_S(t)\end{bmatrix} \tag{5-3-3}$$

式中:$a_i(t)$,$b_i(t)$,$c_i(t)$ 为 t 时刻外方位角元素 $\omega(t)$,$\phi(t)$,$\kappa(t)$ 构成的旋转矩阵;X,Y,Z 为地面点在地面坐标系中的坐标。

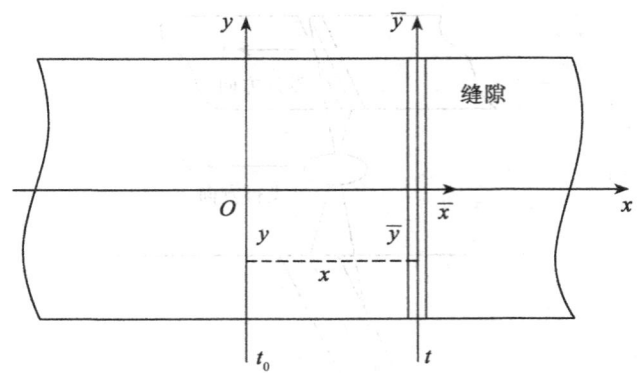

图 5-3-2　像平面坐标系与瞬时像平面坐标系

由于缝隙像片为行中心投影，每一成像条带都有自己的外方位元素，因而，实际上不能严密解算每一成像条带的外方位元素，但由于航天遥感平台飞行比较平稳，一幅影像的成像时间比较短，因此，可以把瞬时外方位元素描述成随时间变化的简单函数，如一次多项式、二次多项式或三次多项式形式。

取 t_0 时刻的瞬时像平面坐标系为整幅影像的参考像平面坐标系，若记该时刻的外方位元素为：

$$\boldsymbol{X}_{S0} = (X_{S0} \quad Y_{S0} \quad Z_{S0} \quad \omega_{S0} \quad \varphi_{S0} \quad \kappa_{S0})^{\mathrm{T}}$$

任意时刻 t 的外方位元素为：

$$\boldsymbol{X}_S(t) = (X_S(t) \quad Y_S(t) \quad Z_S(t) \quad \omega_S(t) \quad \kappa_S(t))^{\mathrm{T}}$$

则瞬时外方位元素可以表示为：

$$\boldsymbol{X}_S(t) = \boldsymbol{X}_{S0} + \dot{\boldsymbol{X}}_S \Delta t + \ddot{\boldsymbol{X}}_S \Delta t^2 + \dddot{\boldsymbol{X}}_S \Delta t^3 \tag{5-3-4}$$

式中：$\dot{\boldsymbol{X}}, \ddot{\boldsymbol{X}}, \dddot{\boldsymbol{X}}$ 分别为外方位元素随时间的一阶、二阶和三阶变化率；

$$\Delta t = t - t_0$$

若胶片的移动速度 v 满足式(5-3-1)，则变量 t 与参考像平面坐标 x 有如下关系。

$$x = v(t - t_0) \tag{5-3-5}$$

其中：t_0 为 $x=0$ 的成像时刻。

于是，瞬时外方位元素可以表示成参考平面坐标 x 的函数：

$$\boldsymbol{X}_S(X) = \boldsymbol{X}_{S0} + \dot{\boldsymbol{X}}_S x + \ddot{\boldsymbol{X}}_S x^2 + \dddot{\boldsymbol{X}}_S x^3 \tag{5-3-6}$$

式中：$\boldsymbol{X}_{S0}$ 为中心影像条带($x=0$)的瞬时外方位元素；

$\dot{\boldsymbol{X}}_S, \ddot{\boldsymbol{X}}_S, \dddot{\boldsymbol{X}}_S$ 分别为外方位元素 x 随时间的一阶、二阶和三阶变化率。

式(5-3-3)则可以表示成：

$$\begin{bmatrix} (X) \\ (Y) \\ (Z) \end{bmatrix} = \begin{bmatrix} a_1(x) & b_1(x) & c_1(x) \\ a_2(x) & b_2(x) & c_2(x) \\ a_3(x) & b_3(x) & c_3(x) \end{bmatrix} \begin{bmatrix} X - X_S(x) \\ Y - Y_S(x) \\ Z - Z_S(x) \end{bmatrix} \tag{5-3-7}$$

式(5-3-2)、式(5-3-6)、式(5-3-7)即为缝隙式像片的构像方程。

5.4 全景式摄影机

5.4.1 成像原理

全景式摄影机(panoramic camera)又称摇头摄影机或扫描摄影机,美国的侦察卫星"KH-1"到"KH-4"(CORONA)就使用全景式摄影机。不论各种全景式摄影机具体结构有何差异,其成像原理都是一样的,如图 5-4-1 所示。

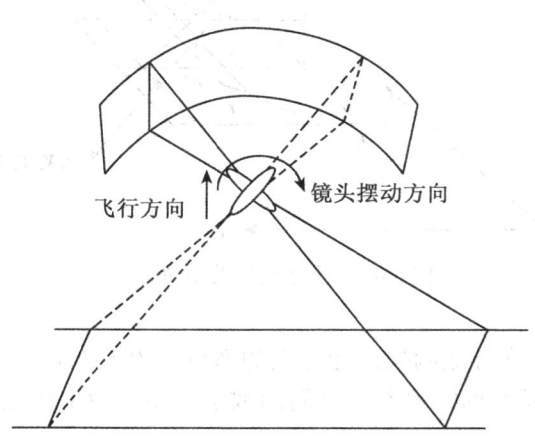

图 5-4-1　全景式摄影机成像原理

全景式摄影机的特点是焦距长,有的长达 600mm 以上,可在宽约 230mm,长达 1280mm 的胶片上成像。在进行摄影时,全景式摄影机利用焦平面上平行于飞行方向的狭缝限制瞬时视场,因此,在摄影瞬间得到的是地面上平行于航迹线的一条很窄的影像。为了得到一幅全景影像,需要物镜沿垂直于航迹的方向(即垂直于飞行方向)摆动(变化侧视角)。也就是说,全景式摄影机的二维成像靠平行于飞行方向的缝隙和物镜在垂直于飞行方向上的摆动实现,因而摄影视场很大,有时可达 180°,可摄取从航迹到两边地平线之间的广大地区的影像。摄影(成像)过程中,胶片呈弧状放置,胶片面至镜头中心的距离等于摄影机主距,物镜每扫描(摆动)一次,胶片则旋进一幅。由于地面都在物镜中心一个很窄的视场内构像,因此,像片上每一部分的影像都很清晰。不过,由于全景式摄影机在成像过程中像距不变,而物距随视角的增大而增大(物镜摆动),因此,一幅影像从中心到两边的像比例尺逐渐减小。

5.4.2 构像方程

为了讨论方便,首先定义全景式影像的瞬时像平面坐标系:以缝隙方向(飞行方向)为 $\bar{y}$ 轴,缝隙中心 $\bar{o}$ 为原点构成的右旋平面直角坐标系为瞬时像平面坐标系,记为 $\overline{oxy}$。缝隙中像点的瞬时像平面坐标记为 $(0,\bar{y})$。

如图 5-4-2 所示,以 t_0 时刻的物镜中心 S 为原点,飞行方向为 y 轴,近似垂直向上为 z 轴构成的右旋空间直角坐标系称为遥感器坐标系,记为 $Sxyz$。以遥感器坐标系 $Sxyz$ 为像空间坐标系,与地面构成中心投影关系的(虚拟)像片称为等效画幅式像片。

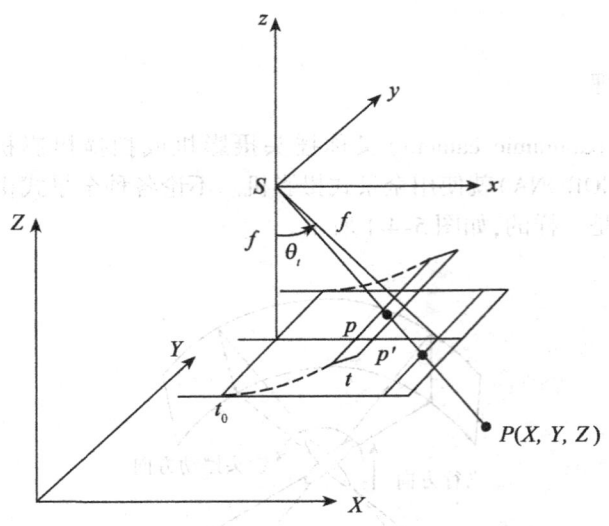

图 5-4-2　全景摄影的物像关系

设地面点 $P(x,y,z)$ 在等效画幅式像片上的像点为 $P'(x',y')$,在全景式像片上的像点为 $p(0,\bar{y})$,现在的任务就是确定 P 与 p 之间的数学关系。为了讨论方便,以等效画幅式像片上的像点 p' 作为过渡。

若遥感器坐标系的外方位元素为:$X_S, Y_S, Z_S, \omega, \phi, \kappa$,由中心投影的构像方程,等效画幅式像片上的像点与地面点之间的关系为:

$$\begin{bmatrix} X \\ Y \\ Z \end{bmatrix} = \lambda M \begin{bmatrix} x' \\ y' \\ -f \end{bmatrix} + \begin{bmatrix} X_S \\ Y_S \\ Z_S \end{bmatrix} \tag{5-4-1}$$

式中:M 为遥感器坐标系到地面坐标系的旋转矩阵;

λ 为比例尺因子。

现在,只要确定等效画幅式像片上的像点 p' 与全景像片上的像点 p 之间的关系就可以确定全景像片上的像点与地面点之间的关系。

将全景式影像展平,并使中心缝隙影像的瞬时像平面坐标系与等效画幅式像片的像平面坐标系 oxy 重合,则像点 p 在 oxy 系中的坐标 (x,y) 可以量测得到,其中,$y=\bar{y}$,现在的任务是确定 (x,y) 与 (x',y') 之间的关系。

若像点 p 于 t 时刻成像,此时,光学系统的主光轴与该时刻光学系统的主光轴之间的夹角为 θ_t,显然,x 为以 f 为半径,圆心角 θ_t 对应的弧长,因此

$$\theta_t = \frac{x}{f} \tag{5-4-2}$$

由直角三角形的边角关系,有

$$x' = f\tan\theta_t \tag{5-4-3}$$

由相似三角形边长的比例关系,有

即
$$\frac{f\sin\theta_t}{x'} = \frac{y}{y'}$$

$$y' = \frac{x'}{f\sin\theta_t}y = \frac{1}{\cos\theta_t}y \tag{5-4-4}$$

由式(5-4-2)、式(5-4-3)和式(5-4-4)即可由全景像片上量测的像坐标(x,y)计算等效画幅式像片上的像点p'的像坐标(x',y'),结合式(5-4-1)即可确定全景像片上的像点p与地面点P之间的坐标关系。

式(5-4-1)、式(5-4-2)、式(5-4-3)、式(5-4-4)四式即为忽略成像过程中外方位元素变化时的全景式影像的构像方程。需要指出的是,全景式影像在成像过程中,每条带影像对应的遥感器外方位元素是不断变化的,因此,式(5-4-1)应参考上一节进行相应的改变:

$$\begin{bmatrix} X \\ Y \\ Z \end{bmatrix} = \lambda \begin{bmatrix} a_1(x) & a_2(x) & a_3(x) \\ b_1(x) & b_2(x) & b_3(x) \\ c_1(x) & c_2(x) & c_3(x) \end{bmatrix} \begin{bmatrix} x' \\ y' \\ -f \end{bmatrix} + \begin{bmatrix} X_S(x) \\ Y_S(x) \\ Z_S(x) \end{bmatrix} \tag{5-4-5}$$

而任意时刻t(对应x)的外方位元素表示成:

$$X_S(X) = X_{S0} + \dot{X}_S x + \ddot{X}_S x^2 + \dddot{X}_S x^3 \tag{5-4-6}$$

因此,式(5-4-2)、式(5-4-3)、式(5-4-4)、式(5-4-5)、式(5-4-6)才是全景式影像的严密构像方程。

5.5 多光谱摄影机

对同一地区、在同一瞬间摄取多个波段影像的摄影机称为多光谱摄影机。采用多光谱摄影的目的,是为了充分利用地物在不同光谱区的不同反射特征,来增加目标的信息量,以便提高影像的判读和识别能力。常见的多光谱摄影机有单镜头和多镜头及多相机型摄影机三种形式。

5.5.1 单镜头型多光谱摄影机

单镜头型多光谱摄影机成像的原理是:在物镜后面利用分光装置,将收集的光束分离成不同的光谱成分,然后使它们分别在不同胶片上进行曝光,从而形成地物在不同波段的影像。这种摄影机常用的分光原理是利用半透明的平面镜的反射和透射现象,将收集的光束分解成所要求的几个光束,然后使它们分别通过不同的滤光片,从而达到分光的目的。图5-5-1是一种四波段摄影机的分光示意图。

由于光束在分离过程中有能量损失,而且在不同波段的损失量不等,所以这种摄影机取得的多光谱影像的影像质量会受到不同程度的影响。

5.5.2 多镜头型多光谱摄影机

多镜头型多光谱摄影机在成像时利用多个物镜获取地物在不同波段的反射与辐射信息,它采用在不同镜头前加不同滤光片的方法,同时在不同胶片上曝光而得到地物的多光谱

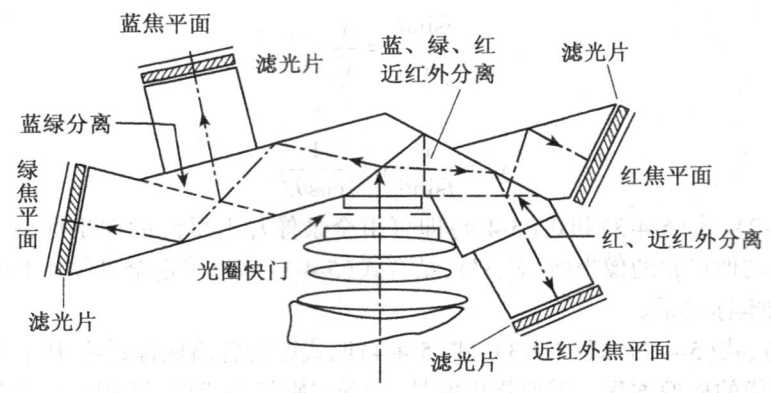

图 5-5-1 单镜头多光谱摄影机分光原理

影像。这种摄影机物镜镜头的数量决定了其获取多光谱影像的波段数,如四镜头多光谱摄影机可同时获取四个波段的多光谱影像。图 5-5-2 为四镜头多光谱摄影机的成像原理图。

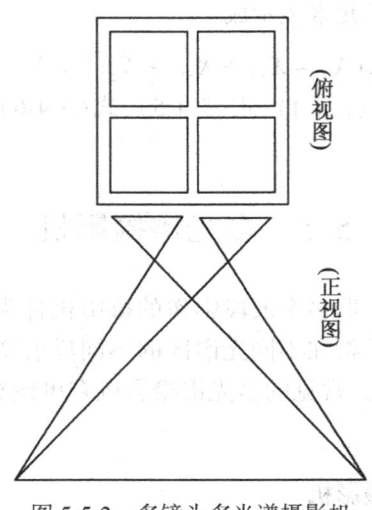

图 5-5-2 多镜头多光谱摄影机

多镜头型多光谱摄影机摄影时,应注意不同滤光片与不同类型感光胶片的配合使用,另外,在摄影时还应做到以下几点:

① 快门的同步性要好,以便在同一时刻获取地物的多光谱影像。

② 各物镜的光轴必须严格平行,以保证多光谱影像的套合精度。

③ 由于不同波长的光聚焦后的实际焦面位置不同,应使地物在最清晰的位置上成像。

摄影机在成像时要根据不同的目的来选择合适的胶片和对应的滤光片。摄影用的胶片根据其感光特性可分为黑白胶片、彩色胶片和彩色红外胶片。常用的黑白胶片有全色胶片和全色红外胶片,它们的感光范围分别为 $0.4\sim0.7\mu m$ 和 $0.4\sim0.8\mu m$。地物在黑白胶片上影像的密度与其反射太阳辐射的强度大小成正比。彩色胶片的感光范围是 $0.4\sim0.7\mu m$,地物在负片上的颜色与地物自身的颜色互补,在晒印像片(正片)上的颜色与地物颜色一致。彩色红外胶片的感光范围为 0.5~0.8μm,仅对绿色、红色和近红外光起作用。在负片上,绿色物体呈黄色,红色物体呈品红色,反射近红外光能力强的物体呈青色,而在正片上绿色物体呈蓝色,红色物体呈绿色,反射近红外光能力强的物体呈红色。地物在彩色红外像片的颜色与其自身颜色不一致,所以彩色红外像片又叫假彩色红外像片。

滤光片是改变光线光谱成分的介质。滤光片按制作材料可分为玻璃滤光片、胶质滤光片、塑料滤光片和液体滤光片,摄影中采用的大多是玻璃滤光片。为了取得理想的影像,滤光片在摄影中是不可缺少的器件。在摄取全色像片和彩色像片时,为了减少大气散射光的影响,增加影像的反差和防止偏色,常在摄影机的镜头前加浅黄色滤光片来限制蓝光的通过(散射光中蓝色成分强)。在假彩色红外摄影时,镜头前一般加黄色滤光片,将蓝光成分全部吸收,仅允许绿、红、红外光通过,达到摄影目的。

摄影机是用胶片来记录地物电磁辐射信息的,胶片记录的灵敏度和分辨率都很高。但是它所响应的波段较窄,在 0.4~1.1μm 之间,即它仅能获取地物在波长为 0.4~1.1μm 之间的电磁波信息。此外,以胶片记录地物信息不便于实时传输和数字处理,因此,这种方式的遥感器难以进行较长时间的连续工作。

5.5.3 多相机型多光谱摄影机

将几个相同的相机组装在一起,每个相机配以不同的滤光片和胶片进行同步摄影,就构成多相机型多光谱摄影机,如图 5-5-3 所示。该类型的摄影机,其优点是相机的数量、滤光片和胶片类型可以按需要自由选择。

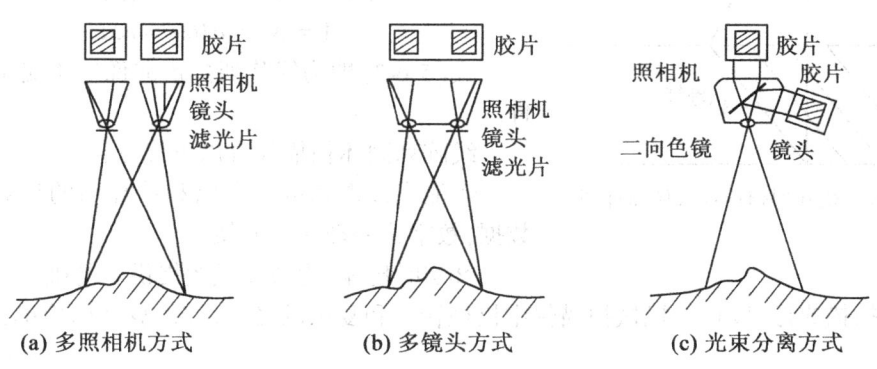

图 5-5-3 多相机型多光谱摄影机

目前有二、四、六机型多光谱摄影机。但该摄影机对快门的同步精度、各物镜主光轴平行度要求严格。另外,它的体积较大,结构也较复杂。

由于多光谱影像整幅有统一的中心投影关系,因此,其构像方程与本章 5.2 节介绍的框幅式影像的构像方程完全相同。

5.6 线阵列固体扫描仪

把许多微小半导体硅光敏固体元件,呈线状或面状阵列以极高密度排列在一起,并将其上面形成的光学图像转换成为电信号的传感器,称为固体扫描仪。固体扫描仪成像的收集系统是透镜,探测系统是电荷耦合器件,即 CCD(Chorse Coupled Device)。线阵(一维)是靠卫星的运行构成二维图像,面阵(二维)和画幅式摄影机一样,直接获得二维图像。由于技术上的原因,目前面阵幅面太小,故当前通用的是线阵器件。

以线阵列器件作为接收元件的固体扫描仪,一般采用推扫式扫描。它的原理是在物镜的焦面上放置一条 CCD 器件,其排列方向与卫星飞行方向垂直,从而构成地面上的一行影像,当卫星沿轨道方向前进过程中,由于连续采样,就一行接一行地形成一条沿卫星地面轨迹分布的影像带,如图 5-6-1 所示。简言之,CCD 线阵列固体扫描仪成像方式是:图像的每一行是由物镜焦面上的线阵列器件产生的。连续的图像带是依靠卫星沿轨道向前运行而推扫形成。其构像的几何关系与缝隙连续摄影机相同。线阵列推扫成像要使行与行之间不产生漏洞或重叠,必须满足下列条件。

设 CCD 的一个探测元大小为 a,其地面上相应大小为 A,物镜焦距为 f,卫星飞行高度为 H,则

$$A = aH/f \tag{5-6-1}$$

若行间距为 Δs,卫星飞行速度为 v,行间周期为 Δt(行曝光周期由电子时钟脉冲之间的时间间隔 Δt 确定),则

$$\Delta s = v\Delta t \tag{5-6-2}$$

探测元的地面大小 A 应等于行间距离 Δs,才能使行与行之间不产生漏洞或重叠,故

$$A = \Delta s = aH/f = v\Delta t \tag{5-6-3}$$

式(5-6-3)即为线阵列推扫成像应满足的基本条件。

线阵列固体扫描仪有以下优点:

①能直接得到可供存储和计算用的计算机兼容数据,数字化处理非常方便。

②实时传输,为快速成图提供了基础。

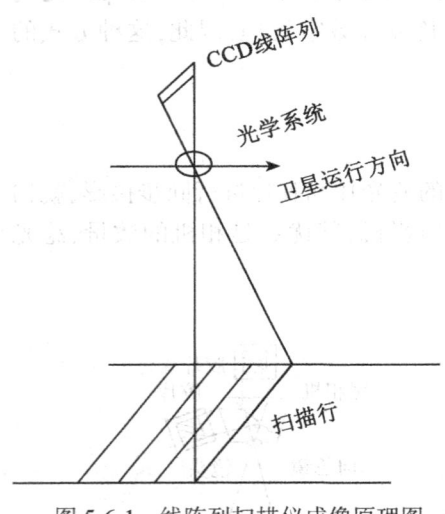

图 5-6-1　线阵列扫描仪成像原理图

③自扫描成像,取代了机械扫描仪中机械转动和复杂的光学系统,故结构简单,体积小,重量轻。

④对辐射密度作出了精确的定量测定,从而为影像相关提供了高质量的图像。

由于每个线阵列各个探测元的位置都是已知的,因而横向保真度很高,为图像处理提供了较好条件。

线阵列固体扫描仪的主要缺点是,其图像几何关系仍没有画幅式摄影相片严格,各扫描行的外方位元素各异,因此严格处理这种图像还是困难的。同时扫描仪在扫描成像过程中,很难保持式(5-6-3)的条件,故行与行之间的遗漏和重叠难以避免,而这种图像的变形,目前还没有可行的校正方法。另外,CCD 图像分辨率与摄影胶片分辨率相比暂时还较低。

为了获取立体影像,线阵列固体扫描仪的结构有下列两种方案。

1. 前后立体

沿卫星轨道方向向前倾斜摄影和向后倾斜摄影及垂直摄影,三者摄影图像任一组相配

合,即可得出具有航向(前后)重叠的立体像对。显然,前后立体是摄影轴相对于铅垂线在轨道面内倾斜摄影而构成的。美国制图卫星就是采用 CCD 三线阵列传感系统,沿航向前后倾斜一个固定角和垂直对地摄影而构成前后立体,如图 5-6-2 所示。光学系统 A 和 C 的焦距比 B 均长 20%左右,以便提供同光学系统 B 相应的影像分辨率。光学系统 A、B、C 之间的任一组合,都可构成立体。

制图卫星的基本参数如下。

轨道:与陆地卫星一致的近圆形太阳同步轨道。高度 919km,覆盖全球小于 20 天,旁向重叠 14%,轨道偏移小于 10km。

传感器:三台线阵 CCD 扫描仪——三个光学系统,可以垂直、向前和向后各 23°观测。有三个光谱段:蓝绿 0.47~0.57μm;红 0.57~0.70μm;近红外 0.76~1.05μm。

扫描宽度:180km 或其中一部分。

地面分辨率:最高达 10m。

数据传输:可以直接发到地面,数据传输速度 15Mbit/s。

卫星摄站坐标测定精度:20~30m。

测图精度:测制 1:5 万地图、平面图和专题图,相对位置精度为 7~25m,绝对位置精度为 50~100m。

2. 旁向立体

在相邻的轨道上,对指定地区在垂直于轨道平面内作左右方向的倾斜摄影,以构成旁向立体像对。法国 SPOT 卫星(地球观测试验卫星)就是采用这一方案,如图 5-6-3 所示。该卫星上装有两台高分辨率可见光扫描仪 HRV(Hute Resolution Visible),它由反射镜、镜头、滤光片和线阵列固体探测杆(CCD)组成。探测杆共有四根,分别用于获取绿(0.50~0.59μm)、红(0.615~0.68μm)、近红外(0.79~0.89μm)和全色光谱(0.51~0.73μm)的地面信息。每根探测杆上有 6000 个光敏元件,即 6000 个像元,每个像元的大小为 13μm×13μm,镜头焦距为 1082mm,每个像元相应于地面 10m(全色)和 20m(多光谱),HRV 扫描仪通过控制指向反射镜进行旁向倾斜观测,指向反射镜可作±27°范围的旋转安置,且以 0.6°的间隔分档倾斜,这样便有 91 个不同倾斜位置。最大倾斜时,每景地面覆盖为 60km×80km,垂直观测时,每景地面覆盖为 60km×60km。利用两条不同轨道上旁向倾斜摄影像片进行组合,可以构成旁向立体模型。

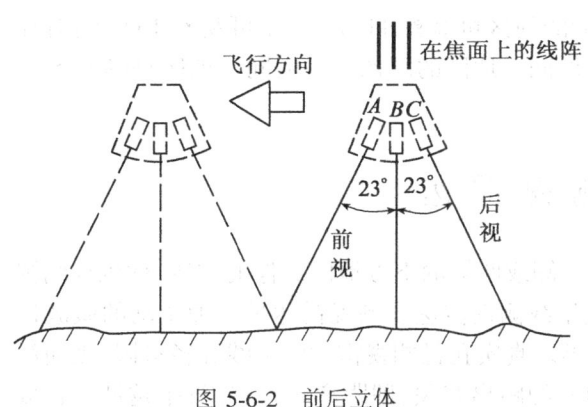

图 5-6-2 前后立体　　　　　　图 5-6-3 旁向立体

SPOT卫星轨道参数如下。

轨道：近极地太阳同步轨道。

长半轴：7200.55km。

偏心率：$1.1×10^{-3}±0.5×10^{-3}$。

轨道高度：570~1200km，平均高度（北纬45°）为832km。

轨道倾角：98.717°。

平均周期：101.4min。

每天轨道圈数：14+5/26。

全球覆盖轨道数：369圈。

轨道（重复）周期：26天。

轨道间距离（赤道）：108.4km。

轨道条带宽度：117km。

过赤道时间（降交点，当地时）：上午10:39。

从航天摄影测量角度而言，前后（航向）立体优于旁向立体，因前后立体是在同一轨道上对同一地区取得的立体像对，故其两张像片几乎是同时拍摄的，可以获得影像质量基本相同的立体像对。利用此种像对进行航天像片三角测量时，仅考虑一条轨道参数，且各像片间姿态角互相联系，有利于提高加密和测图精度。前后立体的缺点是两次观测前后的地球自转位移必须进行改正，而此种改正与纬度有关。同时卫星前进方向的影像传递函数较差，而这正是视差量测的方向，且视差量测受姿态变化和偏航、俯仰速度差的影响较大。

旁向立体是在两个不同的轨道和不同的时间（至少要间隔一天）摄影的像对构成的，因此利用这种像对进行航天像片三角测量时，要考虑两条轨道参数和互相独立的姿态运动。尤其是相隔时间较长的两张像片，由于摄影条件的变化（主要是太阳高度和照度的变化），其影像质量相差较大，立体照准精度较差。但是旁向立体也有其优点，主要是视差量测只受滚动速度差的影响，俯仰和偏航只是在高纬度地区由于子午线收敛角的关系才有影响。当卫星具有旁向观察的功能时，只要卫星通过邻近的轨道，由遥控使HRV扫描仪的反光镜固定为某一适当的方位，就可以摄得用户所需地区的像片，不一定非要卫星飞经该地区上空才能摄得（SPOT卫星限于卫星地面轨迹两侧共950km范围内）。这样就增加了重复观察的频率，缩短了重复观察的周期。法国SPOT卫星在一个周期内（26天），对赤道附近的地区可观察9次，一年可观察98次；对纬度为45°的地区可观察11次，一年可观察154次；对纬度为70°的地区可观察28次，即每天都能获取同一地区的图像。一般同一地区每隔1~5天就能重复观察一次。

5.7 侧视雷达

安装在飞机或空间航天器上，并对舷舱一侧或两侧的下方地区成像的雷达，称机载侧视雷达（Side Looking Airborne Radar，SLAR）或星载侧视雷达。侧视雷达是一种主动的微波遥感成像系统，它分为真实孔径和合成孔径两类。真实孔径侧视雷达的天线孔径有限，因而沿航向（方位向）的分辨率有限，且与雷达到目标的距离有关，即距离越长，分辨率越低。合成孔径雷达用一个小天线,使它在运动中不断发射和接收微波脉冲,通过数据处理,合成等效于一个孔径很大的长天线,因而显著地提高了雷达影像的方位向分辨率,且分辨率与距离无关。侧视雷达由发射机、天线、接收机和显示记录器等组成,如图5-7-1所示。

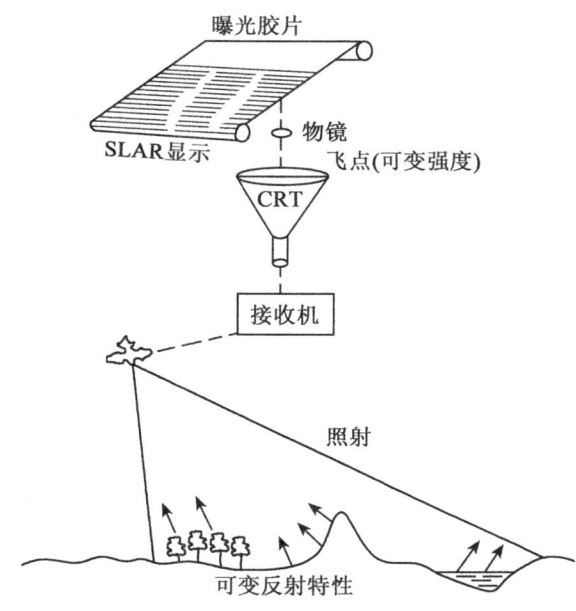

图 5-7-1　侧视雷达成像原理图

雷达天线向地面发射无线电脉冲波,波束沿航向很窄,而沿距离向较宽。脉冲波到达地面后,在其表面上会产生电磁波的散射,同时也向雷达一方反射。反射信号被天线接收并经天线转换器进入接收机,在接收机中反射信号被放大和检波,再进入电子射线管显示器(CRT),显示器屏上的图像借助于摄影机物镜投影到胶片上,此时摄影机胶片与飞行速度成比例地同步运动进行记录,记录的结果是一幅目标振幅和相位的全息图,常称为数据胶片,然后将数据胶片经光学或数字计算机处理,还原为目标的像,这样便摄成一幅狭长的地面图像。侧视雷达图像与光学摄影图像的几何性质有重大区别,侧视雷达图像是距离投影,它表达天线至地面目标之间的斜距在像片上的投影,而不是地面真实距离的投影,它的构像是按比例尺缩小了的斜距,这个特点决定了它不同于中心投影像片的一切几何特性。侧视雷达图像没有内方位元素,既无像主点,也无焦距,属主动式动态传感器。

航天器上装载合成孔径雷达是从20世纪70年代开始发展的。1972年美国"阿波罗"登月宇宙飞船和1978年"海洋卫星-A"(Seasat-A)及1981年、1984年美国航天飞机上都携带有合成孔径雷达,并获得了大量清晰的雷达图像。我国从1976年开始研制合成孔径雷达成像系统,经过不断试验,已取得可喜成就。

侧视雷达成像系统主要优点如下:

① 可以全天候全天时获取地面图像。雷达系统有自身的能量辐射源、不受阳光影响,工作在微波波段,能穿透云、雾、雨、雪,具有全天候全天时的工作性能。

② 能大面积成像。星载或航天飞机合成孔径雷达的成像条带宽度可达数十公里以至

上百公里。

③ 微波的反射与地面的介质特性和起伏度有关,侧视雷达可测量地面的介质特性和起伏度,因此可以发现可见光摄影所不能发现的地物结构和形态、军事上的伪装设施等。

第6章 航天摄影测量技术要求

6.1 航天摄影测量对卫星轨道的要求

6.1.1 地球资源卫星轨道

地球资源卫星是指以地球资源勘查、地球环境监测以及资源、环境和地表状况制图等国民经济建设为目的的技术应用卫星,主要应用于农业、林业、地质、地理、水文、海洋和环境监测等方面。这是一种与测绘密切相关的卫星,也是民用卫星中发展最快、应用最广、从事研制的国家最多的卫星系列。地球资源卫星轨道的选择应考虑下列因素:

① 采用圆形轨道和近圆形轨道。其目的是使卫星图像比例尺基本一致,也使卫星图像的地面分辨率不因卫星高度变化而相差过大。

② 采用准回归轨道。以保证在遥感仪器视场角不太大时,实现全球覆盖。

③ 采用中轨道高度(500~1000km)。以保持卫星有较长的工作寿命,而实现对全球同一地区反复地进行探测,即卫星能定期重新准确地经过同一地区上空,重复覆盖全球或某一地区。为了提高地面分辨率,卫星轨道高度又不能太高。

④ 选用太阳同步轨道。其优点是:它是一种轨道倾角大于90°的近极地轨道,可以获得包括南极和北极在内的全球图像。由地-日连线的平均角速度 $\dot{\Omega}=360°/365.2422=0.98565°/$天,根据与太阳同步的条件,得公式:

$$0.98565 = -9.96468 \frac{1}{(1-e^2)^2}\left(\frac{R}{a}\right)^{7/2} \cos i$$

$$i = \arccos\left[-0.09892\left(\frac{a}{R}\right)^{7/2}(1-e^2)^2\right] \tag{6-1-1}$$

式中:R 是地球半径;

e 是地球偏心率;

a 是地球长半轴;

i 是轨道高度。

太阳同步轨道的倾角随着高度的增加而增大,而随着偏心率的增大而减小。综上所述,对太阳同步轨道来说,有以下特征:

a. 一定的 a、e 值将要求一定的 i 值,反之亦然。或者说,可通过 a、e、i 三个参数之间的组合来实现太阳同步轨道。太阳同步圆形轨道的高度 H 与 e、i 的关系如图6-1-1所示。

b. 卫星能以同一地方时飞行摄影地区上空,便于对同一地区进行多次重复观察,以了解和分析地面目标的变化情况。

c. 轨道面与太阳的相对位置不变,可使卫星获得较为一致的光照条件,有利于提高图像质量。

d. 对卫星工程设计及遥感仪器工作有利。例如,利用太阳同步条件,可以取得较准确的日照条件,简化太阳帆板的设计和提高星上能源系统的利用效果。卫星的日照面和背阳面基本保持不变,这有利于温度控制系统的设计。

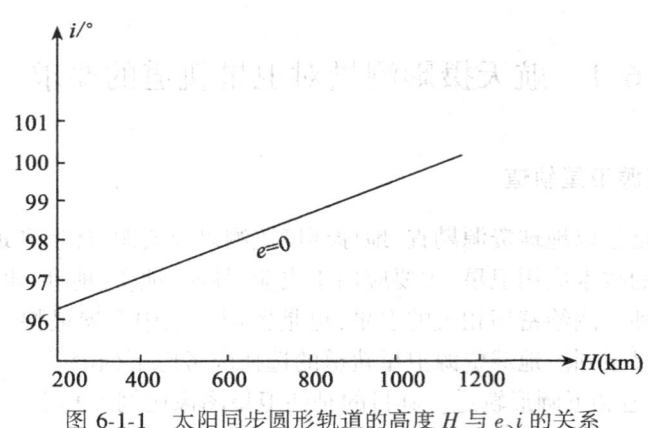

图 6-1-1　太阳同步圆形轨道的高度 H 与 e、i 的关系

简言之,资源卫星一般选用准回归太阳同步圆轨道。是一种中等高度、长寿命的人造地球卫星。

6.1.2　测图卫星轨道

测图卫星是在侦察卫星和地球资源卫星的基础上发展起来的,它是以地形测绘为主要目的的专题地球观测卫星,但它兼有资源卫星和侦察卫星的功能。其轨道选择应考虑下列因素。

1. 轨道倾角选择

(1) 轨道倾角 i 大于或等于目标区的最高纬度。

这样做,其目的是保证卫星轨道实现对目标区所要求的摄影覆盖。因为顺行轨道的卫星所经区域的最高纬度或最低纬度等于轨道倾角 i,而逆行轨道的卫星所经区域的最高纬度或最低纬度等于 $(\pi-i)$。因此,轨道倾角的选择主要是根据卫星所担负的任务(目标区的最高地理纬度)来确定。

(2) 要考虑运载工具的能力

因为轨道倾角愈大,卫星发射时能够利用地球自转的速度愈小,因此需要火箭的推力也愈大。

(3) 要考虑摄影覆盖的旁向重叠率

轨道倾角愈小,星下点轨迹之间的距离也愈小,或者说能使轨道更紧密地覆盖目标区域,以提高像片的旁向重叠率,构成区域覆盖,有利于航天摄影测量时进行区域网平差。

(4) 要考虑地面跟踪台站的设置

卫星所经区域,特别是入轨段和返回段,需要在地面台站的作用范围内,且需有一定的跟踪时间,以便进行入轨段的定轨和返回段的控制,当然也可通过设置地面台站来满足轨道倾角的要求,但这又涉及航天部门地面台站的布局。

(5) 要考虑近地点的漂移

若摄动因素只考虑主要摄动项,则近地点辐角的运动角速度为:

$$\dot{\omega} = 9.964 \left(\frac{a}{R}\right)^{-7/2} \frac{\left(2 - \frac{5}{2}\sin^2 t\right)}{(1-e^2)^2} (度/天) \tag{6-1-2}$$

由上式可看出,当 $i=i_c$ ($i_c=63°26'$ 或 $116°34'$,i_c 角称为临界角)时,$\dot{\omega}=0$,则近地点位置保持不变,即 i 角取为临界角附近时,近地点位置变化最小;当 $i<i_c$ 时,$\dot{\omega}>0$,此时近地点位置向前(即卫星运动方向)漂移,漂移量的大小随着 i 角的增大而减小;当 $i>i_c$ 时,$\dot{\omega}<0$,这时近地点位置将向后(即卫星运动的反方向)漂移,而当 $i\leqslant90°$($i>i_c=63°26'$)时,其漂移量随着 i 的增大而增大;当 $i>90°$($i<116°34'$)时,其漂移量随着 i 的增大而减小。由于近地点位置的漂移,经过一定的时间后,轨道近地点将有较大的变化,摄影比例尺也会相应地改变,因此选择一定的轨道倾角或进行轨道控制,以保持近地点在轨道面上位置基本不变,这对提高摄影质量是有利的。

2. 轨道高度选择

轨道高度的选择应考虑如下因素。

(1) 摄影比例尺

在一定焦距和相机分辨率的情况下,轨道高度越低,则像比例尺越大,地面分辨率越高。

(2) 卫星的工作寿命

由于卫星在空间运行中受大气阻力的影响,轨道高度不断地衰减,最后使卫星坠入稠密大气层中殒毁,卫星就结束了轨道寿命。轨道高度愈低,大气阻力愈大,卫星寿命也愈短。因此要选择适当轨道高度,以满足卫星工作寿命的要求。

(3) 运载工具的能力

轨道高度愈高,则要求运载工具提供的运载能力也愈大。

(4) 地面台站的要求

当卫星入轨后,为精确定轨,必须保证有一定的跟踪弧段,当跟踪设备仰角一定时,轨道高度愈高,则跟踪弧段愈长,数据愈多,轨道测定也愈准确。因此,为保证卫星入轨段、运行段和返回段的跟踪、测控,卫星轨道应有一定的高度。

(5) 返回航程

对返回型卫星,一般地说,轨道高度越高,则返回航程越长。为便于摄影资料准确地回收,回收舱应在近地点附近返回,这样轨道高度较低,返回航程较短,相应的落点散布也较小,以保证回收舱在预定地区回收。

3. 轨道周期选择

轨道周期的选择应考虑下列因素。

(1) 传感器的性能

轨道周期应满足相机像场角的要求,因为轨道周期确定了轨道之间的间隔,为获取卫星所经整个区域的地面覆盖,相机像场角所扫过的地面宽度应大于星下点轨迹之间的距离,以使摄取的像片具有一定的旁向重叠率,从而构成整个区域覆盖。

(2)摄影比例尺的稳定性

轨道周期直接取决于轨道半长轴,因而也就取决于轨道的远地点高度或近地点高度。为了在航天摄影测量中处理像片方便,要求摄影比例尺基本一致,即要求卫星飞行高度保持相对稳定,为此,应选取一定的周期,以获得近圆轨道或偏心率接近与地球扁率的卫星轨道。

卫星轨道高度、飞行速度、轨道周期及星下点在地面移动的线速度(地速)的关系如图6-1-2所示。由图可知,随着卫星高度的增高,轨道周期就变长,这时不仅卫星的飞行距离变长,而且卫星的速度也变慢。

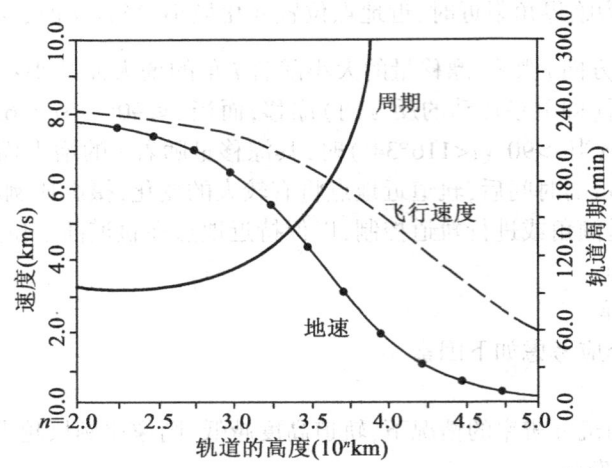

图 6-1-2 卫星轨道高度、飞行速度、轨道周期及星下点在地面移动的线速度的关系

对于圆形轨道,则

$$T = \frac{\pi}{30 \times 631}(R + H)^{3/2} \tag{6-1-3}$$

4. 近地点幅角的选择

近地点幅角一般可选在摄影区域的中部上空较为合适,这样可以获取较大范围的大比例尺像片。

5. 升交点赤经和发射时刻选择

升交点赤经 Ω 与太阳位置有关,Ω 不同,则卫星所处的太阳高度和受太阳照射的时间也不同。对可见光摄影而言,要选择适当的卫星发射时刻(月、日和时刻)和 Ω,以保证卫星飞经被摄地区日照时间长、光照条件好(当地太阳高度角大于 20 度),并考虑到目标区域的气象条件,如天气晴朗、云雾少等。

综上所述,仅从航天摄影测量角度来要求卫星轨道,主要是轨道倾角大于或等于目标区的最高纬度;近地点高度要低、偏心率要小的近圆轨道;轨道周期应满足像片旁向重叠的要求;近地点应选在所摄区域中间;升交点赤经和发射时刻应保证可见光摄影的良好光照条件。上述要求皆涉及卫星轨道参数的选取,这要受到许多因素的制约,需经反复研究、多方协调才能最后确定。

6.2 航天摄影测量对像片重叠的要求

航天摄影测量对像片航向重叠和旁向重叠的要求如下。

6.2.1 航向重叠

航天摄影航向重叠要求80%,考虑的主要因素如下。

1. 有利于提高目标点位测定和测图的精度

如果有80%的航向重叠,则每张像片将有100%的幅面是五度重叠带,此时在每条航线上,像片覆盖的任意点都可从五个摄影站十次测定,如图6-2-1(a)所示。图中AB为o_6(像主点)片的片幅,相邻的$o_1,o_2,\cdots,o_{11}$片航向重叠80%。若按60%的航向重叠,则每张像片只有60%的幅面是三度重叠带,40%的幅面是两度重叠带,这样在每条航线上,只有60%的地区的目标点可以从三个相邻的摄影站三次确定,如图6-2-1(b)所示。图中AB为o_4(像主点)片的片幅,相邻的$o_1,o_2,\cdots,o_7$片航向重叠60%。

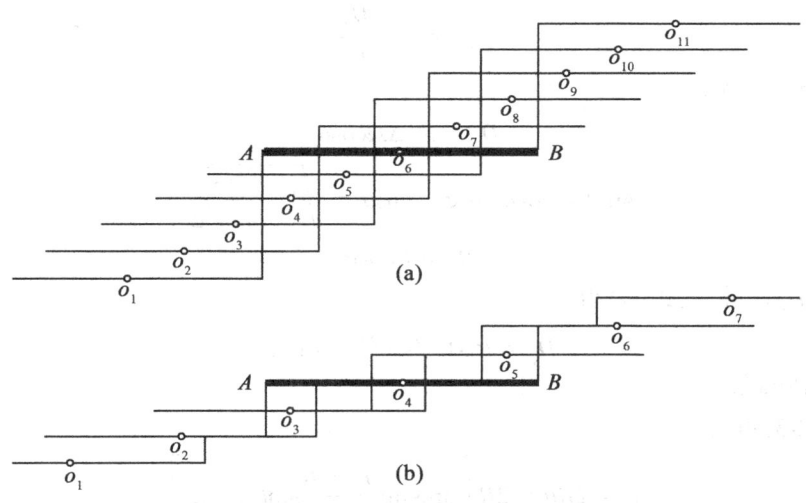

图 6-2-1 航向重叠度

2. 防止漏洞

若遇上云层遮盖,就可能造成绝对漏洞。当航向重叠率较大时,就有可能选择影像质量较好的照片进行定位和测图。从国内外航天摄影资料来看,这一点考虑是非常必要的。例如搭载在美国航天飞机上的大幅面相机(LFC),在1984年10月的飞行中,8天共取得2140幅像片,而在北美洲和欧洲重点试验区,只有60%的像片上云层量覆盖小于30%,可以被利用,大约26%的影像被40%~70%的云层覆盖,尚能从中提取部分信息,另外的14%是不能利用的。

航天像片的航向重叠率P与航天器运行速度V,摄影高度H,摄影机焦距f,像幅航向边

长 l_x 和摄影时间间隔 t 的关系为：

$$P = \left(1 - \frac{Vtf}{l_x H}\right)100\% \tag{6-2-1}$$

由上式可求曝光时间间隔 t

$$t = \frac{Hl_x}{fV}(1-P) \tag{6-2-2}$$

航天摄影的航向重叠率容易实现，一般控制曝光时间间隔即可达到。

6.2.2 旁向重叠

航天摄影要求旁向重叠大于或等于 20%，其目的是构成区域覆盖，便于区域网平差，从而提高目标点定位和测图的精度。对于近圆轨道而言，由于航高变化较小，传感器的地面截幅可以认为不随纬度变化而变化，而椭球上平行圈弧长随纬度增大而减小，故星下点轨迹要向最高纬圈会聚，因此星下点间距离随着纬度的增高而减小，旁向重叠率也随之增大，如图 6-2-2 所示。设纬度为 φ 的像片旁向重叠率为 q_φ，相邻轨道星下点间距离为 D_φ，经差为 $\triangle\Omega$，地球赤道半径为 R，纬度为 φ 的平行圈半径为 R_φ，像幅旁向的地面截幅为 L_y，则由旁向重叠率定义可得：

$$q_\varphi = 1 - \frac{D_\varphi}{L_Y} \tag{6-2-3}$$

由图 6-2-2 可知：

$$D_\varphi = R_\varphi \Delta\Omega \cos\theta \tag{a}$$

$$\sin\theta = \cos i/\cos\varphi \quad \cos\theta = \sqrt{1 - \frac{\cos^2 i}{\cos^2 \varphi}} \tag{b}$$

$$R_\varphi = R\cos\varphi \tag{c}$$

将式（b）、(c)带入式（a）得

$$D_\varphi = R\Delta\Omega\sqrt{\sin^2 i - \sin^2 \varphi} \tag{6-2-4}$$

式中：i 为轨道倾角。

由图 6-2-3，可得

$$L_Y = 2R\theta = 2R\left[\arcsin\left(\frac{H+R}{R}\sin\beta\right) - \beta\right] \tag{6-2-5}$$

将式（6-2-4）、式（6-2-5）代入式（6-2-3）得

$$q_\varphi = 1 - \frac{\Delta\Omega\sqrt{\sin^2 i - \sin^2 \varphi}}{2\left[\arcsin\left(\dfrac{H+R}{R}\sin\beta\right) - \beta\right]} \tag{6-2-6}$$

式（6-2-6）为旁向重叠率较严密的计算式，其中 β 为半像场角。

对于近极地轨道，$i \approx 90°$，则式（6-2-6）变为

$$q_\varphi = 1 - \frac{\Delta\Omega\cos\varphi}{2\left[\arcsin\left(\dfrac{H+R}{R}\sin\beta\right) - \beta\right]} \tag{6-2-7}$$

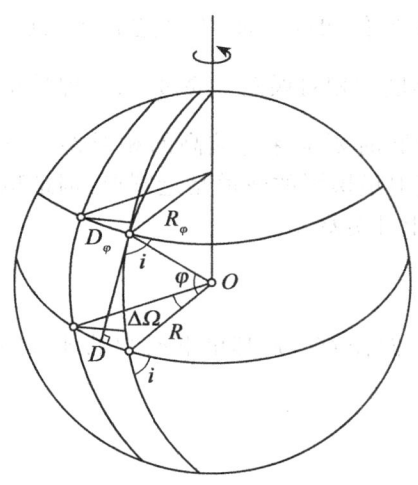
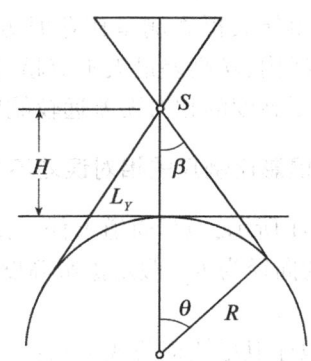

图 6-2-2 纬度与旁向重叠率的关系　　图 6-2-3 旁向的地面截幅与半像场角的关系

在航天摄影轨道设计及航天摄影测量中,常需要求出目标区旁向重叠率 q_φ 与赤道上旁向重叠率 q_e 的关系,现设赤道上相邻轨道星下点间距离为 D,则由旁向重叠率定义可得

$$(1-q_e)L_Y = D, \quad (1-q_\varphi)L_Y = D_\varphi \tag{6-2-8}$$

所以

$$\frac{1-q_\varphi}{1-q_e} = \frac{D_\varphi}{D} = \sqrt{\sin^2 i - \sin^2 \varphi}$$

即

$$q_\varphi = 1 - (1-q_e)\sqrt{\sin^2 i - \sin^2 \varphi} \tag{6-2-9}$$

式(6-2-9)即为纬度为 φ 的目标区旁向重叠率 q_φ 与赤道上旁向重叠率 q_e 的关系式。

对于近极地轨道,$i \approx 90°$,则式(6-2-9)变为

$$q_\varphi = 1 - (1-q_e)\cos\varphi \tag{6-2-10}$$

或

$$q_e = 1 + (q_\varphi - 1)\sec\varphi \tag{6-2-11}$$

例如美国陆地卫星,$D=159\text{km}$,$L_Y=185\text{km}$,则由式(6-2-8)可得 $q_e=14\%$,由式(6-2-10)可计算得表 6-2-1。

表 6-2-1　　　　　　美国陆地卫星旁向重叠率与纬度的关系

φ	0°	10°	20°	30°	40°	50°	60°	70°	80°
q_φ	14%	15.3%	19.2%	25.5%	34.1%	44.7%	57.0%	70.6%	85.1%

对于可见光摄影的测图卫星,由于轨道高度较低(200km 左右),卫星工作寿命很短(7 天左右),仅依靠卫星轨道面的进动来实现旁向重叠是困难的,若要考虑到卫星发射入轨时的周期偏差、升交点经度偏差等因素的影响,只有采用变轨技术或在不同的发射站发射一系列测图卫星,才能完成区域覆盖的任务。

6.3 航天摄影测量对像比例尺的要求

航天摄影测量对航天摄影比例尺有两个要求:其一是摄影比例尺的大小要考虑到地面

分辨率和定位及测图的要求,即必须保证有高质量的影像和良好的空间交会图形;其二是摄影比例尺的相对误差 $\frac{\Delta m}{m}$ 不要过大,即摄影时摄影高度的相对误差不要过大,以保持摄影比例尺稳定,使得航天摄影测量作业时方便。航空摄影时要求保持航高的相对误差不超过±5%,同一航线内,航高差最大不应超过50m。虽然卫星摄影的轨道是近圆形,但地球是椭球体,所以摄影高度的相对误差远较航摄时航高的相对误差大。

6.3.1 摄影比例尺的相对误差不要过大

如图 6-3-1 所示,卫星轨道上任一摄站 S,其地心向径 $OS = r$,其星下点 S' 的地心纬度为 φ,S' 到地心的向径为 R_φ,假定摄影高度 $SS' = H$,则

$$H = r - R_\varphi \tag{6-3-1}$$

由人造地球卫星轨道公式可知:

$$r = \frac{P}{1 + e\cos f} = \frac{a + (1 - e^2)}{1 + e\cos f} \tag{6-3-2}$$

式中:a 为轨道长半径;
e 为轨道偏心率。

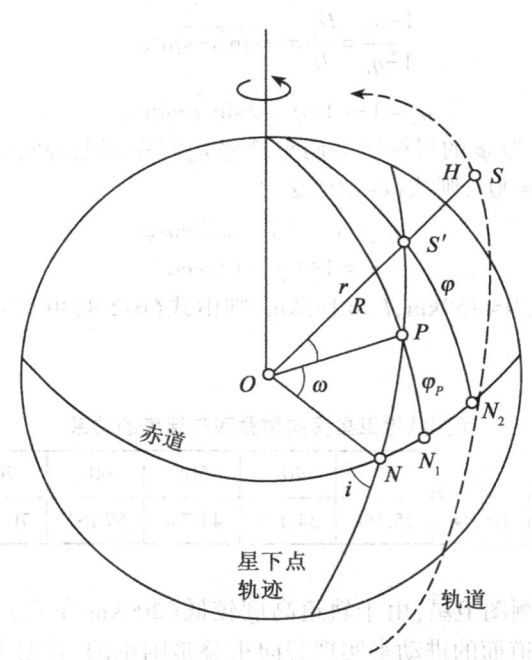

图 6-3-1 卫星轨道示意图

设近地点 P 的地心纬度为 φ_P,则由图 6-3-1 中球面直角三角 PN_1N 和 $S'N_2N$ 可得:

$$\sin\omega = \frac{\sin\varphi_P}{\sin i} \tag{6-3-3}$$

$$\sin(\omega + f) = \frac{\sin\varphi}{\sin i} \tag{6-3-4}$$

由上两式可求得 f

$$f = \arcsin\left(\frac{\sin\varphi}{\sin i}\right) - \arcsin\left(\frac{\sin\varphi_P}{\sin i}\right) \tag{6-3-5}$$

式中：ω 为近地点幅角；

i 为轨道倾角。

S' 点的地心向径 R_φ 由椭圆方程式可得

$$R_\varphi = \frac{R\sqrt{1-e^2}}{\sqrt{1-e^2\cos^2\varphi}} = R\left(1 + \frac{e^2}{1-e^2}\sin^2\varphi\right)^{-\frac{1}{2}} \tag{6-3-6}$$

将式(6-3-6)代入式(6-3-1)得

$$H = r - R\left(1 + \frac{e^2}{1-e^2}\sin^2\varphi\right)^{-\frac{1}{2}} \tag{6-3-7}$$

设 $R=6378\text{km}$，地球椭球第一偏心率的平方 $e^2=0.00669$，$i=65°$，$\varphi_P=28.5°$，根据不同的轨道参数，按式(6-3-5)、式(6-3-2)及式(6-3-7)计算列于表6-3-1。

表6-3-1　　　　　　　不同轨道参数下地心纬度对摄影航高的影响

轨道参数 \ $H(\text{km})$ \ φ	0°	28.5°	45°	65°
$a=6615.5\text{km}$ $e=0.0079$	193.0	190.1	198.9	227.3
$a=6618\text{km}$ $e=0.0083$	193.6	190.0	198.9	228.4
$a=6620.5\text{km}$ $e=0.0087$	194.4	189.8	198.9	229.4

由表6-3-1可知，当 $\varphi=28.5°\sim65°$ 时，摄影高度 H 的相对误差已超过±5%，所以卫星摄影高度的相对误差只能根据摄影区域的大小给出一个变动范围。

6.3.2 摄影比例尺要满足测图精度的要求

众所周知，当高差不大时，标准式像对上左右视差较与高程差的近似关系为：

$$h = \frac{H}{b}\Delta p = m\frac{H}{B}\Delta p = m\frac{f}{b}\Delta p$$

$$m_h = m\frac{H}{B}m_{\Delta p} = m\frac{f}{b}m_{\Delta p} = \frac{H}{f}\frac{f}{l_x(1-P)}m_{\Delta p} \tag{6-3-8}$$

式中：m 为像比例尺分母；

H 为摄影高度；

B 为摄影基线；

P 为航向重叠率；

l_x 为航向像幅；

m_h 为目标点的高程中误差；

$m_{\Delta p}$ 为左右视差较 Δp 的中误差。

$m_{\Delta p}$ 与摄影机物镜畸变差、摄影胶片的变形、影像分辨率及清晰度、大气折射、像点坐标量测等因素有关，在一定条件下该误差是一个稳定值。若在立体坐标量测仪上，直接量测左、右片相应像点的坐标，则 $m_{\Delta p} = \sqrt{2} m_x$，因此航天摄影测量中，目标点定位精度主要是如何提高目标点的高程精度问题。为此可采取下列措施。

1. 减小 $m_{\Delta p}$

① 严格进行像点各项误差改正，使 $m_{\Delta p} < \pm 0.05$ mm。

② 增大焦距，以获得较大比例尺像片，提高目标点的判读精度，从而减小 $m_{\Delta p}$。但是焦距的增大会带来两个问题，其一会使摄影系统的结构尺寸和重量急剧增大，因此卫星系统设计中，要控制摄影机焦距不宜过大；其二会使基高比（摄影基线与摄影高度之比）下降，由式(6-3-8)可知，此时目标点的高程精度又要降低。

2. 增大基高比

由(6-3-8)式看出，基高比越大，则目标点的高程精度越高。而基高比又反映了航天摄影测量中空间交会图形的好坏，如图 6-3-2 所示。

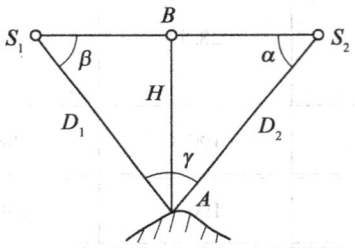

图 6-3-2 基高比与高程精度关系

若 S_1、S_2 为摄站，D_1、D_2 为摄站至目标点的斜距（为简明起见，$S_1 S_2 A$ 为垂核面），则地面点坐标可按下式计算：

$$\begin{bmatrix} X \\ Y \\ Z \end{bmatrix} = \begin{bmatrix} X_S \\ Y_S \\ Z_S \end{bmatrix} + D \begin{bmatrix} \cos\delta\cos t \\ \cos\delta\sin t \\ \sin\delta \end{bmatrix} \quad (6\text{-}3\text{-}9)$$

式中：(X, Y, Z) 为地面点在地心坐标系统中坐标；

(X_S, Y_S, Z_S) 为摄站在地心坐标系统中坐标；

δ, t 为目标点 A 的空间方位角。

由图 6-3-2 得

$$D_1 = B\frac{\sin\alpha}{\sin r}, \quad D_2 = B\frac{\sin\beta}{\sin\gamma} \quad (6\text{-}3\text{-}10)$$

故式(6-3-9)可变换为

$$\begin{bmatrix} X \\ Y \\ Z \end{bmatrix} = \begin{bmatrix} X_S \\ Y_S \\ Z_S \end{bmatrix} + B \frac{\sin\beta}{\sin\gamma} \begin{bmatrix} \cos\delta\cos t \\ \cos\delta\sin t \\ \sin\delta \end{bmatrix} \quad (6\text{-}3\text{-}11)$$

微分上式,可得

$$m_A^2 = m_S^2 + m_B^2 \frac{\sin^2\beta}{\sin^2\gamma} + B \frac{\sin^2(\beta-\gamma)}{\sin^4\gamma} m_r^2 + B^2 \frac{\sin^2\beta}{\sin^2\gamma}(1+\cos^2\delta) m_{\delta t}^2 \quad (6\text{-}3\text{-}12)$$

式中:m_A 为地面点坐标中误差;

m_S 为摄站坐标中误差;

m_B 为基线中误差;

m_γ 为地面点交会中误差;

$m_{\delta t}$ 为摄站至地面点方向中误差。

式(6-3-12)中第三项即为交会角 γ 的误差对目标点位置的影响,显然,当 $\beta=\gamma$,即 $\gamma=60°$ 时为空间最佳交会图形;当交会角小于 30° 时,则地面点误差倍增。交会角越小,地面点误差越大。在航空摄影测量中,对于特宽角航摄仪,$f=70\text{mm}$,像幅 18cm×18cm,若按 60% 航向重叠计算,其地面点交会角达 54°,但航天摄影由于摄影高度很大,要达到这样的精度指标是困难的。当按 60% 重叠摄影时,美国"天空实验室"(skylab)宇宙飞船上 S-190B 摄影机的摄影资料其基高比仅 0.1(交会角约 6°),欧洲空间局"空间实验室"(spaclab)摄影资料的基高比也只有 0.3(交会角约 17°)。那么如何在摄影机系统设计和航天摄影测量中,尽可能增大基高比,以保证目标点定位的精度呢?有两种方法可供考虑。

① 增大摄影机航向像幅 l_x

由式(6-3-8)可知,像片基线 $b=l_x(1-p)$,如果航向重叠率 P 一定,当航向像幅 l_x 增大时,则 b 也增大。因此在像比例尺和焦距一定的情况下,适当增加航向的像幅,也可增大基高比。现设 $H=210\text{km}$,航向重叠 60%,由此可算出焦距与像比例尺及基高比、交会角的关系如表 6-3-2 所示。

表 6-3-2　　　　　　　　焦距与像比例尺及基高比、交会角的关系

焦距(mm)	像比尺分母	23cm×23cm(b=9.2cm)		23cm×37cm(b=14.8cm)		23cm×46cm(b=18.4cm)	
		基高比 b/f	交会角 γ	基高比 b/f	交会角 γ	基高比 b/f	交会角 γ
150	140 万	0.613	34°06′	0.987	52°32′	1.227	63°04′
300	70 万	0.307	17°24′	0.493	27°42′	0.613	34°06′
600	35 万	0.153	8°46′	0.247	14°06′	0.307	17°28′
1000	21 万	0.092	5°16′	0.148	8°28′	0.184	10°32′

② 抽片组合作业,以减小重叠率 P,从而增大基高比。

如图 6-3-3 所示,在给定像幅的情况下,航天摄影测量时,采用抽片的方法,利用不相邻两片的重叠部分组成立体像对,进行定位和测图。现设 $f=300\text{mm}$,计算出不同组合的像对所具有的基高比,如表 6-3-3 所示。

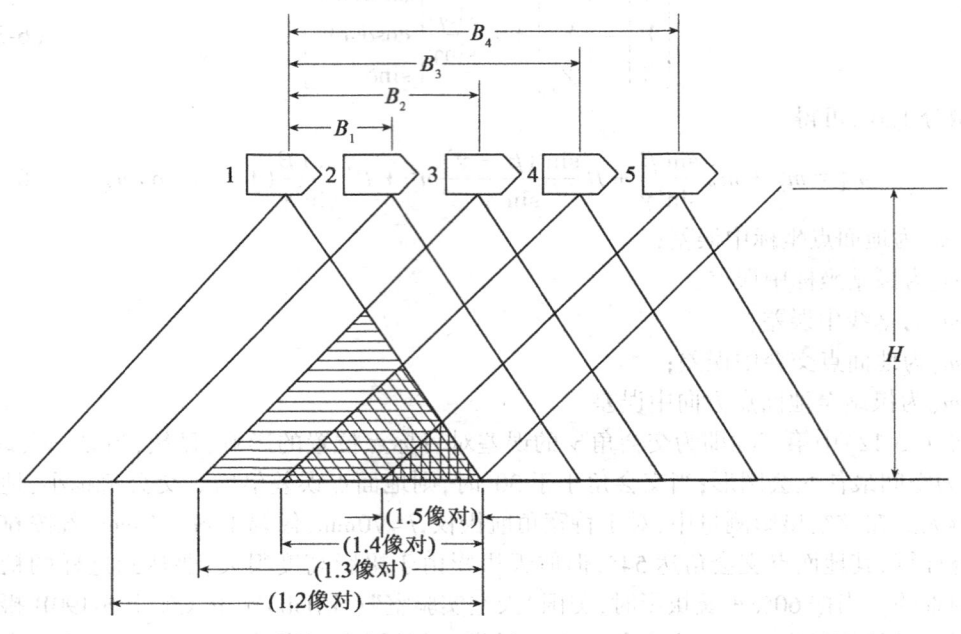

图 6-3-3　航摄像片重叠率

表 6-3-3　　　　　　　　　　　不同组合的像对所具有的基高比

像　对	航向重叠率	基高比 （23cm×23cm）	基高比 （23cm×37cm）	基高比 （23cm×46cm）
1~2 片	80%	0.153	0.247	0.307
1~3 片	60%	0.307	0.493	0.613
1~4 片	40%	0.406	0.740	0.920
1~5 片	20%	0.613	0.987	1.223

由表 6-3-3 可知，采用抽片组合作业时，随着像片重叠率的减小，基高比明显增大，例如 23cm×46cm 的像幅，当航向重叠率由 80% 减到 20% 时，基高比从 0.307 增至 1.223，目前国内外都提出这种抽片组合作业的方法，以增大基高比，从而提高目标点的高程精度，这无疑是有道理的。但是抽片的结果，会使测绘面积局限在像片边缘，例如 1~5 片组成像对，所利用的像片就是 20% 的重叠范围，这样测绘面积内影像分辨率降低，各种像差随之增大，同时随着重叠率的减小，立体像对构成的模型也越来越小，定向点的选择受到很大限制，无论是相对定向还是绝对定向都较困难，此时 $m_{\Delta p}$ 在不同重叠率的像对中，不是一个理想的稳定值，因此目标点的实际高程精度，不可能随着由抽片后基高比的提高有非常显著的提高。研究结果表明，在抽片组合作业时，最好不要使用小于像幅 30% 的部分构成立体像对来定位和测图。

6.4 航天摄影测量对影像分辨率的要求

在航天摄影测量中,像片质量包含两方面内容:一是像片的量测特性,也称几何性能,它直接关系到地面点坐标的测定精度;二是像片的构像特性,也称判读性能,它关系到地面目标在像片上的再现能力,同时也关系到地面点坐标的测定精度。

航天摄影测量对影像分辨率的要求,主要根据摄影比例尺和成图比例尺来确定,同时还需要考虑到摄影机研制的技术水平。航天摄影定位和测图方案设计时,要将影像分辨率、像比例尺、成图精度要求和摄影机及胶片制造的技术水平综合起来分析,才能对影像分辨率提出要求。

影像分辨率是指摄影像片上再现物体细部的能力。它的值通常 1 毫米范围内能分辨出宽度相同的黑白线对数来表示,其单位记之为"线对/毫米"(黑白线对数)或"线条/毫米"(黑线条或白线条)。它是评价和衡量摄影系统和像片质量的重要参数。由于它是一种比较直观和简便的评价构像质量的计量单位,故应用很广。

在航天摄影中,常用地面分辨率作为评价航天摄影系统的技术参数。所谓地面分辨率是指表示像片上影像分辨率的线对宽度所对应的地面距离,以 m 为单位。例如地面分辨率为 20m,则能分辨排列在地面上宽度各为 10m 的黑白线条。地面分辨率 R_G 取决于摄影比例尺和影像分辨率,即

$$R_G = \frac{H}{fR_P} \tag{6-4-1}$$

由此可知,当影像分辨率一定时,摄影比例尺愈大,则地面分辨率愈高。

在扫描式的传感器中,用影像分辨率的概念,就不能充分描述这种遥感数字图像分辨率的特征,因为这种图像是由作为最小信息单元的像素组成。像素又称像元(pixel,来源于"图像要素"—picture element),它是传感器中最小的敏感单元,例如多光谱扫描仪(MSS)中的扫描点,线阵列固体扫描仪(CCD)中的探测元件。因此,对这类光电传感器的数字图像,常用像素分辨率作为评价其几何分辨率的标准。所谓像素分辨率是指像素(元)所覆盖的地面尺寸,以 m 为单位。有的文献上又称场元或地面分辨元(groud resolution element),在遥感技术中,又广泛地称为图像的地面分辨率,读者应区分这些名词定义的内含,否则就难以比较各种传感器图像质量的优劣。

6.4.1 地面分辨率与像素分辨率的关系

摄影比例尺 1:m 与像元 a 和像素分辨率 A 的关系为:

$$m = \frac{A}{a} \tag{6-4-2}$$

若 A 以 m 为单位,a 以 μm 为单位,则

$$A = ma \cdot 10^{-6}(\text{m}) \tag{6-4-3}$$

地面分辨率与像素分辨率 A 的关系为:

$$R_G = KA \tag{6-4-4}$$

式中:R_G 称分辨率换算系数,又称 Kell 系数。经 Kell 研究,$K = 2\sqrt{2}$,但通常采用 $K = 2.5$。式

(6-4-4)可由图6-4-1来说明,在图6-4-1(a)的情况下,6个像素能分辨出3个线对,即2个像素能分辨出一个线对,换言之,n个线对可由$2n$个像素来分辨。但在图6-4-1(b)的情况下,6个像素不足以分辨出3个线对,即两个像素不足以分辨出一个线对,因此要有两个多像素才能分辨出一个线对,故Kell用约2.8个像素或2.5个像素代表摄影影像上一个线对内相同的信息。

由式(6-4-1)~(6-4-2)和式(6-4-4)得

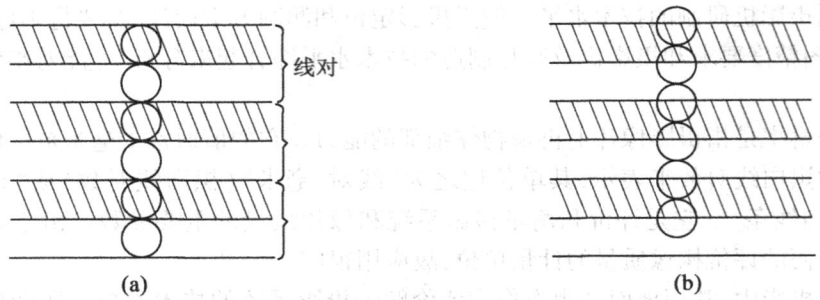

图6-4-1 地面分辨率与像素分辨率的关系

$$a = \frac{1000}{KR_P}(\mu m) \tag{6-4-5}$$

或

$$R_P = \frac{1000}{Ka} \tag{6-4-6}$$

例如,$a=13\mu m$(法国SPOT卫星CCD探测元),若$K=2\sqrt{2}$,则由式(6-4-6)得:$R_P=2$线对/mm,这说明CCD固体扫描仪的分辨率目前仍低于光学摄影分辨率。

6.4.2 影像分辨率与影像地图比例尺的关系

制作影像地图时,主要取决于原始胶片的影像分辨率,因此确定影像地图比例尺时,必须与原始胶片的影像分辨率相适应。若图比例尺与像比例尺之间的放大率过大,则影像图上的影像会模糊;放大率过小,又不能充分发挥原始胶片的质量效能。

影像图比例尺的最大极限值应根据原始胶片的影像分辨率和人眼分辨率来确定。在正常照度(约50lx)下,以明视距离(250mm)观察目标,人眼正常分辨能力约为7线对/mm,因此,若影像图的影像分辨率达到7线对/mm,则人眼就可以充分辨别出图上的影像细部,也不会有模糊的感觉。

设影像地图比例尺为1:M,则由式(6-4-1)可得

$$R_G(m/线对) = \frac{1}{R_P(线对/mm)} \frac{1(m)}{1000(mm)} M$$

$$= \frac{1(mm)}{7(线对)} \frac{1(m)}{1000(mm)} M$$

故

$$M = 7000 R_G \tag{6-4-7}$$

若 $K=2.8$,则由式(6-4-4)和式(6-4-7)可得

$$M = 19600A \qquad (6-4-8)$$

若 $K=2.5$,则

$$M = 17500A \qquad (6-4-9)$$

由式(6-4-7)、式(6-4-8)或式(6-4-9),可算出不同比例尺影像地图所要求的地面分辨率和像素分辨率,其值列于表6-4-1。

应指出,表6-4-1所列对地面分辨率R_G和像素分辨率A的要求,只适用于影像地图,而对各种比例尺的线画地图,无论是建筑物或公路、铁路等地物,都应准确地表示在地图上,这就要求影像的地面分辨率达到2~3m,像素分辨率达到1~2m量级。这不仅在当前的航天传感器不能达到这样高的分辨率要求,就是将来的航天传感器也难以达到。这是因为:其一,由于航天器轨道的特性(轨道周期、卫星工作寿命、大气阻力影响等),航天器的轨道高度不可能比现有高度再下降,这样就限制了地面分辨率,或像素分辨率会大幅度提高。其二,在轨道高度不再下降的情况下,要提高地面分辨率,就必须增长传感器的焦距。如上所述,这样会使传感器结构尺寸和重量急剧增大及基高比下降,从而导致目标点的高程测定精度下降。其三,假定地面分辨率达到上述要求,则一幅图像所包含的数据量将会变得非常巨大,数字图像处理会遇到困难。

表6-4-1　　　　　　　地面分辨率 R_G 对像素分辨率的要求

1：M	R_G(m/线对)	$M=19600A$ A(m/像素)	$M=17500A$ A(m/像素)
1：100万	143	51	57
1：50万	73	28	29
1：25万	36	13	14
1：10万	14	5	6
1：5万	7	2.5	3
1：2.5万	3	1.3	1.5

总之,航天传感器的图像地面分辨率要达到航空摄影像片的地面分辨率是困难的。在航天摄影诞生初期,人们曾设想航天摄影测量会使测绘工作发生一次根本性的变革,但目前为止,还没有产生那么大的效果。国际摄影测量与遥感学会(ISPRS)经过10多年的研究表明,当前航天传感器的图像除几何畸变大以外,另一主要缺点是地面分辨率太低,如何进一步提高地面分辨率,是当前航天传感器图像在测绘中能得到广泛应用的关键所在。

从地形要素判读而言,要判读地面最小目标,不但要求它在片上成像,而且要求它能构成保持其基本几何特征的影像,即要求构成一种几何图形。通常认为3~4个点的成像范围就构成了几何图形的最小单元,例如要判读出地面直径30m大小的各类目标,则要求地面分辨率为10m左右。对于线状目标(公路、铁路等)影像判读的最小单元,当前还没有一致的看法。但有一点可以肯定,只要线状地物的宽度尺寸,能够达到影像地面分辨率的尺

寸,则在像片上是可以判读的。大量航天图像的判读实践证明,线状目标的地面分辨率高于点状和面状目标,在线状目标中,水系又高于道路等线状目标。现将某些航天图像上线状和面状目标实际的可判性列于表6-4-2。

从表6-4-2可知,不同类型传感器所获取的航天图像,其线状目标可判的最小尺寸(宽度),均小于图像的地面分辨率,其面状目标可判的最小尺寸(直径),约为图像地面分辨率的3倍。根据对几种航天像片判读的结果,航天像片的地面综合分辨率 R_G 与摄影系统室内测试的动态分辨率在地面的覆盖宽度 B、航天像片对地面线状地物的分辨率 P'、航天像片对地面面状地物的分辨率 P'' 有以下近似关系:

$$R_G = 3P' = \frac{1}{3}P'' = 2\sqrt{2}B \tag{6-4-10}$$

或

$$R_G = \frac{1}{3}\left(2\sqrt{2}B + 3P' + \frac{1}{3}P''\right) \tag{6-4-11}$$

表6-4-2　　　　　　　　航天图像上线状和面状目标实际的可判性

航天图像类型	地面分辨率(m/线对)	可判读线状目标 名称	最小尺寸(宽度,m)	可判读面状目标 名称	最小尺寸(直径,m)
陆地卫星MSS图像	221	水泥铺面公路河流及人工水渠	50 25	居民地、工厂、车站等大型组合目标及植被等	550
SPOT卫星图像(全色)	28	公路、铁路、水系	8 6	同　　上	80
天空实验室S-190B相机像片	20	各种道路水系	7 5	同　　上	60

由此说明,对于不同比例尺线画地图而言,如果要根据所需要表示的地物碎部来建立地图比例尺与地面分辨率之间的线性关系,则是非常困难的。同时也说明,图像的地面分辨率虽是评价图像质量的主要指标,但从地形要素判读而言,它不是唯一的标准。因为图像的地面分辨率,受约于图像获取系统的性能、地面目标光谱反射特性、摄影时刻的大气条件、地理位置和图像处理等因素。例如相对于暗背景的亮物体,构像后看上去要比实际物体大些,如森林中的小块空地、沼泽中的独立建筑,就有超越图像地面分辨率的可能而被显示出来,而处于亮背景上的暗物体,构像后看上去显得比实际物体要小,如戈壁滩中的小面积绿洲,有时按图像地面分辨率分析是可以显示的,但实际显示不良,甚至无法判读,这些都是由于感光乳剂起散射介质作用造成的。

综上所述,既不能以地面分辨率的大小去企图判出所要判别的目标,也不能以局部小目标的显示状况和线状目标的可判程度,来确定所判图像的地面分辨率。而应在熟悉判读目标性质的基础上,顾及诸目标和其背景光谱的反射特性及图像畸变规律,根据像幅内各处绝大多数目标显示的可判程度进行综合分析,才不至于引起对图像分辨率的误解或造成图像判读的误判。

6.5 航天摄影测量对摄影机几何精度的要求

航天摄影测量是航空摄影测量的继承和发展，它们都是根据所摄地面像片测制地形图的，因此要求摄影机具有严格的几何性能，以保持物像的共轭关系，即像面与物面应严格保持中心投影关系。由于摄影机内方位元素误差、镜头畸变差、胶片的压平误差和变形等，都会使像点产生不应有的移位，以致破坏物像之间的中心投影关系，因而下面仅就摄影机某些技术指标要求作一简要说明。

6.5.1 镜头畸变

镜头畸变的存在，会破坏中心投影的共线条件，对航天摄影定位和测图带来很大影响。故必须使镜头畸变值尽量限制在最小的范围内，以满足定位和测图精度要求。镜头畸变值应根据不同比例尺测图精度要求和摄影机研制水平而定。空间实验室上 RMKA30/23 摄影机镜头最大畸变为 $6\mu m$，美国航天飞机上大幅面摄影机镜头最大畸变为 $15\mu m$。

6.5.2 内方位元素的精度

像主点要尽量位于框标连线的交点，其偏离值不超过 0.05mm，以便于摄影测量时进行归心和计算。焦距应严格鉴定，以便于航天摄影测量时恢复内方位。

6.5.3 胶片的压平精度

胶片乳剂层表面与摄影机的承片面不一致（即曝光时由于胶片未压平），不仅会影响影像的清晰性，而且也会引起像点移位，如图 6-5-1 所示。设压平误差为 Δf，由此引起的像点移位为 Δr，半像幅内辐射距为 r，半像角为 β，则

$$\Delta f = \frac{\Delta r}{r}f = \frac{\Delta r}{\tan\beta} \tag{6-5-1}$$

若 $\Delta r = 5\mu m$，$\beta = 31°$，则由式(6-5-1)可得 $\Delta f = 8\mu m$。若压平误差在上述限值以内，对清晰性影响可不予考虑。目前胶片在摄影机焦面上压平的方法有三种：机械法、气动法和电气法。其压平精度一般要求为 $6\sim 7\mu m$。

6.5.4 快门形式及透光效率

快门是控制摄影机曝光时间的部件。透光效率又称快门光效系数，即曝光瞬间，快门实际透光量与理论透光量之比，通常以百分数表示。航天摄影机快门结构形式有 3 种：中心式、百叶窗式、卷帘式。前两种属镜间快门（非焦面快门），卷帘式属焦面快门。画幅摄影机一般要求采用中心快门，因为这样可以达到瞬时全片曝光，像片几何关系严密，适于立体观测和测图。

中心快门透光效率可达 70%~90%甚至更大，当然，航天摄影机快门的透光效率越高越好。

6.5.5 像移补偿装置

卫星的飞行速度高达 7km/s 以上，它在轨道上的速度变化是轨道高度和卫星轨道所处

的地理纬度的函数,此外,卫星本身的姿态也会变化(俯仰、偏航、滚动),这些都将导致摄影机焦平面上影像的移动,使影像产生一定程度的模糊度,降低了影像分辨率。为保持摄影系统的影像分辨率,一种途径是提高胶片感光度以缩短曝光时间,从而减小像移量。但感光度高的胶片,其乳剂颗粒粗大,分辨率较低,宽容度也较小,故通常不采用提高胶片感光度的途径来提高影像分辨率。另一种途径是采用像移补偿装置,但像移补偿仅能消除或减小卫星向前运动所引起的影像移动,而不能消除径向速度及卫星本身滚动、俯仰、偏航而引起的像移。下面分析像移对分辨率的影响。

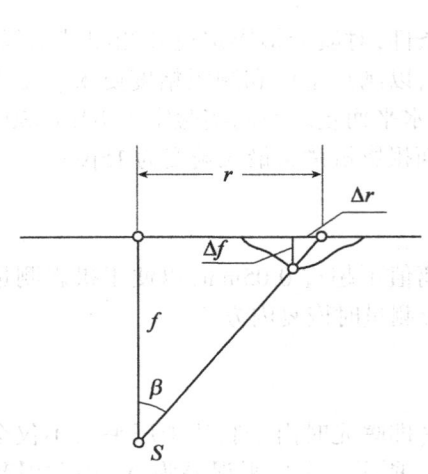

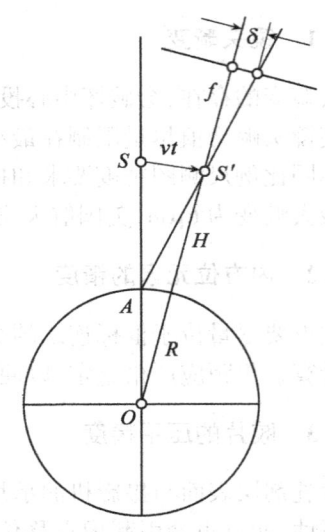

图 6-5-1　胶片的压平精度引起的像点移位　　图 6-5-2　像移对分辨率的影响

如图 6-5-2,设卫星在轨道上 S 处开始曝光,经 t 时间段后在 S' 处快门关闭,若卫星飞行速度为 v,飞行高度为 H,地球半径为 R,摄影机焦距为 f,像移量为 δ,其相应地移量为 Δ,则

$$\delta = \frac{f}{H}\Delta = \frac{f}{H}\frac{vt}{R+H}R \tag{6-5-2}$$

若 $f=300$mm, $H=200$km, $v=7.78$km/s, $R=6378$km, $t=0.01\sim0.001$s,则按式(6-5-2)计算可得表 6-5-1。

由式(6-5-2)和表 6-5-1 可知,像移量 δ 随卫星飞行速度和曝光时间的增大而增大,而随轨道高度的增大而减小。那么像移量 δ 对影像分辨率的影响多大呢?

众所周知,分辨率的匹配公式如下:

$$\frac{1}{R_S^n} = \frac{1}{R_0^n} + \frac{1}{R_F^n} \tag{6-5-3}$$

式中:R_0 为镜头分辨率;

R_F 为胶片分辨率;

R_S 为静态分辨率(实验室测定的影像分辨率);

n 为指数,一般取 1 或 2。

表 6-5-1　　　　　　　像移量与卫星飞行速度和曝光时间的关系

曝光时间(s)	1/100	1/200	1/300	1/400	1/500	1/600	1/700	1/800	1/900	1/1000
δ(ms)	0.115	0.058	0.038	0.029	0.023	0.020	0.016	0.015	0.013	0.012

$$\frac{1}{R_p^n} = \frac{1}{R_S^n} + \frac{1}{R_\delta^n} \quad (6\text{-}5\text{-}3)'$$

式中：R_P 为动态分辨率（空中摄影条件下测定的影像分辨率）；

R_δ 为由影像位移量折算的分辨率，即 $\frac{1}{R_\delta} = \delta$。

上式可写成

$$\frac{1}{R_p^n} = \frac{1}{R_S^n} + \delta \quad (6\text{-}5\text{-}4)$$

用 $n=1$、2 代入式(6-5-4)，得

$$\frac{R_p}{R_S} = \frac{1}{1 + R_S \delta} \quad (6\text{-}5\text{-}5)$$

$$\frac{R_p}{R_S} = \frac{1}{\sqrt{1 + (R_S \delta)^2}} \quad (6\text{-}5\text{-}6)$$

设静态分辨率 $R_S = 45$ 线对/mm，分别以不同的 δ 值代入式(6-5-5)和式(6-5-6)，可算出不同像移量的分辨率的下降率。

由表 6-5-1 和表 6-5-2 可知，若曝光时间为 $\frac{1}{100}$ s，则像移量 $\delta = 0.115$ mm，在静态分辨率 R_S 为 45 线对/mm 情况下，按(6-5-6)式计算得动态分辨率 R_P 仅为 8 线对/mm，其分辨率降低 81%，若曝光时间为 $\frac{1}{600}$ s，此时占 = 0.02 mm，动态分辨率 $R_P = 33$ 线对/mm，其分辨率要降低 26%，即使曝光时间 $\frac{1}{1000}$ s，其分辨率仍要降低 9%。由此可见，像移对影像质量的影响是很大的，且随着像移量增大，动态分辨率急剧下降。因此航天摄影机必须有像移补偿装置，以对像移进行改正。例如美国航天飞机上的大幅面摄影机，欧洲空间局空间实验室上 RMKA 30/23 摄影机，都采用了像移补偿装置。为了保持静态分辨率不降低，由表 6-5-2 可知，剩余像移量不应超过 4μm，且静态分辨率越高，对像移量的限制就越严，否则就不能充分发挥固有的静态分辨率的效能。

表 6-5-2　　　　　　　像移对影像质量的影响

δ(mm)		0.004	0.01	0.02	0.03	0.05	0.115
$n=1$ 按式(6-5-5)计算	R_p(线对/mm)	38	31	24	19	14	7
	R_p/R_S(%)	85	69	53	43	31	16
$n=2$ 按式(6-5-6)计算	R_p(线对/mm)	44	41	33	27	18	8
	R_p/R_S(%)	98	91	74	60	41	19
$R_S\delta$		0.18	0.45	0.90	1.35	2.25	5.17

综上所述,航天摄影测量对摄影机几何精度的要求是很高的,航天摄影定位和测图方案设计时,应权衡对摄影机的精度要求和目前摄影机制造的水平,提出可行的精度指标。

6.6 航天摄影测量对摄影胶片性能的要求

摄影胶片是摄影机记录地面信息的手段。因此,高精度的摄影机,必须有高质量的摄影胶片与其相匹配,才能获得优质的摄影像片。

航天摄影时,摄影胶片所处的环境与航空摄影时不同,故航天摄影胶片应具有特殊的物化性能,以适应航天器飞行环境、空间环境、返回环境等苛刻条件(如振动、冲击、温度和低气压变化),并且还要求耐受一定的粒子辐射特性、防静电,不脱膜、抗断裂等。从摄影性能来选择摄影胶片,还应注意下列技术指标。

6.6.1 感光度和感色范围

航天摄影的过程就是摄影胶片曝光并记录的过程。胶片上能否记录上地物影像,主要取决于胶片感光度。在航天摄影系统设计时,为了减小像移量或适应摄区低照度摄影条件,应选用高感光度胶片。但高感光度胶片乳剂颗粒大,分辨率较低,因此,感光度指标选择应全面考虑航天摄影时的诸因素——曝光时间、摄区的地面照度和景物的反射特性、摄影机物镜的相对孔径及透光系数、滤光片的滤光倍率及大气对光线传输性能。总的原则是尽可能增大摄影机物镜的相对孔径,采用像移补偿装置,以避免使用过高的感光度胶片。胶片的最低感光度则由所限定的像移量来决定,即在缩短曝光时间限制像移量的情况下,胶片应能获得高分辨率和清晰的影像。

胶片感色范围应与摄影机光谱设计要求相一致。目前摄影可利用的光谱带范围很小,因波长过短,大气对光的散射愈强(光的散射与波长四次方成反比),影像反差就愈小;波长过长(红外或更长电磁波),会使感光乳剂的制造和胶片的保存困难。为了不使胶片感色范围过大而带来制造上的困难,在保证航天摄影任务完成的情况下,应适当缩小感色光谱范围。全色黑白胶片感色范围一般为 $400\sim700\mathrm{nm}$。

6.6.2 胶片分辨率

影像分辨率主要取决于镜头分辨率和胶片分辨率以及二者相匹配的程度。由于航天摄影高度远大于航空摄影高度,要提高航天摄影图像的地面分辨率,就必须选择高分辨率的镜头和胶片进行摄影。关于胶片分辨率和镜头分辨率相互匹配的合适方案,可由式(6-5-3)得

$$\frac{1}{R_S^n} = \frac{1}{R_0^n} + \frac{1}{R_F^n}$$

设 $R_F = \lambda R_O$(λ 为 R_F 对 R_O 的倍率),当 $n=1$ 时,上式化为

$$\frac{R_S}{R_0} = \frac{\lambda}{1+\lambda} \tag{6-6-1}$$

当 $n=2$ 时,有

$$\frac{R_S}{R_0} = \frac{\lambda}{\sqrt{1+\lambda^2}} \tag{6-6-2}$$

现以不同的 λ 值代入式(6-6-1)和式(6-6-2),即可得相应的比值 R_s/R_0,如表 6-6-1 所示。

表 6-6-1　　　　　　　　　胶片分辨率和镜头分辨率相互匹配关系

λ		0.5	1	2	3	4	5	6	7
$\dfrac{R_s}{R_0}$(%)	$n=1$	33	50	67	75	80	83	86	88
	$n=2$	45	71	89	95	97	98	99	99

由表 6-6-1 可知,当镜头分辨率 R_0 一定时,R_s/R_0 随 λ 值的增大而增大,但增长的速率不同,开始较快,而后逐渐减慢。速率的转折点为 $\lambda=4(n=1)$ 或 $\lambda=3(n=2)$ 处。显然,λ 值自转折点再继续增大,虽能提高影像的静态分辨率 R_s,但收效甚微。相反,为增大 λ 值,却要大幅度地提高胶片分辨率 $R_F(R_F=\lambda R_0)$。由此可得出结论:胶片分辨率为镜头分辨率的 3~4 倍,是分辨率匹配的最佳方案。

美国航天飞机上大幅面摄影机所使用的柯达 3414 胶片,具有超高分辨率(630 线对/mm)和高清晰度,乳剂颗粒小,感光度较低,在低对比 2:1 时,面积加权平均分辨率为 89 线对/mm,在高对比 1000:1 时,可达 100 线对/mm。

6.6.3　反差系数

胶片的反差系数也称对比度。它表示胶片反映物像不同部位亮度大小的能力。在常规摄影中,不同的反差值对像片的反映特征如表 6-6-2 所示。

由于航天摄影高度较大,大气分子及大气中微尘的散射作用,一方面使来自目标的成像光束的强度降低,另一方面使摄影系统接收到杂光(背景光),其结果是使目标景物对比度降低,因此,航天摄影应选择有较大反差系数的胶片。

表 6-6-2　　　　　　　　　不同的反差值对像片反映特征

反差特征	柔和	正常	强反差	将强反差	超强反差
反差系数	0.8	1.2	1.7	2.5	73.0

反差系数的选择,还应考虑到摄影地区的季节和太阳高度的变化。一般地说,冬季亮度比大,夏季亮度比小,通常冬季为 1:10,夏季为 1:5,若夏季摄影,$\lg u=\lg 5=0.7$,设胶片上允许的密度差 $\Delta D=1.3$,则反差系数 γ

$$\gamma=\frac{\Delta D}{\lg u}=\frac{1.3}{0.7}=1.8$$

考虑大气影响会使亮度对比减弱 20%,即 1:4,则

$$\gamma=\frac{1.3}{\lg 0.7}=2.2$$

故胶片反差系数一般选定为 2.2±0.2。

航天摄影胶片还要考虑其他指标:胶片曝光宽容度为 0.7~1.0,胶片灰雾值 0.1~0.15,

最大密度 $\Delta D \geqslant 2.5$，片基均匀变形<0.05%，不均匀变形<0.03%，片基要薄且轻，以便增加胶片的携带量。

应当指出，以上所述对摄影胶片性能的要求，只是根据航天摄影的特点作了原理性的说明，至于各项技术指标，由于各国摄影胶片制造水平不同，差异可能较大。

6.7 航天摄影图像的光学处理

航天摄影得到的图像在分析、判读、解译、识别前需经过光学影像和数字影像的处理过程，以达到增强图像的目的。本节主要介绍光学增强处理方法。

6.7.1 光学增强处理

用光学方法处理遥感影像，使其有用信息更加突出，更适合目视判读，是遥感数据处理的重要方法之一。近年来，随着计算机对遥感数据处理能力的迅速发展，尤其是计算机硬件价格的降低和处理速度的提高，计算机处理越来越普及。而光学处理由于对仪器设备和处理环境要求较高，还需要胶片、相纸、药品等多种消耗品，如果做更复杂的相干光学处理，还需要透镜系统的支撑，因此，有以计算机处理代替光学处理的趋势，光学处理的使用者已越来越少。不过，光学处理具有精度高、反映目标地物更真实、图像目视效果好等优点，因此有时还是十分必要的处理手段。

光学增强处理主要采用的是相关掩模处理方法。

1. 相关掩模的基本知识

(1) 相关影像

在遥感技术中，我们将不同时间，不同波段，不同传感器或传感器在不同位置上获取的同一地区的景物的影像，称为相关影像或图像相关（image correlation）。

(2) 相关模片

一般从传感器上首次得到的胶片的影像，称为母片。用母片拷贝的正片或负片，称为模片。用相关影像的胶片拷贝出来的模片就是相关模片。此外，如果从同一张相片采用不同方法，拷贝出具有不同特性（如反差系数不同，黑度不同等）的模片，也称为相关模片。

(3) 相关掩模技术

利用相关模片，经过不同组合、搭配及相互叠掩的方法，产生满足遥感图像分析判读需要的增强影像，在其过程中一系列的图像处理技术，称为相关掩模技术。

(4) 相关掩模必须满足的前提条件

相关掩模时，各模片上的各种同名地物（或称目标），必须精确配准叠合，对于一张母片衍生的一系列相关模片，一般很容易满足，但对不同时间，不同传感器或传感器在不同位置上获取的相关影像，它们之间同名地物位置则匹配得较差，这种影像必须经过几何配准处理，才能进行叠掩处理。

(5) 模片的种类

根据模片密度和地面景物亮度的相应关系。可将模片分为正模片和负模片两种。若原始母片为正片，则拷贝后产生负模片。曝光时，如果曝光量落在拷贝片的感光特性曲线的直线部分，负模片的密度 D_{xy} 与母片的密度 D_{xy}^0 关系为 $D_{xy}^0 = \gamma D_{xy}^0 - D_{\max}$，为负模片在某种拷贝条件下的最大密度，$\gamma$ 为负模片的反差系数，当 $\gamma=1$ 时，$D_{xy}=D_{max}-D_{xy}^0$

若再用负模片拷贝正模片，则正模片的密度为

$D'_{xy}=D'_{max}-\gamma'$，$D_{xy}=D'_{max}-\gamma'D_{max}+\gamma'\gamma D_{xy}$

当 $D'_{max}=D_{max}$，$\gamma=\gamma=1$ 时，正模片的密度与母片密度完全一致。

根据模片影像密度变化的规律及与母片的相应关系，正、负模片均可进一步分为 γ 模片、二元模片、等密度模片。

① γ 模片

它的影像密度在整个动态范围内（指最大，最小密度之间的范围）是连续变化的，而且一般 $\gamma<2.4$。这种模片与母片之间的密度相应关系可用上面两个式子表示，但根据两者反差系数之间的数量关系又可分为等 γ 模片和半 γ 模片。

② 等 γ 模片

这种模片的反差系数与母片的相同。

它的正、负模片叠掩，在消除不需要或没有变化的影像时使用，如边缘增强、影像相减以及专题提取等处理时，均需用这种模片。可写作 $\gamma=\gamma_0$，γ 和 γ_0 分别为模片和母片的反差系数。

③ 半 γ 模片

这种模片的反差系数为母片的 $\frac{1}{2}$。主要在等照度变换处理时使用，$\gamma=\frac{1}{2}\gamma_0$。

④ 变 γ 模片

这种模片与母片的反差系数在数量上的关系没有①、②两种要求严格，它的取值可视影像反差调整处理的要求和母片反差大小而定。变 γ 模片一般用于提高或降低影像反差因而对模片最大、最小密度有较高要求的场合，而不太注意反差系数的大小。$r=cr$。c 为可变系数，$0<c<3$。

⑤ 二元模片

这种模片在理想情况下只有两种密度，即最大密度和最小密度。分别对应于通光和不通光状况，其间没有过渡的密度层次，一般讲，其 $\gamma>3.0$，它们和母片在密度相应关系上存在严重失真现象，而且在不同模片上的密度突变点与母片上的密度值有不同的对应关系。即在模片上黑白影像（最大、最小密度）的分界线，将对应于母片上的某处密度值。该值称为阈值密度，以 D_0 表示，D_0 的取值可以通过母片影像密度测量、分析及相关掩模处理要求来确定。

根据模片密度与阈值密度的关系，又可将它分为如下形式：

a. 高通模片

指在母片中密度大于 D_0 的影像部分，相应地在模片中具有最小的密度，即在模片中对应于母片密度大于 D_0 的影像部分均可通过最大的光量，故称为高通模片。对这种模片，如果 D_0 的数值发生变化的话，其通光影像部分的范围将随之发生相应的变化。

b. 低通模片

与高通模片相反，其对应于母片密度小于 D_0 的影像部分为通光者，而大于 D_0 的范围光不能通过。故称为低通模片。同样，当 D_0 改变后，其通光影像部分的范围也发生变化。

c. 带通模片

这种模片在相应于母片某个密度范围内的影像部分是通光的,而在此密度范围以外的影像部分具有最大密度值,是不通光的,它对应于母片有两个阈值密度:D_0^L, D_0^U,分别为下限、上限阈值密度。从某种意义看,这种模片可认为是具有不同阈值密度的高、低通模片组合的产物,这时D_0^L相应于高通模片的阈值密度,D_0^U相应于低通模片的阈值密度。当它们组合在一起时,只有相应于母片影像密度在D_0^L, D_0^U之间的影像部分在模片上才是通光的。事实上,具有不同带通的模片,就是用这种办法获得的:

高通模片:$D_{xy} = D_{\min}$ 当 $D_{xy}^0 \geq D_0$ 时

低通模片:$D_{xy} = D_{\min}$ 当 $D_{xy}^0 \leq D_0$ 时

带通模片:$D_{xy} = D_{\min}$ 当 $D_0^L < D_{xy}^0 < D_0^U$ 时

其中:D_{xy}为模片的密度,$D_{\min}$为模片的最小密度,相应的透过率最高。D_{xy}^0、D_0、D_0^L、D_0^U母片阈值密度及上、下限阈值密度。若高通、低通模片再经过一次拷贝,可产生相应的高阻低阻、带阻模片,它们和高通、低通、带通模片配合使用,可进行黑白发色,密度分割,专题提取等项处理。由于上述模片在不同部分,分别对光具有畅通和阻碍的特性,故亦可称通阻二元模片,简称二元模片。

高阻模片:$D_{xy} = D_{\max}$ 当 $D_{xy}^0 \geq D_0$ 时

低通模片:$D_{xy} = D_{\max}$ 当 $D_{xy}^0 \leq D_0$ 时

带通模片:$D_{xy} = D_{\max}$ 当 $D_0^L < D_{xy}^0 < D_0^U$ 时

$D_{\max}$模片的最大密度值,相应于不透光情况。

⑥ 等密度模片

这是一种具有不同密度值,但反差为零的模片。由于它们是一些深浅不同、但在整个模片范围内色调均一的中性灰色模片,因而亦可称为灰片。在相关掩模处理过程中,欲调整各模片整体、曝光水准差异时,常会使用这种模片,可用下式表示:

$D_{xy} = D_i \quad \Delta D_{xy} = 0$

D_i任意一个具体的密度值,一般取$0 \leq D_i \leq 3$ 而ΔD_{xy}为该模片的反差,$\Delta D_{xy} = D_{\max} - D_{\min}$。

2. 模片叠掩规律

在一组相关掩模模片中,假定任意两个模片的密度分布函数为$D_m(x,y), D_n(x,y)$,这两个模片叠掩产生的合成模片为$D_c(x,y)$,它们的拷贝片分别是:

$\overline{D}_m(x,y), \overline{D}_n(x,y), \overline{D}_c(x,y)$。若$D_c(x,y)$为正片,则$\overline{D}_c(x,y)$为负片。

其叠掩的基本规律分述于下:

(1) 零密度模片和无穷大等密度模片的叠掩规律

零密度模式:$D = 0, \tau = 100\%$,用 O 表示;

密度为无穷大:$D = \infty, \tau = 0\%$,用 ⁄⁄⁄ 表示。

于是,可得到图6-7-1。

若 $\begin{matrix} D=0, \overline{D}=\infty \\ D=\infty, \overline{D}=0 \end{matrix}$,拷贝新模片。

这种模片叠掩时:

若$D_m = D_n = 0$,则$D_c = 0$, $D_m = D_n = \infty$,则$D_c = \infty$;

若$D_m = \infty, D_n = 0$,则$D_c = \infty$;

若 $D_m=0, D_n=\infty$，则 $D_c=\infty$。

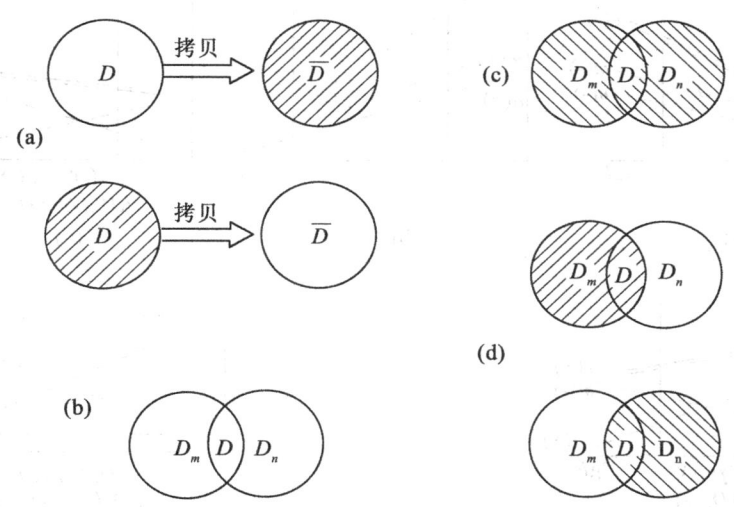

图 6-7-1 等密度模片的叠掩规律

（2）通常 $0<D<\infty$，它们彼此叠掩时

影像密度和反差的变化规律如图 6-7-2 所示，数字表达式为：$D_c(x,y)=D_m(x,y)+D_n(x,y)$

当 D_m、D_n 同时为正模片或负模片时，$\Delta D_c=\Delta D_m+\Delta D_n$，其合成模片密度的变化趋势和符号与所用两模片相同，即两负模片叠掩后产生负模片，反之亦然，如图 6-7-2 中(a)、(b)。

当 D_m、D_n 分别为正、负模片时，$\Delta D_c=|\Delta D_m+\Delta D_n|$，其合成模片密度的变化趋势和符号与反差大的模片一致，如图 6-7-2 中(c)、(d)。

当 $\Delta D_m=\Delta D_n$ 且 $|\gamma_m|=|\gamma_n|$ 时，$\Delta D_0=0$，两模片叠加，使合成模片变为一等密度模片，原有影像消失。如图 6-7-2(e)。

（3）任何一个模片的密度均可分解为两部分，一部分是基准密度，其值在模片中不随空间位置而变化，一部分是调变密度，它的值随空间位置不断改变。任何模片都是这两种模片的合成。基准等密度模片的密度 D_0 一般与模片影像的最小密度相等。而调变模片的密度变化范围与原模片影像的总反差相等。因此有

$$D(X,Y)=D_0+\widetilde{D}(x,y) \quad D_0=D_{\min} \quad \widetilde{D}\leqslant\Delta_{\max}$$

式中：D_0 和 $\widetilde{D}(x,y)$ 分别为模片密度 $D(x,y)$ 的基准密度和调变密度分量；$D_{\min}$ 为模片的最小影像密度；ΔD 为调变密度的动态变化范围；$\Delta_{\max}$ 为模片影像的最大反差值。

3. 相关掩模技术的几种增强处理

（1）反差调整

原理：同号模片相加，合成模片影像的反差加大，异号模片相加，合成模片影像的反差就下降，前者可使影像的反差增强，后者达到减小反差的目的。

工作程序：

① 测定"原始影像"的反差，在测量时，影像的最大、最小密度值必须选择若干有代表性

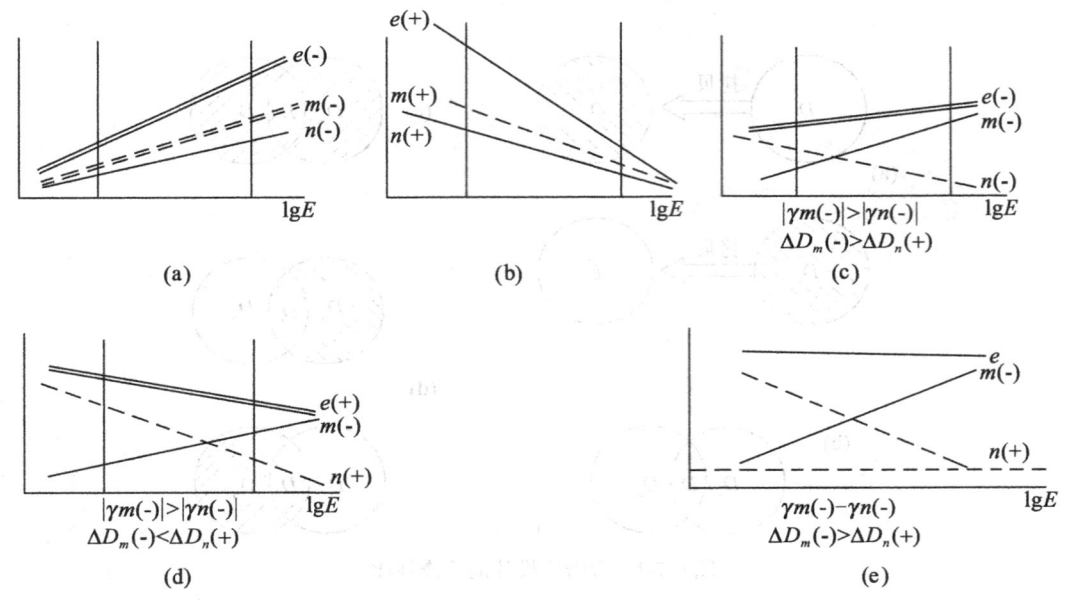

图 6-7-2 影像密度和反差的变化规律

的地方测量,测得结果能较好地表征该影像反差特征。

② 确定模片所需反差大小

模片反差根据原始影像及最终影像应有的反差来确定。如对一般彩色负片,反差最好控制在 0.65~0.70 之间,这样影像的色彩层次丰富,质感也较好。因此,若原始影像反差为 1.10,要把它降到 0.65,就要有一张反差为 0.45 的黑白正模片。

反差调整模片的制作方法如下:

制作模片时,首先要控制印像机或放大机的光强及拷贝片的曝光量。使拷贝影像的灰雾尽可能小,接着可按显影时间(温度曲线)选择模片的处理条件进行处理。制出的模片需用密度计测量其反差是否合乎要求。

(2) 彩色合成

彩色合成是用同一景物不同波段的影像,分别拷贝成正模片或负模片,然后对不同波段影像的模片配以不同的滤光片或染上不同颜色(滤光片一般用红、绿、蓝三原色,染色时一般染上黄、红、青三种补色),合成彩色影像,如图 6-7-3 所示。

用红、绿、蓝三原色滤光片摄取的影像,同样用相应的红、绿、蓝三原色滤光片进行彩色合成后,其彩色影像的颜色基本上为自然色,称为真彩色合成。

用一种多光谱图像或单张黑白图像通过普通光学处理,人工合成彩色图像,所产生的影像颜色与景物的自然颜色不同,称为假彩色合成。

彩色合成方法又分为光学合成(加色法)和染色套印法(减色法)。

① 加色法彩色合成。根据加色法原理,制作成各种合成仪器,选用不同波段的正片或负片组合,进行彩色合成,是加色法合成的过程。根据仪器类别可以将图像处理方法分为:

a. 合成仪法。是将不同波段的黑白透明片分别放入有红、绿、蓝滤光片的光学投影通

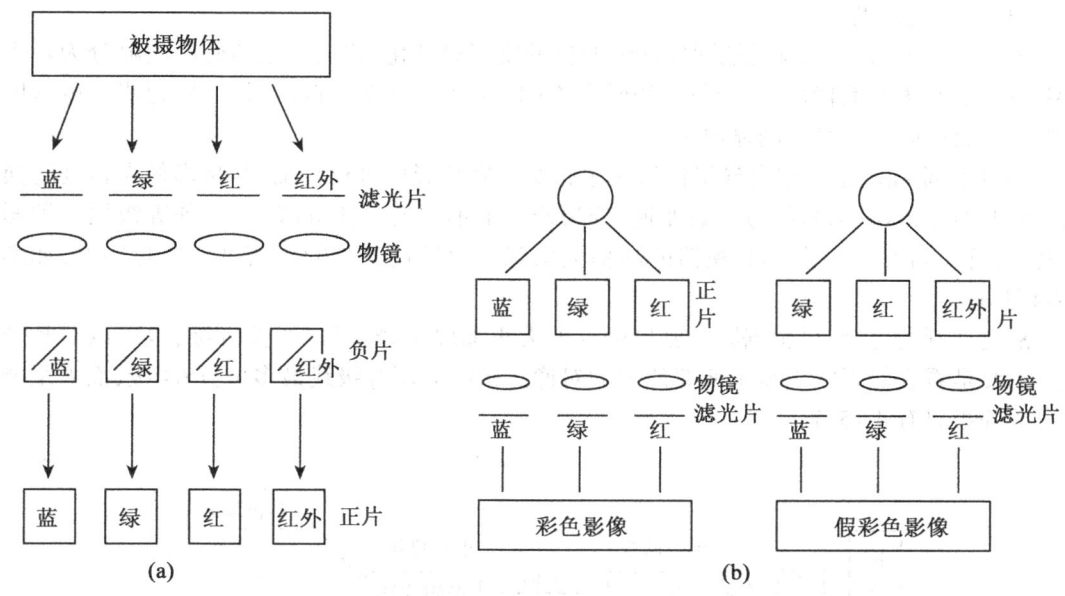

图 6-7-3 彩色合成过程

道中精确配准和重叠,生成彩色影像的过程。采用的合成仪,一类是单纯光学合成系统,另一类是计算机控制式的屏幕合成系统,但原理相同。

b. 分层曝光法。指利用彩色胶片具有三层乳剂,使每一层乳剂依次曝光的方法。采用的仪器为单通道投影仪或放大机。每次放入一个波段的透明片,依次使用红、绿、蓝滤光片,分三次或更多次对胶片或相纸曝光,使感红层、感绿层、感蓝层依次感光。最后冲洗成彩色片。这一技术的关键是保证多次曝光时,多张黑白透明片的影像位置完全重合。三个滤色片要使其在色度图上组成的颜色三角形尽可能大,以便合成后的色调丰富。

彩色合成效果决定于使用仪器者的技术熟练程度和经验值高低,以及彩色合成方案的选取是否合理。合成方案包括:像片时相的选择应有利于突出研究的对象,如水文遥感可利用丰水期和枯水期像片的对比;波段的选择应是最佳匹配,如地物波谱曲线中特征明显的波段;色调的选择应使蓝、绿、红所对应的波段合理匹配,饱和度应调整得当,以保证识别对象的信息被突出。

② 减色法彩色合成。利用减色法原理使白光经过多种(层)乳剂或染料或滤色片透明片等而反射或透射出来的合成彩色是减色法彩色合成。根据不同的工艺和技术可以分为:

a. 染印法。是一种使用特别浮雕片、接收纸和冲显染印药制作彩色合成影像的方法。浮雕片是一种特制的感光胶片,经曝光和暗室处理后能吸附酸性颜料。接收纸是一种不感光的特殊纸张,能吸收浮雕片上的酸性颜料。染印法合成是把三种浮雕片上的染料先后转印到不透明的接收纸上,或分别转印在三张透明胶片上重叠起来阅读。

b. 印刷法。是利用普通胶印设备,直接使用不同波段的遥感底片和黄、品红、青三种油墨,经分色、加网、制版,套印成彩色合成图像。该方法工序简单,可大量生产。

c. 重氮法。是利用重氮盐的化学反应处理彩色单波段影像透明片的方法,各波段图像可重叠阅读。

(3) 假彩色密度分割

① 定义。密度分割就是把图像连续变化的密度离散化,并按一定的密度间隔分为若干等级而不改变图像的特征,并给每一级赋予不同的颜色,形成假彩色图像,称为假彩色密度分割。从而把微弱的影像凸显出来。

② 工作原理。用一根光导摄像管对单张黑白底片影像进行扫描,并将影像点密度转换成模拟电信号,这种信号经过模数变换,分为若干个不同的电压等级,每一种等级用一种彩色表示,这样就在彩色电视监视器的屏幕上出现一幅经过分割的等密度假彩色影像,如图 6-7-4 所示。

密度分割的等级,可根据影像密度的反差大小加以选择,可以线性分级,也可以对数分级。主要是看它能否突出显示所要研究的对像。密度分割等级线最多可分 64 级,而人眼能分辨的等级只有 4~5 个。

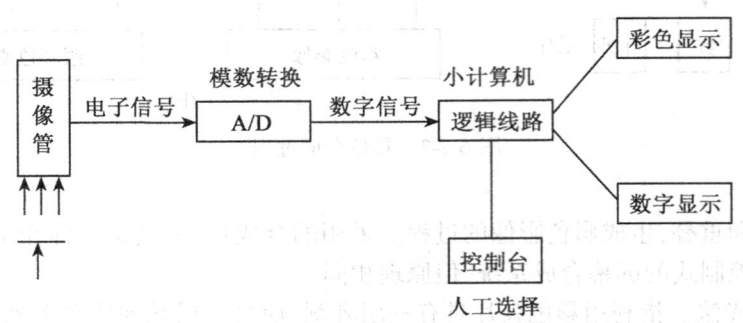

图 6-7-4 假彩色密度分割工作原理图

(4) 等照度变换

由于地形坡向、坡度及它们的起伏变化,还有各种阴影的影响,不可避免地存在局部光照条件在空间上差异,往往会不同程序地叠加在物体光谱辐射特性上。因此,必须消除局部光照对物体电磁辐射的影响。等照度变换就是解决这一问题的方法。

具体方法是:将多光谱像片分别复制出一张负片,再将每张负片各拷贝成两张半 γ 值正模片,然后将每个光谱段的负片和另两个光谱段的半 γ 值正模片重合,构成一个新的组合模片,供彩色合成用。合成的等照度彩色影像消除了局部光照条件的影响。如图 6-7-5 所示。

(5) 黑白发色

相关掩模技术可以将一张黑白像片变为彩色像片,提高图像中细微的灰度变化,从而提高判读效果。

其工作原理可分下列四种情况说明:

① 由一张母片制作三张模片。其基准密度和反差系数完全两样,无论采用加色法,还是采用减色法,其结果仍为一张黑白影像。如图 6-7-6(a) 所示。

② 拷制三张模片基准密度不同、但反差系数相同。合成结果则得到某一种颜色深浅不同的影像。如图 6-7-6(b) 所示。

③ 拷制三张基准密度相同、但反差系数不同的模片,合成后能得到彩色影像。由于三

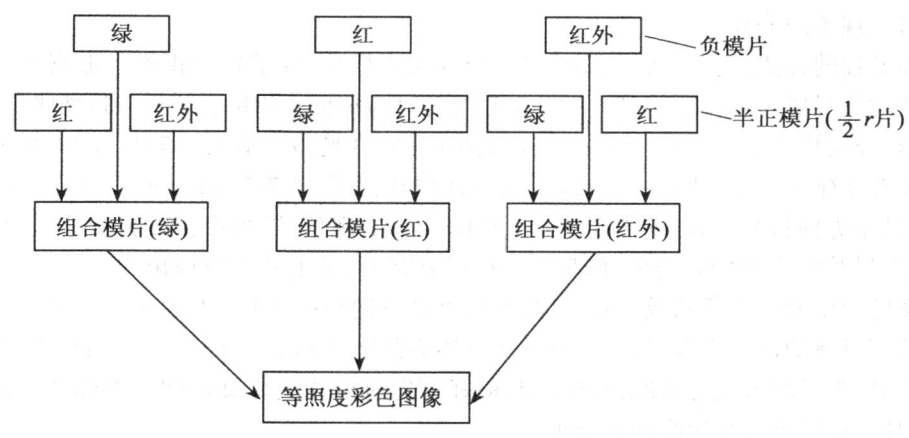

图 6-7-5 等照度变换原理图

个模片之间色差范围小,因此发色效果不好。如图 6-7-6(c)所示。

④ 三张模片的特性曲线有很大差别,其透过率之间的比例关系变化较显著,合成得到很好的彩色效果。如图 6-7-6(d)所示。

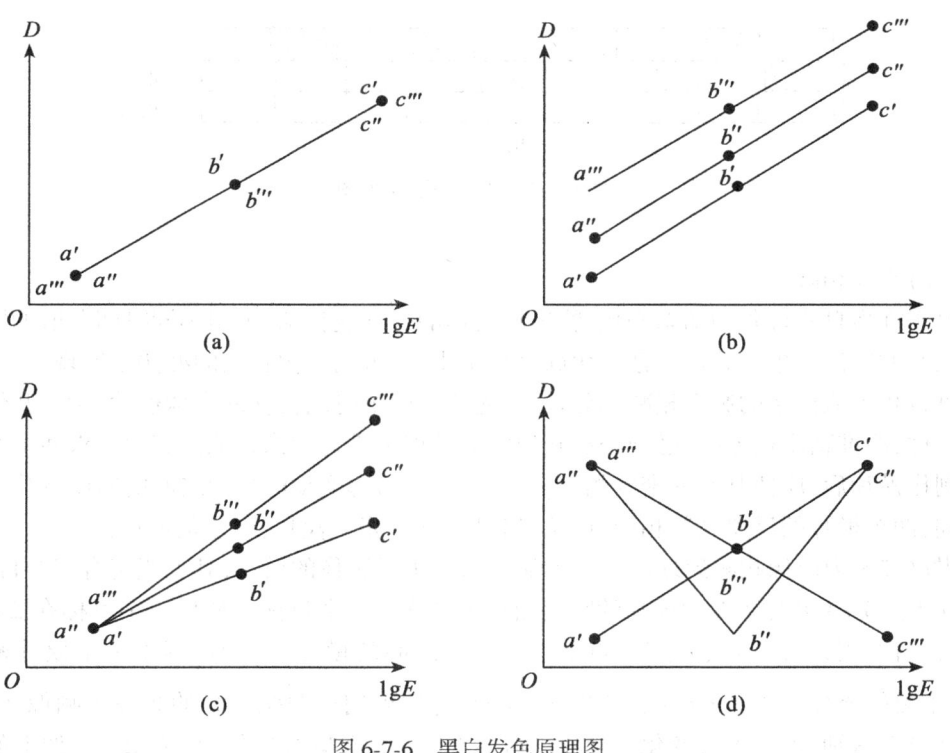

图 6-7-6 黑白发色原理图

(6)边缘增强

193

这里所指的边缘是指影像中密度突变处,它往往是区分一种物体与另一种物体,或一种现象与另一现象的分界线。

这种增强的方法是:用一张负模片拷贝出一张正模片,要求这张正模基准密度,反差和反差系数的绝对值与负模片相等。反差系数的符号与负模片相反。如果将这两张模片配准叠合,则叠合模片全片透过率一样,并且是最小值(密度是最大值)。如果晒印到相纸上,则是密度没有变化的影像,即是一片灰片,或一片白片,如图 6-7-7(a)所示。如果将负片(或正片)向某个方向拉开一张,则出现图 6-7-7(b)所示的现象,即影像密度突变处出现透过率大(或叠合模片密度突变处变小)的现象,这样晒印到相纸上就有影像出现。这种现象造成只是在密度突变处出现条状或点状影像,其宽度和方向与拉开的距离和方向有关。

在处理具体的遥感影像时,由于各种实际边界的密度梯度大小不一,因而边界增强的效果亦有差异,为了改善这种情况,在处理时最好首先对模片进行反差增强处理,使边界处有较大的梯度,然后再进行边缘增强处理。

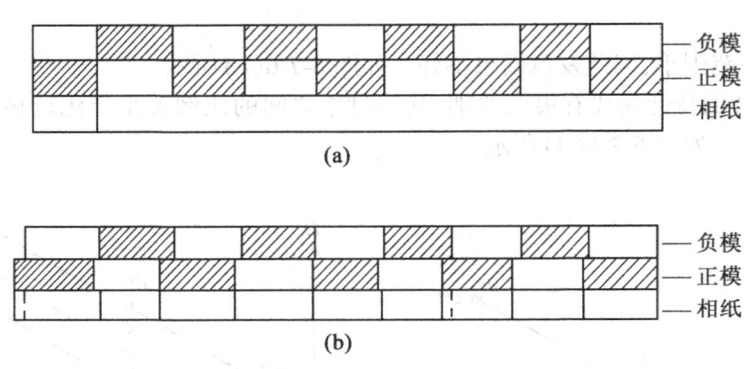

图 6-7-7 边缘增强原理图

(7)影像相减

对于许多自然现象的动态变化、物体或目标的变迁或移动,采用不同时间获取的影像能得到很好的判读效果。若需要把变化部分显示出来,可用影像相减的办法来实现。

进行相关掩模法的影像相减的处理,首先要求两个时间得到的影像模片,满足几何配准这一条件,配准精度很差时,必须经过几何配准处理再进行影像相减。其次要求两个时间的影像制作模片后,应使其基准密度相同,未发生时间引起变动的影像之间的密度变化范围也要相同,两个模片的反差系数相同,但符号相反(即一张正模片,一张负模片)。

图 6-7-8 为影像相减原理图。图中显示出了 T 时影像的模片,其上假定有三个目标,分别为 $a、b、c$; $T+\Delta T$ 时影像的模片的特性曲线上同样有三个目标。如果三个目标在 ΔT 时间里没有变化,则其落在 $a'、b'、c'$ 三点上。当两个时间的模片叠合时,等于两个模片密度相加,三个目标叠加后落在 $\bar{a}、\bar{b}、\bar{c}$ 上,这时密度相等,如果用这两张叠合的影像去晒像,结果三个目标没有区别,说明没有变化。现设 b 目标在 ΔT 时间里有变化,在 $T+\Delta T$ 影像上的密度 b' 变到 b'' 处,而 $\bar{a}、\bar{c}$ 目标都没变化,仍为 $a'、c'$。当这两个模片叠合时,结果 a 和 a' 叠加后位置仍为 $\bar{a}$, c 和 c' 叠加后仍为 $\bar{c}$,但 b 和 b'' 则为 $\bar{b''}$。这时 $\bar{a}、\bar{c}$ 密度相加都为 $\bar{D}$,而 $\bar{b''}$ 密度不同

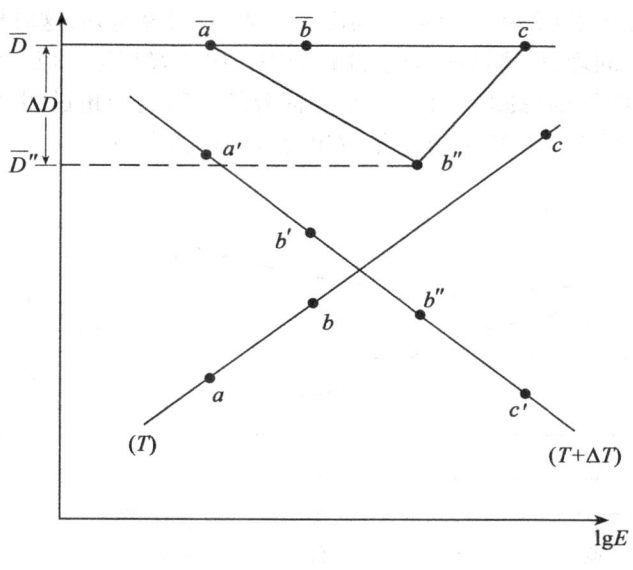

图 6-7-8 影像相减原理图

了,这时为 $\overline{D''}$。这样,b 目标与 a、c 目标就能区分出来,说明 b 目标在 ΔT 时间里发生了变化。

(8) 专题提取

密度分割影像,只能从单个波段影像中判读和提取地物信息,如果要利用多个波段的影像,并从中把具有某种光谱特征的目标抽取出来,可采用专题提取的方法。

采用相关掩模技术进行专题提取时,首先要仔细考察和研究影像中各种物体或目标在光谱特征上的差异及它们在各光谱影像上的密度和密度组合关系上的差异;然后,根据各光谱段影像密度的差异,选择不同阈值密度制作模片;最后通过不同光谱段正、负模片的组合,相互叠掩,使一些目标影像和背景的反差为零,从画面上消失,而使另一些目标影像保留下来,达到提取某些目标的目的。分别提取出来的专题图像,还可用彩色合成方法,制作一张彩色专题图像。

图 6-7-9 为其原理图。在一组多光谱图像中,有 A、B、C、D 四种目标。这些目标在各光谱段图像中密度测量值在图 6-7-9 中已表示出来,由该图可看出,四种物体在红外和近红外光谱段图像中,彼此的密度差异较大,可以选择作为提取处理的光谱段。在利用这两个光谱段图像作为母片来制作模片时,对红光谱段的图像可取 TD_3 为阈值密度;对红外光谱段的图像可取 TD_4 为阈值密度。然后,分别制作以 TD_3 和 TD_4 为阈值密度的高通和低通模片。在高通模片中,母片影像密度分别大于 TD_3 和 TD_4 的图像部分均通光,为低密度区,这样就使影像密度分别在阈值密度上、下的物体,在模片上的差异人为地扩大了,从而使专题提取处理大为简化。上述高、低通模片(包括它们的拷贝片)制备后,可按图 6-7-10 的组合方案,使它们相互叠掩,这样就可把 A、B、C、D 四个目标的图像提取出来。

图中白色为模片通光部分,阴影为模片阻光部分,t_3 表示红波段影像,使用 TD_3 阈值制作的模片,则 A、C 两地物通光,B、D 两地物阻光,$\overline{t_3'}$ 是 t_3 再拷贝的模片,B、D 为通光而 A、C 为阻光，t_4为红外波段，在TD_4阈值密度制作的模片。从图 6-7-9 可知，这时模片 A、B 两地物通光，而 C、D 则阻光。同理，再拷贝成负模片时，通阻情况正好相反。以后将这种模片作不同组合就可将不同类型的地物提取出来。如果要区分的地物类型超过四个，则阈值密度要定得更多些，模片也要制备得更多些，才能抽取出更多的地物类型。

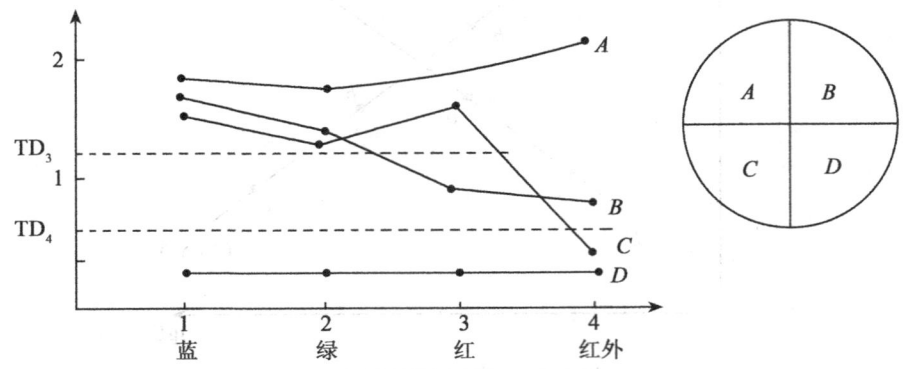

图 6-7-9　不同目标的光谱图像密度分布及阈值密度

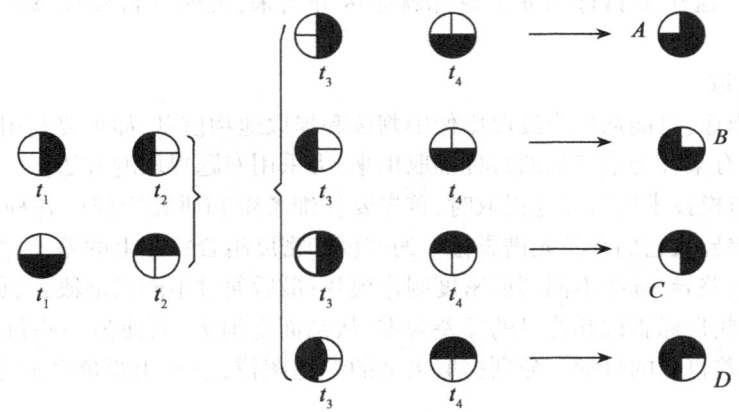

图 6-7-10　用高通、低通模片组合进行专题提取

4. 光学信息处理

利用光学信息处理系统，即一系列光学透镜按一定规律构成的系统，可以实现对输入数据并行的线性变换，适宜作二维影像处理。在遥感光学处理中，主要涉及相干光学的处理过程。

（1）图像的相加和相减

光学处理中有多种方法实现图像的加减，在此主要介绍光栅滤波法。

将两个图像 f 和 g 分别放在光学信息处理系统的输入平面 P_1 的上方和下方并以平行光（平面波）照射。当满足两个图像所发出的光波在空间重叠、两个光波同位相或反位相这两个条件时，就可以实现图像加减。其原理是两列光波相干涉而叠加。如果两列光波在空间重叠并且同位相，则图像相加。如果两列光波在空间重叠且反相，则图像相减。

如图 6-7-11 所示。当两列子波 f 和 g 经过变换透镜 L_1 会聚在 P_2 的中心并在 P_2 平面上相干叠加时，形成光栅，这个光栅称为"谱光栅"。此外在 P_2 平面上放一个满足一定条件的真正的光栅称作"滤波光栅"。当滤波光栅的栅线与谱光栅一致时，f 波和 g 波将发生衍射。f 波将出现 f_+、f_0、f_- 3 个波，g 波将出现 g_+、g_0、g_- 3 个波。在条件符合时，可以做到 f_+ 与 g_- 波重合。这样通过透镜 L_2 后，在 P_3 平面上形成了 5 个像，即 g_+、g_0、f_+g_-、f_0、f_-。

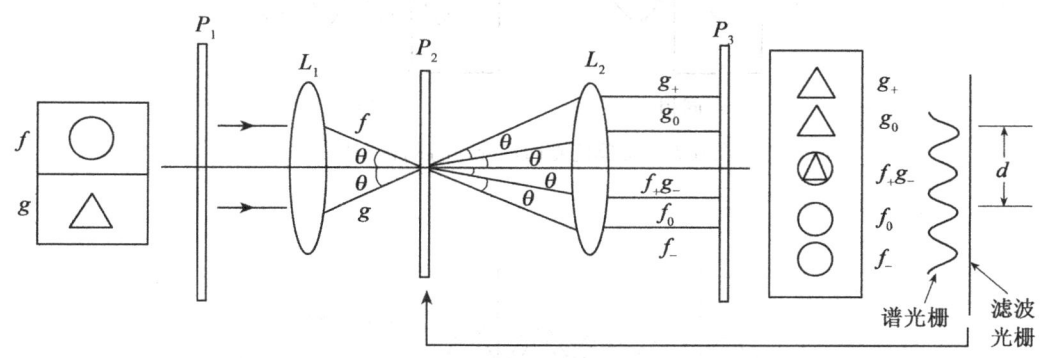

图 6-7-11　图像相减示意图

当滤波光栅相对于光轴通过的原点向上或向下移动 1/4 个空间周期 d，使它的透光部分与谱光栅的极小值重合时，透过光栅的 f 波与 g 波反相，互相抵消，使 f_+ 波与 g_- 波相干叠加获得图像相减的效果。若滤波光栅再移动 1/4 个周期，使透光缝与谱光栅的极大值重合，则 f 波与 g 波透过光栅的部分同位相，互相加强，使 f_+ 波与 g_- 相干叠加后获得图像相加的效果。

(2) 遥感黑白影像的假彩色编码

① 相位介质的色散。光波通过厚度呈阶梯状变化的介质时，速度 v 降低，但频率 f 不变。由于光的颜色取决于光波频率，因此，光通过介质时颜色不变而波长变短，即波长 $\lambda = v/f$。不同频率的光波，波长 λ 不同，产生不同的位相变化，如果经过介质后，出射的光波同位相，则两部分光波互相加强，亮度变强，表示完全透明，此时定义透过率 $T=1$；如果出射的光波反位相，光波强度互相抵消，看上去则很暗，表示完全不透明，则定义透过率 $T=0$，中间情况透过率介于 0 和 1 之间。单色光透过介质时，由于阶梯介质厚度不同而产生不同的位相差，故又将阶梯状介质称做位相介质，如图 6-7-12 所示。

白光是由不同频率的色光混合而成的。当白光通过位相介质的某一台阶时，总能找到与某一种频率同位相的光及与另一种频率反位相的光。这样同相的光透过率为 1，反相的光透过率为 0，其他频率居中。结果使一块位相介质在白光下呈现各种颜色，这一现象称为位相介质的色散，如图 6-7-13 所示。

② 假彩色的编码过程。假彩色的编码过程如下：将黑白图像经过光栅进行一次编码处理，将振幅型编码图像转换成位相型编码图像。

如图 6-7-14 所示，取一个透过率是等间隔矩形的光栅，又叫罗奇(Ronchi)光栅，它仅具有等间隔的完全透明 $T=1$ 和完全不透明 $T=0$。将其覆盖在感光底片上，令黑白图像通过透镜使感光底片成像。这样栅线处 $T=1$ 完全感光，栅线间 $T=0$ 完全不感光。显影定影后，底

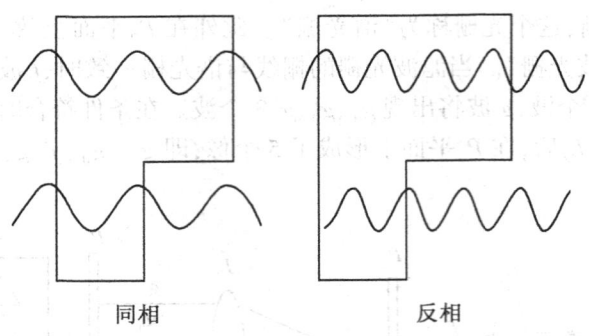

图 6-7-12 单色光通过介质时同相和反相

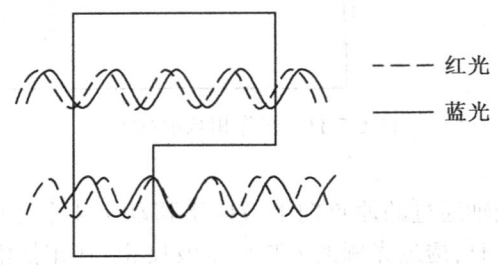

图 6-7-13 位相介质的色散红光透明蓝光不透明

片成为带有透明条纹的黑白图像负片,称为振幅型底片。

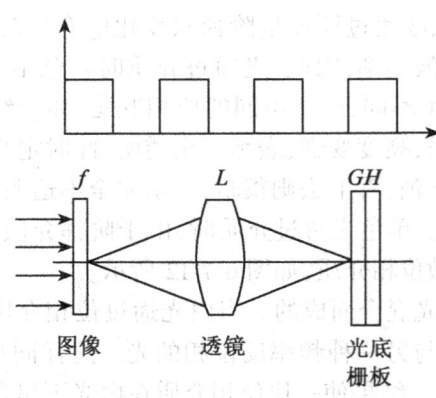

图 6-7-14 光栅编码处理

将该振幅型底片进行漂白处理,底片上明胶中的银溶解在漂白液中,使底片透明。但由于底片黑白不同,明胶层厚度也不相同,其厚度与底片原来的黑度即银颗粒的密集程度成正比。由于光栅线条的存在,除了原来图像的纹路外,还有光栅形成的一条条平行沟槽,类似表面浮雕。虽然漂白后的底片已变成完全透明,但由于厚薄不同,形成了位相介质,如图

6-7-15所示。

将位相介质底片放入非相干光信息处理系统的输入平面,经过白光照射,在输出平面上获得等密度的假彩色图像。

光波穿过位相介质片时,位相差会引起各种颜色的光透过。为了使颜色固定位置,在光信息处理系统中心开一小孔,只让零级衍射波通过。这样成像的图像就成了彩色图像,而且每一种颜色所表示的位相差对应于位相介质浮雕层的厚度,也就是原图像亮暗程度的表现。这就是说,原来黑白图像的黑白灰度差异变成了颜色差异,一张黑白图像变成了假彩色图像,从而突出了图中细节,更有利于进行判读。

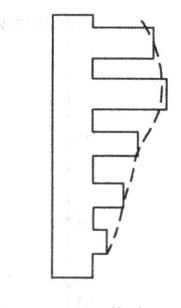

图 6-7-15 位相介质底片

利用这一技术处理卫星像片,可使单波段影像彩色化。

6.8 航天摄影图像的数字增强处理的几种方法

图像的数字增强是借助于电子计算机,对图像密度进行一定的数字运算,达到增强图像的目的。首先涉及的是图像数字化,即模数转换问题。经过模数转化之后,就可进行数字增强处理。

6.8.1 反差调整

1. 影像灰度直方图

数字影像无论在空间坐标和灰度值上都已离散化,它是由一系列依次排列的像元组成的一个数字矩阵,对于一幅影像可以统计像元灰度等级的分布状态。数字影像的灰度编码是 $0,1,\cdots,2^{n-1}$,每一个灰度等级值处都要统计出整幅影像中出现的该灰度值像元的个数 m_i,如果整幅影像的像元总数为 M,则灰度值的频率为 $P_i = \dfrac{m_i}{M}$。将 2^n 个 P 值绘制出图6-8-1所示的统计图称为影像的灰度直方图。这种直方图随着影像的改变而改变,即不同影像有不同的直方图,其分布状态可用均值和标准差两个参数来衡量。均值为:

$$\overline{X} = \frac{1}{MN} \sum_{i=0}^{N-1} \sum_{j=0}^{M-1} X_{ij} \tag{6-8-1}$$

或

$$\overline{X} = \frac{1}{M} \sum_{i=0}^{N-1} X_i \tag{6-8-2}$$

式中:X 为整幅影像灰度均值;X_{ij} 为该处像元的灰度值;式(6-8-1)中 N 表示列数,M 表示行数;式(6-8-2)中 M 表示像元总数。

标准差为:

$$\delta = \sqrt{\frac{1}{M} \sum_{i=1}^{M} (X_i - \overline{X})^2} \tag{6-8-3}$$

直方图分布状态不同,影像特性也不同于,如图 6-8-2 中的四种情景,(a)图的直方图均值靠近低灰度值,这种影像称为低密度影像,影像显得比较淡;(b)图为高密度影像,影像显得比较深;(c)的标准偏差较小,为低反差影像;(d)标准偏差较大,为高反差影像。

有的影像直方图还会出现双峰,如图 6-8-3 所示。

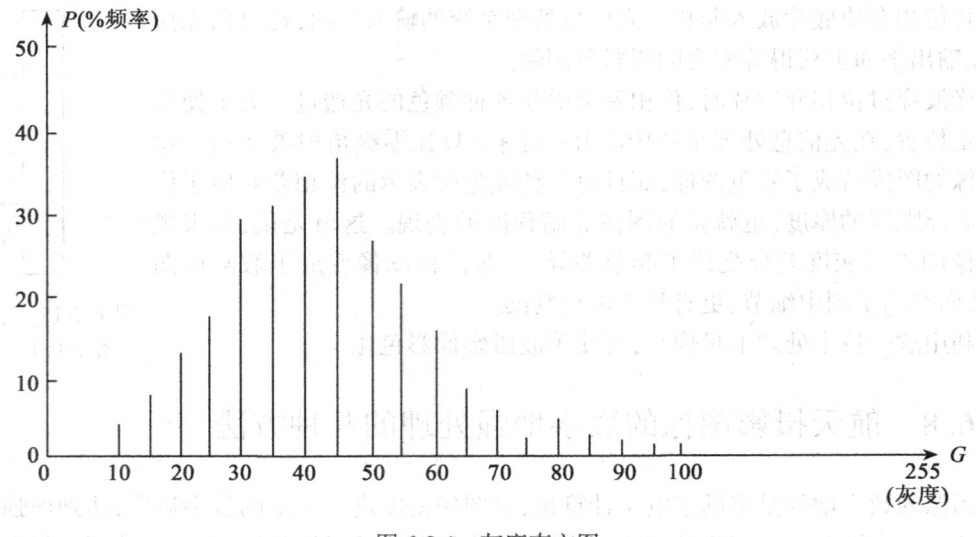

图 6-8-1 灰度直方图

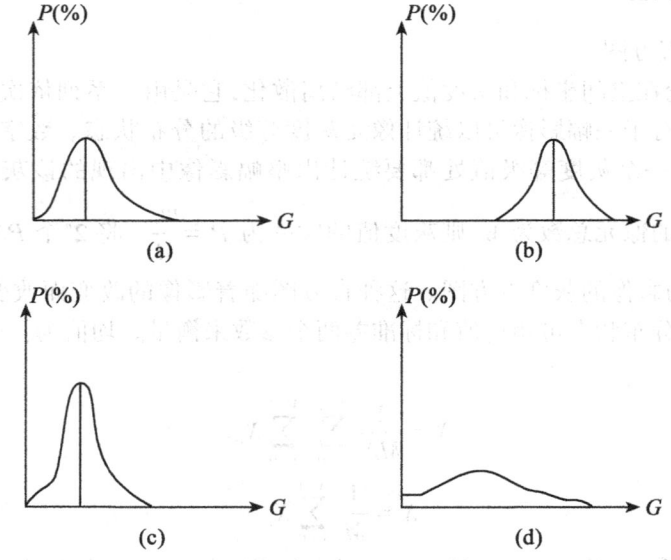

图 6-8-2 不同特性影像直方图

直方图也可以用表格形式表示,如表 6-8-1 所示。

直方图中每一个元素 P_i 值应大于 0 或等于 0,直方图所有频率之和应为 1,即

$$\sum_{i=0}^{2^n-1} P_i = 1$$

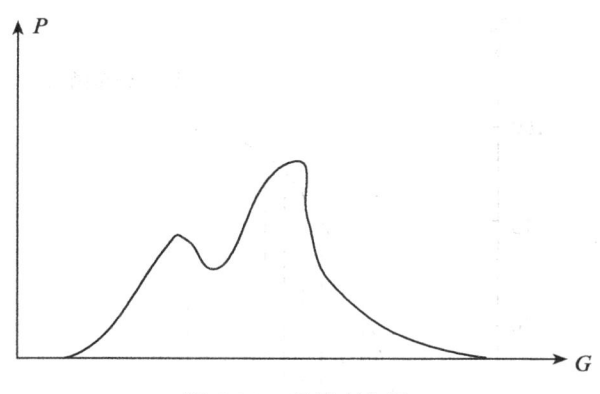

图 6-8-3 双峰直方图

表 6-8-1 直方图表

密度 G	0	1	2	3	4	5	6	7	8	9	10	11	12	13	14	...	2^{n-1}
频率%	1.5	9.0	11.5	3.4	2.2	1.4	1.3	2.4	2.9	3.8	6.6	10.1	14.1	10.2	6.9	...	0

如果用 F 表示累积分布函数,则 $f_i = \sum_{i=0}^{j} P_i$,上面直方图表换算成累积分布函数,列表如表 6-8-2 所示。

表 6-8-2 直方图表换算成累积分布函数列表

灰度 G	0	1	2	3	4	5	6	7	8	9	10	11	12	13	14	...	2^{n-1}
频率%	1.5	9.0	11.5	3.4	2.2	1.4	1.3	2.4	2.9	3.8	6.6	10.1	14.1	10.2	6.9	...	0
累积值	1.5	10.5	22.0	25.4	27.6	29.0	30.3	32.7	35.6	39.4	46.0	56.1	70.2	80.4	87.3	...	100

如用图表示,则如图 6-8-4 所示。

2. 线性变换

简单的线性变换是按比例扩大原始灰度等级的范围,通常为了充分显示设备的动态范围,使输出影像直方图的两端达到饱和。例如有一影像直方图最小灰度值为10,最大灰度值为52,经简单线性变换后,输出的最小值为0,最大值为255,原影像上其他灰度值按等比例换算,如图 6-8-5 所示。图中表示两个直方图面积都应为1,即像元总数不变。

其数学表达式为:

$$d'_{ij} = Ad_{ij} + B \qquad (6\text{-}8\text{-}4)$$

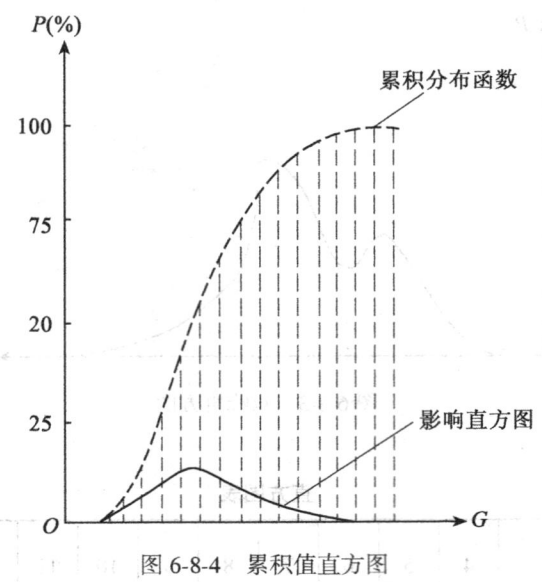

图 6-8-4 累积值直方图

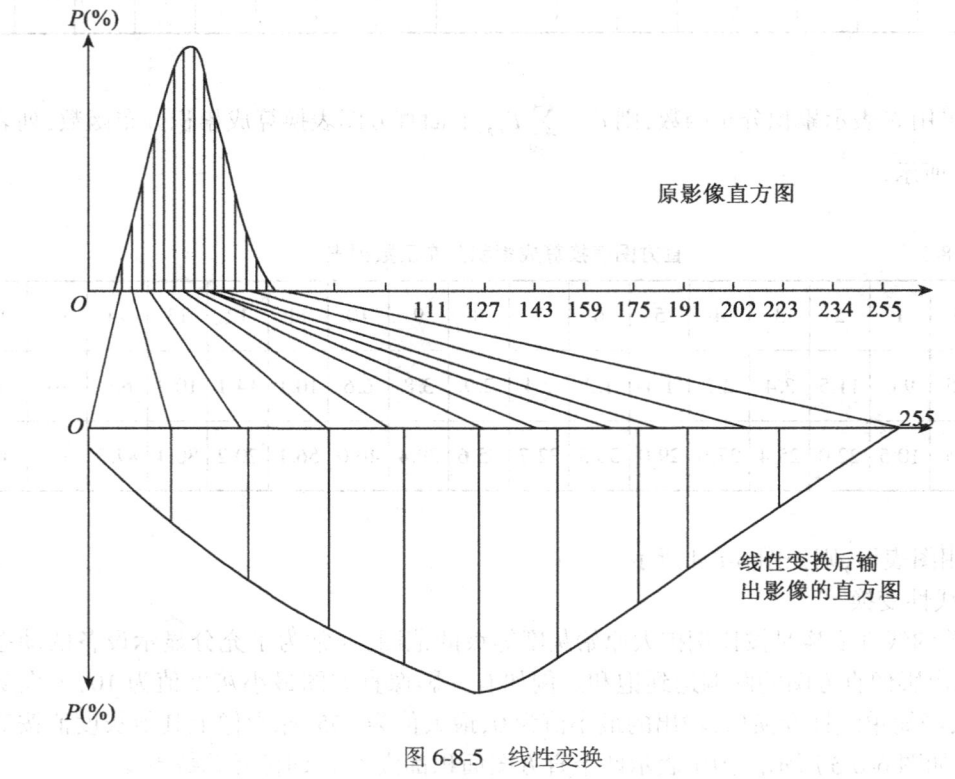

图 6-8-5 线性变换

式中：d'_{ij} 为经线性变换后输出像元的灰度值，d_{ij} 为原影像像元灰度值，A 和 B 为常数，它们可根据需要来确定。斜率 $A = \dfrac{d'_{\max} - d'_{\min}}{d_{\max} - d_{\min}}$，式中：$d'_{\max}$、$d'_{\min}$ 为增强影像的最大；最小灰度值；$d_{\max}$、$d_{\min}$ 为原始影像中的最大，最小灰度值。$B = -Ad_{\min}$。将 A、B 代入 $d'_{ij} = Ad_{ij} + B$ 中，得

$$d_{ij}' = \dfrac{d_{ij} - d_{\min}}{d_{\max} - d_{\min}}(d'_{\max} - d'_{\min}) \tag{6-8-5}$$

一般地，$d'_{\max} = 2^{n-1}$，$d'_{\min} = 0$，则上式为：$d_{ij}' = \dfrac{d_{ij} - d_{\min}}{d_{\max} - d_{\min}} 2^{n-1}$，若 $n = 8$，则

$$d_{ij}' = \dfrac{d_{ij} - d_{\min}}{d_{\max} - d_{\min}} 255 \tag{6-8-6}$$

其变换过程可用图 6-8-6 表示。

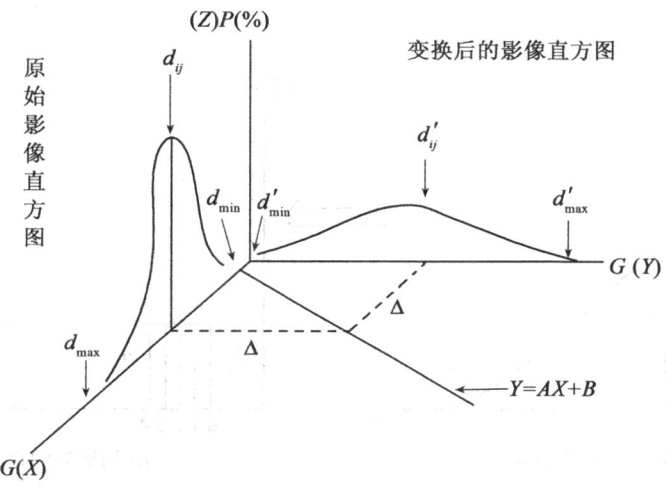

图 6-8-6　线性变换过程

在实际工作中更多地采用多线性变换，它可更有效地拉大感兴趣目标与其他地物之间的反差，如图 6-8-7 所示，图（a）为双线性变换，图（b）为三线性变换，图（c）为压缩高低灰度成分、增强中间灰度反差的三种线性变换方法。

3. 非线性变换

（1）直方图均衡化（histogram equalitation）

直方图均衡化是将随机分布的影像直方图修改成均匀分布的输出影像直方图，如图 6-8-8 所示。

图 6-8-8（a）为原始影像的直方图，可用一维数组 $P(A)$ 表示，即

$P(A) = [P_0, P_1, P_2, \cdots, P_{n-1}]$，图 6-8-8（b）为均衡后的直方图，也可用一维数值表示为：$\overline{P}(A) = \overline{P_2} = \overline{P_3} = \overline{P_{m-1}} = \dfrac{1}{m}$，且 $\sum\limits_{i=0}^{n-1} P_i = 1$，因此为了达到均衡直方图的目的，可用累加的方法来实现，即

当 $P_0 + P_1 + P_2 + \cdots + P_k = 1/m$ 时，原始影像上的灰度为 $d_0, d_1, d_2, \cdots, d_k$ 的像元都合并成均

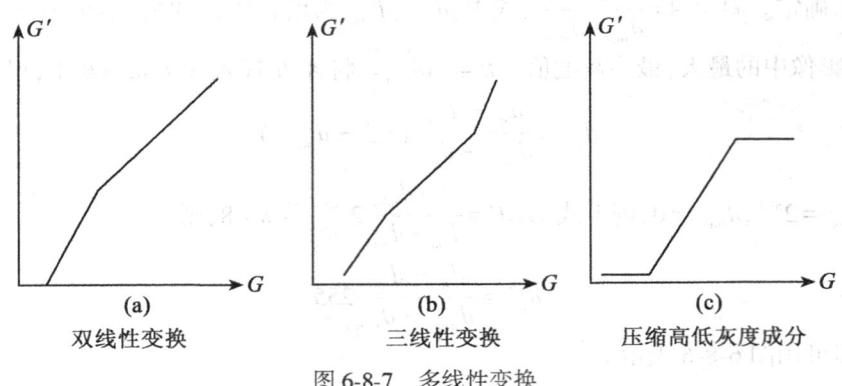

图 6-8-7 多线性变换

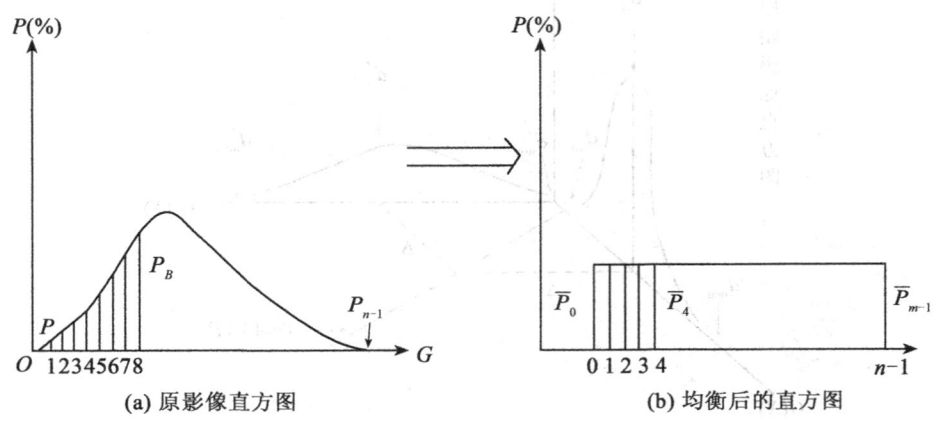

图 6-8-8 直方图均衡

衡后的灰度 d_i。同理,当 $P_{k+1}+P_{k+2}+\cdots+P_l=1/m$ 时,$d_{k+1},\cdots,d_l$ 合并为 d_i,依次类推,直到 $P_R+P_{R+1}+\cdots+P_{n-1}=1/m$ 时,$d_R,d_{R+1},\cdots,d_{n-1}$ 合并为 d'_{m-1}。

可用累积值直方图解求均衡直方图在原灰度轴上的区间,如图 6-8-9 所示,在 P 轴上等分 m 份,通过累积值曲线,投影到 G 轴上,则 G 轴上交出的各点就是均衡所取的原直方图灰度轴上的区间值。一般先求出区间阈值,列成查找表,然后对整幅影像每个像元查找它们变换后的灰度值。

直方图均衡后每个灰度级的像元频率,理论上应相等,实际上为近似相等。直接从影像上看,直方图均衡的效果是:

① 各灰度级所占影像的面积近似相等。

② 原影像上频率小的灰度级被合并,频率高的灰度级被保留,因此可以增强影像上大面积地物与周围地物的反差。

(2) 直方图正态化(histogram normalization)

直方图正态化是将随机分布的原影像直方图修改成高斯分布,如图 6-8-10 所示。

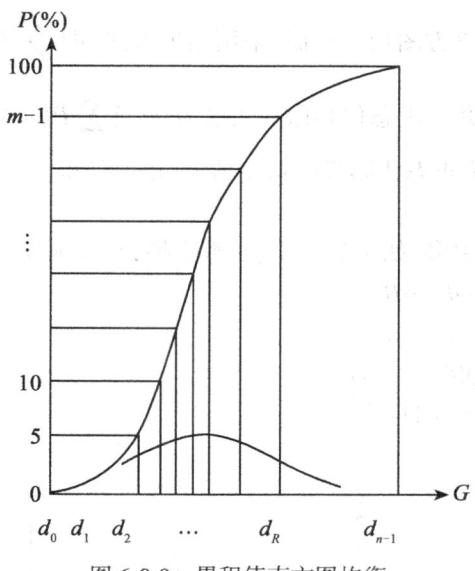

图 6-8-9 累积值直方图均衡

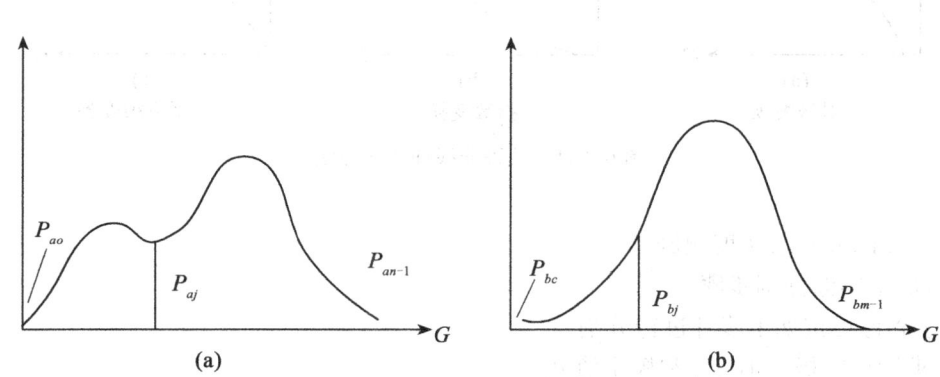

图 6-8-10 直方图正态化

设原影像的直方图 $P(A) = [P_{a0}, P_{a1}, \cdots, P_{an-1}]$，正态化影像直方图 $P(B) = [P_{b0}, P_{b1}, \cdots, P_{bn-1}]$。

正态分布公式为：
$$P(X) = \frac{1}{\sqrt{2\pi}\delta} \int_{-\infty}^{\infty} e^{-\frac{(x-\bar{x})^2}{2\delta^2}} dx \qquad (6\text{-}8\text{-}7)$$

式中：X 为变量，$\bar{x}$ 为均值，σ 为标准差，由于影像是非负的、有限的，数字影像又是离散的，所以正态分布公式可写为：$P(X) = \frac{1}{\sqrt{2\pi}\delta} \sum_{x=0}^{m-1} e^{-\frac{(x-\bar{x})^2}{2\delta^2}}$。式中 x 为 2^n 率的每个元素值即每个灰度处的频率；$P(B) = [P_{b0}, P_{b1}, \cdots, P_{bn-1}]$，$P(x)$ 是正态曲线下的面积，它为 $P(x) = 1$，对某一区间的频率累加值为：

$$P(X_i) = \frac{1}{\sqrt{2\pi}\delta} \sum_{x=0}^{i} e^{-\frac{(x-\bar{x})^2}{2\delta^2}} \qquad (6\text{-}8\text{-}8)$$

修改直方图的方法与直方图均衡类似，采用累加方法，即 $\sum_{i=0}^{k} P(a_i) = P(b_0)$ 时，原影像直方图上灰度值 $0 \sim K$ 合并为正态化影像的灰度为 0，当 $\sum_{i=0}^{k} P(a_i) = P(b_0) + P(b_i)$，原影像上灰度值 $K+1-L$ 合并为正态化影像的灰度值 b_i，依次类推。

(3) 其他非线性变换

其他非线性变换方法很多，如指数变换，对数变换，平方根变换等。

指数变换：$d_{ij}' = \text{AEXP}(d_{ij}) + B$

对数变换：$d_{ij}' = \text{ALOG}(d_{ij}) + B$

平方根变换：$d_{ij}' = \text{ASQRT}(d_{ij}) + B$

它们的变换过程如图 6-8-11 所示。

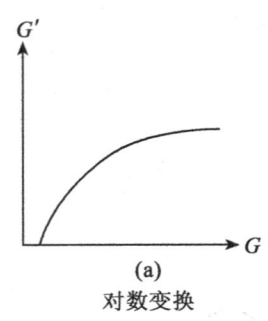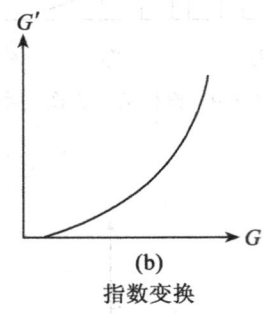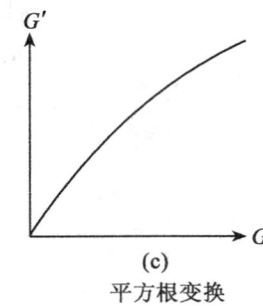

(a) 对数变换　　(b) 指数变换　　(c) 平方根变换

图 6-8-11　几种非线性变换方法

4. 密度的分割与灰度颠倒

(1) 数字影像分割步骤

数字影像可按如下步骤进行分割：

① 求影像的极大值 $d_{\max}$ 和极小值 $d_{\min}$。

② 求影像的密度区间 $\Delta D = d_{\max} - d_{\min} + 1$。

③ 求分割层的密度差 $\Delta d = \Delta D / n$，n 为要分割的层数。

④ 求各层的密度区间：

第 1 层：$D_1 = d_{\min} \rightarrow d_{\min} + \Delta d - 1$

第 2 层：$D_2 = d_{\min} + \Delta d \rightarrow d_{\min} + 2\Delta d - 1$

……

第 n 层：$D_n = d_{\min} + (n-1)\Delta d \rightarrow d_{\max}$

⑤ 定出各密度层灰度值或颜色：

$D_1 \rightarrow 0$，如为红色，$D_2 \rightarrow 8$ 为绿色，$D_n \rightarrow 255$ 为黄色。

⑥ 影像矩阵中每个像元应分在哪一层，用它原影像的灰度值在④中查找它落入哪个区间，就定为哪一层，再按⑤确定它的新的灰度值或颜色就得到一张密度分割影像。

(2) 灰度颠倒

数字处理的灰度颠倒是将影像的灰度值范围先拉伸到显示设备的动态范围（如 $0 \sim$

255)呈饱和状态,然后进行颠倒,$d_{ij}' = 255 - d_{ij}$,这样的运算可使正像和负像互换。

6.8.2 邻区法增强处理

邻区法增强处理是在被处理像元周围的像元参与下进行运算处理。它用于影像平滑、锐化和相关运算。

1. 平滑

影像的平滑是使影像中的高频成分消退,也即平滑了影像中的细节,并使其反差降低,而保存了低频成分,去除了噪音,在频率域中称为低通滤波。在空间域处理中,是对邻区窗口内的影像区域积分,对于离散的数字影像,其平滑公式为:

$$g(x,y) = \frac{1}{M} f(m,n), (m,n) \in S$$

式中:$g(x,y)$为点(x,y)平滑后的灰度值,$f(m,n)$为S集中各像元的灰度值;$x = 0,1,2,\cdots,n-1, y = 0,1,2,\cdots,n-1$,影像为方阵;$S$是点$(x,y)$邻域中的坐标(不包括$(x,y)$的集合);$M$是集合$S$中的坐标点的总数。

例:取以(x,y)点为中心,其周围四个邻点的集合为$S = \{(x,y+1),(x,y-1),(x+1,y),(x-1,y)\}$。

一般是在邻区窗口的每个元素中加正权,与窗口投影下的影像的各元素相乘相加的方法来运算,例如上面S集合的例子,邻区窗口为图6-8-12窗口中心坐标,若为(x,y),则该点平滑后的值为:

$$g(x,y) = [0*f(x-1,y-1) + 1*f(x-1,y) + 0*f(x-1,y+1) + 1*f(x,y-1) + 0*f(x,y) + 1*f(x,y+1) + 0*f(x+1,y-1) + 1*f(x+1,y) + 0*f(x+1,y+1)] / \sum P$$

(6-8-9)

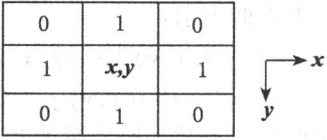

图6-8-12 邻区窗口加权

式中:P为窗口各元素的权。

在邻区窗口中加权可根据需要来赋予,例如可用如图6-8-13所示的几种加权方法。

1	1	1		1	1	1		1	0	1
1	0	1		0	0	0		0	0	0
1	1	1		1	1	1		1	0	1
(a)				(b)				(c)		

图6-8-13 几种加权方法

加权后的窗口称为邻区算子,或邻区端块。图 6-8-13(a)可消除影像中的孤立噪声,图 6-8-13(b)和(c)分别消除孤立的行和列的条带噪声。

对整幅影像平滑的结果反差将减小,图 6-8-14 所示为原影像和平滑影像直方图的比较。

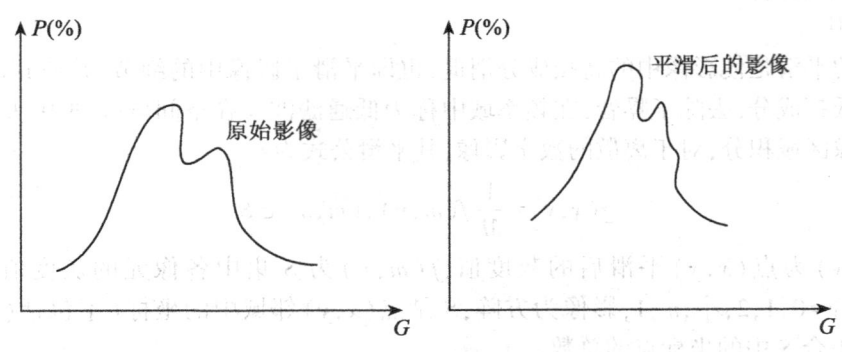

图 6-8-14　原影像和平滑影像直方图的比较

2. 锐化

锐化是增强影像中的高频成分,在频域处理中称为高通滤波,也就是使影像细节的反差提高,也称边缘增强。

锐化是对邻区窗口内的影像微分,常用梯度表示,设给定一个函数 $f(x,y)$ 在坐标 (x,y) 上的梯度定义为一个矢量 $G[f(x,y)] = \begin{matrix} \partial f/\partial x \\ \partial f/\partial y \end{matrix}$,其模为:

$$G[f(x,y)] = \left[\left(\frac{\partial f}{\partial x}\right)^2 + \left(\frac{\partial f}{\partial y}\right)^2\right]^{\frac{1}{2}}$$

对于数字影像,上式可用差分来近似表示:

$$G[f(x,y)] = |f(x,y) - f(x+1,y)| + |f(x,y) - f(x,y+1)| \qquad (6-8-10)$$

$$g(x,y) = G[f(x,y)] \qquad (6-8-11)$$

锐化是高通滤波,因此高通滤波影像也就是原始影像减去低通滤波影像。

6.8.3　多重影像增强处理

这里所指的多重影像是指多光谱影像、多时域影像或多种传感器影像,利用多重影像之间的组合和四则运算来达到增强某些信息的目的。

1. 多光谱影像

以 MSS 多光谱影像为例,它有四个波段,则可列出四个数字矩阵,即

$$f_4(x,y), f_5(x,y), f_6(x,y), f_7(x,y)$$

(1) 加法运算

$$g(x,y) = \frac{1}{K} \sum_{i=1}^{k} f_i(x,y), \quad k = 2,3,4,\cdots,n \qquad (6-8-12)$$

例如用 MSS 4 个波段来运算,当 $k = 2$ 时,$g_{4,5}(x,y) = \frac{1}{K} \sum_{i=4}^{5} f_i(x,y)$,这样得到的

$g_4(x,y)$ 实际上是一个近似坐标的缺蓝全色黑白影像。

当 $k=4$ 时，$g_{4,5,6,7}(x,y) = \frac{1}{4} \sum_{i=4}^{k} f_i(x,y)$，其为近似的红外全色黑白影像。

（2）减法运算

$$g(x,y) = f_A(x,y) - f_B(x,y) \quad (6-8-13)$$

式中：A、B 分别为不等的两个波段号。

两个不同波段影像间的差分有利于简易地提取各种地物在这两个波段影像的相关信息。

（3）乘法运算

$$g(x,y) = \left[\sum_{i=1}^{k} f_i(x,y) \right]^{\frac{1}{k}} \quad (6-8-14)$$

当 $k=2$ 时，$g_{4,5}(x,y) = \sqrt{f_4(x,y) * f_5(x,y)}$

当用密度值运算时，这种运算更近似于加宽波段的范围。

（4）除法运算

$$g(x,y) = \frac{f_A(x,y)}{f_B(x,y)} \quad (6-8-15)$$

如 MSS7 和 MSS5 两波段：

$$g_{7/5}(x,y) = \frac{f_7(x,y)}{f_5(x,y)}$$

简单的比值运算是将两个不同波段中不同亮度变化的地物，成辐射状投射到一个双曲线上；非线性地夸大不同地物间的反差，它能压抑地形坡度和方向引起的辐射量变化，增强土壤植被和水之间的差别。

地形起伏往往使地物的反射率乘上一个变化因子，由于同种地物在不同地形条件下其亮度会发生变化，因其变化因子值不同（但在同样地形条件下，同一类地物不同波段的变化因子是近似相等的），因此比值运算后能消去变化因子的影响。

$$g_{7/5}(x,y) = \frac{f_7(x,y)}{f_5(x,y)} = \frac{\alpha P_7}{\alpha P_5} = \frac{P_7}{P_5}$$

式中：α 为地形起伏引起的地物反射率变化因子。

由于植物的光谱亮度变化由 5 波段到 7 波段是上升的，土壤持平而水是下降的，所以比值图像上这些地物间的反差被夸大了。

（5）混合运算

在各种运算中，还可以根据需要在各自波段的影像上加权运算，另一种方法是 4 种运算混合进行。

例：

$$g(x,y) = \frac{f_4(x,y)}{\sum_{i=4}^{7} f_i(x,y)}$$

$$g(x,y) = \frac{f_7(x,y) - f_5(x,y)}{f_7(x,y) + f_5(x,y)}$$

此式称为生物量指标变换，它能使植物从水和土壤中分离出来。

2. 多时域影像

不同时间摄影的影像,有一种是在极短的时间里同时用同一个传感器获取,这些影像用来消除影像上的随机噪声。采用加法运算:

$$g_T(x,y) = \frac{1}{k}\sum_{i=1}^{k} f_{T_i}(x,y)$$

另一种时间周期长,通过用不同时间影像的差分来提取地物的动态变化信息:

$$g_T(x,y) = f_{T_1}(x,y) - f_{T_2}(x,y)$$

3. 不同传感器之间的影像组合

同传感器获取的同一地区的影像,由于其波长范围不同、几何特性不同、分辨力不同等因素不能用简单的叠合方法来使它们组合。几何特性不同时必须进行几何配准,分辨率不同时应对影像重采样,光谱段不同时也应考虑它们之间的相关性,恰当地加权运算。

6.8.4 彩色增强处理

1. 彩色合成

所有的彩色监视器显示数字影像都是利用三原色加色合成系统,三个电子枪分别在屏幕上形成红、绿、蓝三原色合成彩色影像,对于多波段影像选用其中三个数字影像,分别储存在监视器中的缓冲寄存器中,经查照表将灰度值变换成单色亮度值,再经数模转换器控制各单色电子束强度,三个通道在显示屏上就形成一幅彩色合成图像;当三个缓冲寄存器上存储的是同一幅数字影像时,显示屏上就出现黑白影像。

2. 伪彩色显示

利用彩色监视器也可以将一幅单色影像以不同颜色代表不同的灰度显示出来,它类似于密度分割影像用颜色表示,但颜色层次多,颜色间依次序自然变化。通常通过编制程序将一幅影像按灰度分成三幅不同颜色的单色图案,分别放入缓冲寄存器,最后在监视器上显示出彩色图像来。

6.9 航天摄影飞行计划的制订

航天摄影系统执行任务时,总是带着大量的航摄胶片,在统一安排之下进行摄影,使拍摄的资料尽可能满足国民经济各部门的需要。在制订飞行计划时,必须根据遥感平台(卫星或航天飞机)所担负的主要任务,并考虑航天摄影的特殊条件,研究和确定航天摄影系统的轨道参数、重叠度、发射时刻、飞行持续时间和胶片容量等,以保证顺利地完成航天摄影的任务。

6.9.1 轨道参数的选择

1. 长半轴和偏心率

由卫星轨道参数公式: $a = R + \dfrac{H_A + H_B}{2} = R + H$

$$P = \frac{2\pi R}{V_g} = 2\pi\sqrt{\frac{a^3}{GM}}$$

$$e = \frac{H_A - H_B}{2a}$$

可知,当近地点高度 H_B 和轨道周期 P 确定后,也就可以相应地计算出 a 和 e 值。

(1)近地点高度和点位的选择

① 摄影比例尺。摄影比例尺的大小决定了一张像片所覆盖的地面面积、地面分辨率和点位的测绘精度。为了摄取高质量的像片,就必须增大摄影比例尺,并尽可能使近地点位于重点摄区的附近。

② 返回航程。对返回型航天摄影系统而言,在近地点附近返回地面最为有利,因为返回点的高度越低,返回航程越短,在地面着落点处可能产生的离散圈越小,从而有利于胶片舱的回收。

此外,还应该考虑卫星的工作寿命、运载工具的运载能力以及地面站对卫星跟踪、测轨和定轨的精度要求。

(2)轨道周期 P 的选择

① 重复周期。航天摄影要求所摄像片能全面覆盖卫星所经过的区域,原苏联的航天摄影系统还具有一定的重复周期,以便对地面进行动态监测。

当卫星围绕地球运行时,地球也在绕其极轴由西向东自转,所以卫星运行一周后,地球已向东部转过了一段距离,如果轨道周期 P 为 90 分钟,则卫星运行一周后,地球已转动了 1/16 周,即 22.5°,在赤道上同一天内,相邻两圈轨道之间的距离 s 约为 2500km,即

$$s = P \times 15 \times 111.3 \text{(km)} \tag{6-9-1}$$

式中:s 为同一天内相邻两圈轨道在赤道上交点之间的距离。111.3km 为地球自转 1°后,在赤道上移动的距离(赤道半径为 6378.16km)。

由于地球是一个球面,加上轨道倾角的影响,相邻两轨道之间的距离并不是常数,在赤道处间距最大,在地理纬度 φ 等于轨道倾角 i 处间距最小。因此,卫星围绕地球运行一天后,并不能获得对地面的全面覆盖。但是,只要轨道周期与每天围绕地球运行的整圈数 n 的乘积不等于 24 小时,就有可能使相邻两天同一轨道圈次(如第 2 天的第 1 圈与第 1 天的第 1 圈,等等)之间产生位移,其位移值在赤道上的距离 δ 为

$$\delta = (nP - 24) \times 15 \times 111.3 \quad \text{(km)} \tag{6-9-2}$$

若 $\delta>0$,则表示后一天的轨道在前一天同圈次轨道的西边;若 $\delta<0$,则后一天的轨道在前一天同圈次轨道的东边。

位移值 δ 为全面覆盖地面创造了条件。当经过一定的天数后,所有轨道又严格地重复运行,我们称该天数为重复周期。显然,在完成一次全面覆盖的重复周期内,卫星所转的圈数必须是一个整数,所以在轨道设计时,必须调整 P 的运行时间,这是轨道设计工程师的一项非常重要的工作。

② 轨道间距 D。任意两圈轨道之间在赤道上的最小距离称为轨道间距,这是与轨道周期和重复周期直接有关的另一个参数,轨道间距 D 为

$$D = \frac{P \times 5 \times 111.3}{\text{重复周期}} \tag{6-9-3}$$

显然任意两圈轨道之间的最小距离是随着地理纬度而变化的。在航天摄影中,为了保证一定的旁向重叠度,摄区上空的最小轨道间距必须小于航摄仪所摄取的地面在旁向的覆

盖宽度,以免产生航摄漏洞。因此,这是轨道设计工程师在计算轨道周期时,必须考虑的又一个重要参数。

③ 摄影比例尺的稳定性。由于大气阻力的作用,对近地卫星而言,轨道衰减是相当严重的,随着飞行时间的增长,轨道高度下降,最小轨道间距减小,重叠度增大,这样就不能全面覆盖地面,航摄胶片也不能得到充分的利用,为此,在选择轨道周期时,要选择偏心率较小的近圆轨道,以保证摄影比例尺的稳定性。

2. 轨道倾角

摄影区域的地理纬度确定了最小容许的轨道倾角。例如覆盖美国大陆需要 49°的轨道倾角,又如美国航天飞机第 9 次飞行时,轨道倾角只有 28°,只能对南美、非洲、东南亚和澳大利亚等地区提供较好的覆盖,而对美国、俄罗斯、欧洲和中国的覆盖区域就很少。由于遥感平台上安置多种仪器,除航天摄影外,同时还需进行许多其他项目的科学试验,因此,每次发射遥感平台之前,必须了解该次飞行可能摄取的范围,以便作出周密的安排。

3. Ω、ω 和 t_N

升交点赤经 Ω 与太阳位置有关,Ω 不同,则卫星飞越摄区上空的太阳高度角以及受太阳照射的时间也就不同,对返回型航天摄影而言,需在白天进行摄影,因此要求被摄地区的日照时间要长,且能满足一定的太阳高度角,因此,Ω 将由卫星的发射时刻决定。

近地点辐角 ω 应选在重点摄区的中间,以便在近地点附近能获得较大摄影比例尺的像片。

选择卫星通过近地点的时刻 t_N,主要考虑运载工具的能力,返回时的落点位置以及允许的返回航程。

总之,为提高航天摄影的摄影质量,在确定轨道参数时,应选择近地点高度较低、偏心率较小的近圆近地轨道,轨道倾角应大于摄区的地理纬度。计算轨道周期时,应考虑对摄区的全面覆盖和保证一定的旁向重叠,近地点应选在重点摄区的中间,并选择合适的发射时刻以满足太阳高度角、日照时间和气象条件等方面的要求,但上述参数受到许多因素的制约,必须在精确计算的基础上,经过综合分析和平衡后才能作出最佳轨道设计。

6.9.2 航向重叠度的保证

为了使航天摄影所摄取的资料能满足立体观测和像片连接的要求,在同一条轨道上,像片之间应有一定的航向重叠度,相邻轨道之间应保证一定的旁向重叠度。但是航天摄影中,除了考虑轨道衰减的因素外,还应考虑地球自转和轨道形状对航向重叠度的影响。

为确保一定的航向重叠度,相邻像片之间的摄影时间间隔 τ 应满足公式

$$\tau = \frac{H}{W}(1 - q_x)\frac{l_x}{f} \tag{6-9-4}$$

由于航天摄影中的轨道不可能是一个圆形轨道,因此在不考虑地形起伏的情况下,式中的航高 H 应以瞬时高度 H_t 表示,而地速则应考虑地球自转的影响,即

$$W = V_g - W'\cos i \tag{6-9-5}$$

式中:V_g 为遥感平台相对于地面的速度,即遥感平台在轨道上的运行速度在地球表面上的投影;

W' 为地球在赤道上的自转速度($W'=0.46384\text{km/s}$);

i 为轨道倾角。

显然,只有地面站对卫星轨道进行精确测轨,并提高卫星姿态的稳定性,才能通过程控系统对航摄仪的开、关进行遥控指令以满足要求的航向重叠度。

此外,由于航摄仪像幅的纵向边与轨道方向重合,因为地球的自转,相邻两张像片之间将产生旁向位移,该位移值在赤道上达到最大值,在 $\varphi=i$ 处接近于零。由于航天摄影时,一张像片所覆盖的地面面积很大,在一般情况下,这种影响可以不予考虑。

6.9.3 发射时刻的选择

发射时刻是指卫星发射的日期和时刻。由于地球围绕太阳运转,而卫星又围绕地球运转,因此不同的发射时刻,卫星相对于太阳的位置也就不同。为了使卫星上的航摄仪、姿态控制系统和温度控制系统都能正常工作,在轨道设计时应分别考虑卫星飞越摄区上空时的太阳高度角、轨道平面的法线方向与太阳—地球连线之间的夹角和卫星的受晒因子(卫星运行一周所受太阳光照射的时间与轨道周期之比)。轨道设计师将对这三个参数分别进行计算,在进行综合分析和平衡的基础上才能提出合适的发射时刻。

例如,为了使航摄仪正常工作,卫星飞越摄区上空时,应具有一定的太阳高度角 h_θ。因为在相同的大气条件下,h_θ 越大,地面受到的照度和地面景物的反差越大,摄影冲洗后将能得到理想的影像反差。

太阳高度角与摄区纬度和时间的关系可由实用天文学求得,因为太阳天顶距 Z 为

$$\cos Z = \sin\varphi\sin\delta + \cos\varphi\cos\delta\cos t \tag{6-9-6}$$

式中:Z 为太阳天顶距,即 $Z=90°-h_\theta$;

φ 为摄区纬度;

δ 为太阳赤纬,可根据年、月、日和时间由天文年历查得;

t 为时角:

$$t = S - a \tag{6-9-7}$$

式中:S 为地方恒星时,可根据地方时换算;

a 为太阳赤经,可根据年、月、日和时间由天文年历查得。

因此,根据轨道参数求出遥感平台通过摄区上空的时刻 S 后,就可以算出当时的太阳高度角。

摄区的气象条件是影响航天摄影的另一个重要因素,在计划发射日期时,一定要对重点摄区可以成功地进行摄影的天气条件作出充分的估计。通过对世界各地历年来天气变化资料的分析,可以求得在某一地区可能出现晴朗天气的特定时期。例如,10月份是对美国大陆进行摄影的最好时期。另外,还需考虑地面景物的覆盖情况,如地面上是否有雪层覆盖以及树叶生长的情况,等等。这些因素不但影响发射日期,而且与摄影条件(滤光片的选择、曝光时间的预估等)也有一定的关系。

6.9.4 飞行持续时间和胶片容量

飞行持续时间包括预定摄区面积达到全部覆盖所需要的时间、遥感平台进入规定的飞行状态的时间和离开轨道准备下降的时间。另外,为了克服气象条件的变化,还需考虑两次以上进入摄区所需要的时间。因此,飞行持续时间都比预计完成摄影任务所需要的时间长,

一般都选择合适的轨道高度,尽可能缩小旁向重叠,减少完全覆盖所需要的时间,以便留下一定的时间作为补摄漏洞使用。

航天摄影系统中的有效载荷是有严格规定的,其中胶片容量是一个常数,因此,必须仔细考虑,合理安排。首先要保证重点摄区的摄影任务,为此,要计划好每个飞行日可能拍摄的时间,求出航摄胶片的使用率,对于非重点地区,可以根据胶片容量和航向重叠度的要求作适当的调整。

通过上述分析可以看出,制订航天摄影的飞行计划是相当复杂的工作,尽管事先作出了统筹安排,但是,由于偶然因素(发射时刻的推迟、大气条件的变化、航摄仪的故障等等)的影响,经常会改变原订的计划。此外,由于宇航员在遥感平台上须完成多种科研任务,不可能独立处理航天摄影中的所有问题,所以地面通信网络应保持与遥感平台的联系。总的来说,根据事先准备好的处理偶然事件的应急措施,在统筹安排的基础上,保证重点摄区任务的顺利完成是制订航天摄影飞行计划的主导思想。

第7章 遥感图像的质量评定

7.1 概 述

对遥感器(包括航摄仪和多光谱扫描仪)及其图像的质量评价是遥感器的设计者和图像产品使用者非常关心的一个重要问题,理由如下:

①通过对图像质量的评价,为某种图像产品可供使用的范围提供理论依据。

②了解在遥感器产生图像的全过程中,影响图像质量的各个薄弱环节,然后有针对性地改善或控制生成图像的某一物理过程,以便提高图像的质量。

③为遥感器的研制和检定提供切实可靠的方法。

一般来说,遥感器本身的质量称为静态质量,由遥感器在实际使用条件下所生成的图像质量称为动态质量。由于大多数评定质量的方法对静态质量和动态质量的评定都是适用的,因此,为了简单起见,统称其为图像质量的评价,简称为像质评价(或像质评定)。

从本质上讲,图像的质量包括三重意义,即图像的可检测性、可分辨性和可量测性。

(1)图像的可检测性

图像的可检测性表示遥感器对某一波谱段的敏感能力。以黑白摄影为例,如果在可见光谱区内,摄影系统能把某一亮度的景物记录在负片上,并且其影像密度超过灰雾密度(D_0)0.1以上,则我们说摄影系统对该景物是可检测的。

(2)图像的可分辨性

图像的可分辨性表示遥感器能为目视分辨相邻两个微小地物提供足够反差的能力,或简单地说就是遥感器对微小细节反差表达的能力。

(3)图像的可量测性

图像的可量测性表示遥感器能正确恢复(量测)原始景物形状的能力。

图像的可检测性和可分辨性统称为图像的构像质量,而图像的可量测性称为图像的几何质量。

几何质量的评定比较简单和直观,它表示遥感器所构成的像点与其相应的理想像点在几何位置上的差异。以航空摄影为例,航摄仪光学系统的畸变差、航摄负片的不均匀变形或局部变形以及压平精度等都是评定图像几何质量的主要参数。

图像构像质量的评定比较复杂和困难,它既包括图像的表达层次(如影像反差),也包括显微结构(如乳剂颗粒度等)对构像质量的影响,而且还与图像产品使用者的要求有关。在很多情况下,不同用户对同一图像产品的构像质量往往会作出不同的评价。本章讲述的内容都是讨论各种构像质量的评定方法。

几十年来,对像质的评价一直存在着两种观点。一种观点认为任何图像都是给人看的,因此应该采用目视评估的方法(或称为主观评定)。如分辨率就是根据光的衍射理论,以肉眼能分辨出两个像点为前提,在天文望远镜问世以后发展起来的一种评价像质的方法,以及美国标准协会对摄影胶片感光度(ASA)基准密度($D_0+0.1$)的确定,最早也是以目视评估为基础,根据统计数据而制定标准的。另一种观点认为,主观评定的方法不全面,有一定片面性,而且也经不起重复检查,因为当观测条件变化时,评定的结果有可能产生差异,因此发展了许多不受评估人员影响的客观评价的方法,如影像的清晰度和感光材料的颗粒度等。但是,无论哪一种评价方法都存在着一定的局限性,如何使主观评定和客观评定有机地结合起来乃是今后值得注意的研究方向。

本章首先讨论像质评价的基本原则,并对已经学习过的几种像质评价方法进行比较和分析,在此基础上介绍摄影系统调制传递函数的基本概念及其测定方法。在生产实际中如何对航摄资料的质量进行综合评估,本章也提出了初步设想。由于像质评价是至今尚未完全解决的课题,因此本章还介绍一些数字扫描图像的像质评价方法,希望通过本章的学习,能继续朝着这个方向深入地开展研究工作。

7.2 像质评价的基本原则

遥感器记录图像的全过程,实质上是一个信息传输的过程。以航空摄影为例,由地表面所反射的地物信息,穿过大气层,进入航摄仪物镜到达航摄胶片上构成影像,然后利用所得像片,由航测仪器进行测绘或判读,如图 7-1-1 所示。在这整个过程中,地物信息由于通过不同的介质而得到损失。

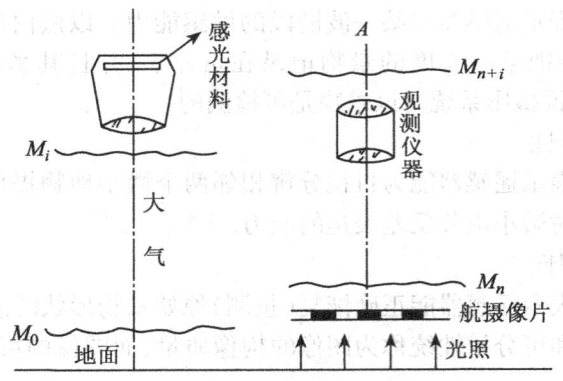

图 7-1-1 地物信息的获取过程

在航空摄影的全过程中,影像质量经受了下列诸因素的影响。由于大气对阳光散射而引起的空中蒙雾亮度、航空摄影时飞机发动机的震动、在曝光时间内由于飞机前进运动而引起的像点移位、航摄仪物镜的残余像差、感光材料的性能(其中包括感光特性和显出影像的显微特性)以及冲洗条件等因素,都会影响影像的质量,使得影像的反差和影像边沿的清晰度降低,并使地物的微小细节受到损失。

根据上述分析,我们可以把整个航摄过程看做是一个摄影系统,地物信息通过的每一介质都是摄影系统的一个组成部分,因此航空摄影的全过程也就是地物信息在各个介质中的一个传输过程。

从信息传输的基础上来理解航空摄影的全过程具有重要意义。因为航空摄影的最终结果是取得航摄负片,要分析和提高航摄负片影像的质量,就必须研究组成该摄影系统的每一个介质对影像质量的影响,或者根据航摄负片的影像质量,分析摄影系统中哪一个介质的影响最大,以便针对具体情况,设法改进影像质量。

但是,根据什么标准去评定影像的质量呢？或者说,评定影像质量的标准应具备哪些条件才符合信息传输的概念呢？为此,我们首先比较一下几种像质评价的标准,并分析这些方法的作用及其局限性。

7.2.1 对各种像质评定标准的分析

1. 分辨率

分辨率是表示分辨微小细节能力的一个质量指标,也是一个非常重要的质量标准。例如,已知航摄负片的面积加权平均分辨率,根据摄影比例尺就可以估算出该航摄负片可能分辨的地面线段的宽度(地面分辨率),即

$$R_g = \frac{m}{\text{AW} \cdot \text{AR}}$$

式中：R_g 为能分辨的地面线段的宽度即地面分辨率；

m 为摄影比例尺分母；

AW·AR 为面积加权平均分辨率。

在实验室条件下,测定分辨率的方法比较简单,因此在照相工业中被广泛采用。

在多光谱扫描仪中,与地面分辨率相应的质量指标是空间分辨率或瞬时视场 IFOV,两者之间有下列经验公式,即

$$\text{IFOV} = 2\sqrt{2} \times R_g \tag{7-2-1}$$

而

$$\text{IFOV} = \frac{HS}{f} \tag{7-2-2}$$

式中：S 为探测元件的边长；

H 为遥感平台的高度；

f 为望远镜系统的焦距。

但是,应该指出分辨率这个标准有很多局限性：

①如果要测定动态分辨率,即图像的实际分辨率,就必须在地面上布设一个大型的分辨率靶板,这显然是很困难的。

②在航摄系统中,即使分别知道航摄物镜及航摄胶片的分辨率,也不能求出摄影后在航摄负片上的实际分辨率(动态分辨率)。因为,没有一种叠加关系可表示出物镜—软片的组合分辨率。也就是说,摄影系统中各种介质的分辨率之间是无法传递的。

③分辨率只是表示对微小地物的极限分辨能力,不能从分辨率的数值中了解遥感器对较大地物的表达质量。常有这样的情况：甲、乙两个摄影机在实验室条件下测定的结果是甲的分辨率大于乙的分辨率,但实际摄影的结果是乙的影像质量比甲的好,类似这种问题用分辨率是无法解释的。也就是说,分辨率作为评定影像质量的标准尚不够全面。

④由于各人在显微镜下观测时的判断标准不同,分辨率测定的数值往往不很一致。也就是说,分辨率的测定不是客观的,受主观因素的影响较大。一般生产和科研单位都指定专人进行测定,这样就经受不起重复性检验。

2. 清晰度

清晰度表示影像边沿清晰的程度,它的测定方法比较简单,而且是客观的,基本上不受主观因素的影响,尤其重要的是这种方法在生产实践中有现实意义。因为航摄负片上总是存在着许多直边地物(道路、水库、房屋等),只要利用测微密度仪扫描出直边地物影像的边界曲线(刀刃曲线)就可以计算出影像的清晰度。因此这种方法在生产实践中(诸如选择感光材料、评价和检定摄影机的质量、比较不同条件下的摄影效果等)比测定分辨率要方便而实用得多。

清晰度的表示方法有好几种,如锐度 A、均方梯度 G_x^2 和最大梯度 G_{max} 等,其计算公式为:

$$A = \frac{G_x^2}{DS} \tag{7-2-3}$$

$$G_x^2 = \sum \left(\frac{\Delta D_i}{\Delta X_i}\right)^2 \tag{7-2-4}$$

$$G_{max} = \left(\frac{\Delta D_i}{\Delta X_i}\right)_{max} \tag{7-2-5}$$

式中: ΔD_i 为对应于某一距离增量 ΔX_i 的密度差;

ΔX_i 为距离增量;

DS 为边界曲线两边的密度差。

清晰度是在一维方向上计算密度变化的速率,对数字扫描图像,即使是推帚式扫描仪(SPOT),这种方法也不适用,因此,随着影像数字化和光电扫描图像的不断发展,在清晰度的基础上又发展了一种像元平均梯度 $\overline{Grad}$ 的像质评价方法。它表示在图像的取样区域内(200 像元×200 像元左右),相邻像元之间在 x、y 方向上的平均梯度,其计算公式为:

$$\overline{Grad} = \sum \frac{A_i}{A} Grad_i \times 100 \tag{7-2-6}$$

式中: A_i 为具有某一梯度的像元数;

A 为取样区域内的像元总数。

$\overline{Grad}$ 是在 x、y 两个方向上,以面积为权计算的加权平均值,反映了图像对微小细节反差表达的能力,能更为敏感地反映出图像的质量。

但是清晰度或像元平均梯度也是不能传递的,而且其数值本身并没有绝对的意义,尤其是像元平均梯度对地物种类相当敏感,在同一张航摄负片上,不同的地物,其像元平均梯度值相差很大,因此只能作为相对的比较。

3. 颗粒度

颗粒度 RMS 表示乳剂颗粒的平均尺寸及其分布的情况,它从颗粒噪声的角度来分析感光材料表达微小细节的能力。这种方法主要用于感光材料制造工业,作为评定和验收产品的一种质量指标。此外,在影像的数字化中,为了设计数字化器,对于密度的量化(分级)也必须知道感光材料的颗粒度。

在一块均匀曝光、均匀显影并使密度达到 1.0 左右的试片上,用 $50\mu m$ 的孔径在测微密度仪上对其扫描,然后按下式计算颗粒度:

$$RMS = 1000 \times \sigma$$

而
$$\sigma = \sqrt{\frac{(x_i - a)^2}{n}} \tag{7-2-7}$$

式中：x_i 为在测微密度仪上量测的某一像元的密度值;

a 为平均密度;

n 为量测的像元数(>1000)。

尽管颗粒度的测定方法是客观的,但是它只表示感光材料的静态质量(乳剂的颗粒噪声)。若要考虑它的传递作用,还必须进一步研究乳剂颗粒的自相关函数和维纳频谱。此外,摄影系统中,许多因素与颗粒度无关,例如颗粒度并不受影像移位、震动和物镜像差的影响。

4. 感光测定法

航空摄影结束后,在剩余的片头上曝光光楔,使光楔试片与航摄胶片同时冲洗,然后用感光测定方法求出在该冲洗条件下感光材料的特性曲线和反差系数 γ。与此同时,量测负片的最大密度 $D_{最大}$、最小密度 $D_{最小}$ 和影像反差 $\Delta D = D_{最大} - D_{最小}$。将上述数值标注到特性曲线上后,就可以检查航空摄影时的曝光和冲洗质量。

感光测定方法主要用于航摄资料的质量验收,对控制航空摄影的正确曝光和冲洗条件也有重要意义,由于这种方法结合了摄区的地物、地形特征,因此在生产中很值得推广。但是,感光测定法只评定图像的宏观质量,并不能反映图像对微小细节反差表达的能力(可分辨性)。例如,飞机发动机的震动和影像移位的影响用感光测定法是无法评定的。

5. 遥感器的信道容量

遥感器的信道容量 C 表示一幅图像中所能包含信息的数据量,单位为 bit。

对像幅为 $23cm \times 23cm$ 的航摄负片而言,其计算公式为

$$C = \left(\frac{23 \times 10^4}{d}\right) \times 8 \tag{7-2-8}$$

式中：
$$d \leq \frac{1}{2\sqrt{2}\,AW \cdot AR} \times 1000(\mu m) \times \frac{1}{2}$$

$AW \cdot AR$ 为航摄负片的面积加权平均分辨率;

d 为最佳扫描孔径。

式(7-2-8)中包含了负片的微观质量(动态分辨率),这是从影像数字化的角度提出的一种像质评价的方法。

对数字扫描仪而言,其信道容量的计算公式为

$$C = N_1 \times N_2 \times N_3 \tag{7-2-9}$$

而
$$N_1 = \left(\frac{S}{IFOV}\right)^2$$

式中：N_1 为一幅图像所包含的像元总数;

N_2 为波段数;

N_3 为每个像元的量化级数;

S 为一幅图像所覆盖的地面面积；

IFOV 为瞬时视场。

以 SPOT 图像为例,每幅图像所覆盖的地面面积为 60km×60km,全色波段的瞬时视场为 10m,多光谱有三个波段,其瞬时视场为 20m。每个像元都将地物量化成 8 个比特(0~255)的亮度值。因此

$$C_{全色} = 36 \times 10^6 \times 8 = 288 \text{ (Mbit)}$$

$$C_{多光谱} = 3 \times 9 \times 10^6 \times 8 = 216 \text{ (Mbit)}$$

扫描仪信道容量的大小,直接关系到数据的传输速率,即在地面接收站每天的有效接收时间内,遥感器能输送出多少幅图像,同时也影响到对原始数据进行预处理所需要的时间。此外,信道容量的大小也将对用户在图像处理中的软件开发提出相应的要求。

6. 图像的信息量

信息量表示随机变量的不肯定度,是对图像中可能提取的信息所作出的客观度量,单位为比特。其计算公式为

$$H(x) = \frac{\sum_{i=1}^{n} P_i \log_2 P_i}{S} \tag{7-2-10}$$

式中:S 为一张负片所覆盖的地面面积,单位为平方公里;

P_i 为图像中出现某一灰度(或亮度)的概率;

n 为像元灰度(或亮度)可能取值的范围。

信道容量和信息量是两个不同的概念,信道容量表示图像中可能含有信息的数据量;而信息量表示图像中(或取样区域内)为提取信息、表示数据时所必须使用的二进制的最小数目,尤其在评定多光谱成像系统的实用性和波段选择中,这种方法很有使用价值。但在数值上,由于对地物的种类比较敏感,信息量也只具有相对的意义。

7.2.2 对像质评定标准的要求

从上面的分析中可以看出,随着影像数字化的不断发展,虽然开拓了许多新的像质评价方法,但这些方法在使用中都具有一定的局限性。一个较为理想的像质评定标准应该符合以下几个要求:

① 评定标准要尽可能客观,而且可以重复并经得起检查。

② 这种标准应该全面地表示影像质量,而不能只局限于某一个方面。

③ 这种标准应该便于实际测定,即能够较为方便地测定出图像的动态质量。

④ 这种标准必须是能够传递的,即只要知道成像系统中各种介质对图像表达的质量,就可以用简单的"叠加"方法求得图像的动态质量。例如,组成航摄系统的介质包括大气、物镜(包括滤光片)、震动、像点移位、航摄胶片(包括冲洗条件)等五大部分。如果知道了每一部分对影像的表达质量,用"叠加"的方法就可以计算出整个摄影系统(航摄负片)的动态质量。叠加性的重要意义在于:通过分析可以知道哪一种介质在成像过程中起主要作用,这对于研究和提高影像质量有很重要的意义。

调制传递函数是目前认为最符合上述要求的一种评定影像质量的标准。

传递函数的思想来源于信息论,它的数学基础是傅里叶变换,早在20世纪50年代初

期,就已经有人提出利用调制传递函数(当时叫反差传递函数或频率响应)作为评定摄影质量的标准,这种方法首先用于摄影物镜的优化设计和感光材料制造工艺的质量控制。从70年代初期起,调制传递函数又从航摄负片上评定航摄系统的成像质量(动态质量),并开始用于数字扫描仪的质量评定。

当然,这并不是说调制传递函数是唯一的像质评定标准。事实上,为了更正确地理解调制传递函数的意义,就需要其他评定标准在测定中的知识和经验。因此,目前照相工业中,无论是摄影机或是感光材料的制造厂商,除了公布调制传递函数的数据外,同时也公布其他的特性数值,以供使用者参考。

7.3 摄影系统的调制传递函数

7.3.1 名词解释

1. 正弦形靶板(正弦形光栅)

我们知道,测定分辨率需要利用一个特制的分辨率靶板,例如三线条靶板。如果用测微密度仪量测其中任何一组线条的密度分布,那么得到的显然是一个密度呈矩形变化的图案,这种图案称为方波或矩形波。也就是说,所测分辨率靶板上的线条,其光强 I 是呈矩形分布的图案,如图 7-3-1 所示。而分辨率 R 为

$$R = \frac{1}{r} = \frac{1}{2d} \tag{7-3-1}$$

从理论上说,测定调制传递函数,也需要利用一个靶板,但是这种靶板条纹间的光强是呈正弦形变化的,如图 7-3-2(a)所示。我们称这种靶板为正弦形靶板(或称正弦形光栅)。通常,正弦形靶板条纹间的密度是连续变化的,图 7-3-2(b)表示一个正弦波靶板的光强分布。

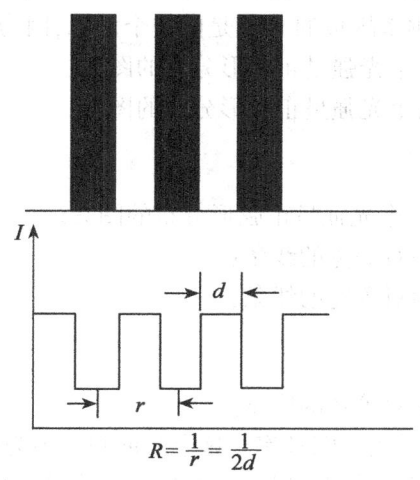

图 7-3-1 分辨率靶板图案

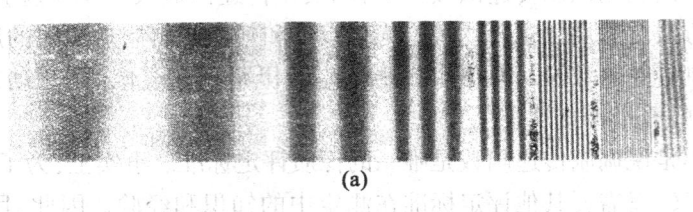

(a)

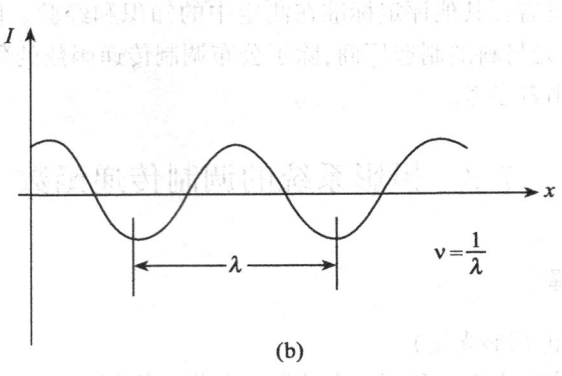

(b)

图 7-3-2 正弦形靶板及光强分布

2. 空间频率

如果有一个光强呈正弦形分布的靶板,该靶板相邻两条白线(或黑线)的距离定义为空间周期,以 λ 表示,单位为 mm,则 λ 的倒数称为空间频率 ν,而 $2\pi\nu=\omega$ 称为空间角频率,即

$$\nu=\frac{1}{\lambda} \tag{7-3-2}$$

及

$$2\pi\nu=\frac{2\pi}{\lambda}=\omega \tag{7-3-3}$$

也有将空间周期 λ 称为波长的,与此相应的空间频率 ν,则称为波数。

显然,空间频率 ν 与分辨率靶板的 R 值是同一个意思,因为

$\nu=1$,表示每毫米内有一个光强呈正弦形分布的图案;

$\nu=2$,表示每毫米内有两个光强呈正弦形分布的图案;

⋮　　　　⋮

$\nu=n$,表示每毫米内有 n 个光强呈正弦形分布的图案。

$R=1$,表示每毫米内有一对等宽的线条;

$R=2$,表示每毫米内有两对等宽的线条;

⋮　　　　⋮

$R=n$,表示每毫米内有 n 对等宽的线条。

为什么在传递函数中要采用空间频率 ν 这个名词呢? 因为传递函数的思想来源于信息论,即把整个摄影系统看做是一个滤波器,每经过一个介质(大气、物镜、震动、移位、胶片等)总要滤掉一些地物信息中的高次谐波,所以采用频率这个名词。至于在频率前面加上"空间"二字,那是相对于时间而言的,一单位时间内的振动次数叫做时间频率,而单位长度

内的正弦波数则称为空间频率。

3. 调制(反差)

前几章中,我们所讲的景物反差 u,都是指景物的最大亮度与最小亮度之比(或其对数之差表示),例如,分辨率靶板的反差就是以底色与黑线的亮度之比表示的。但是,在传递函数中,正弦形靶板的反差是按照无线电中的调制值定义的,即

$$M = \frac{I_{\max} - I_{\min}}{I_{\max} + I_{\min}} = \frac{I_a}{I_0} \tag{7-3-4}$$

显然 $0 \leq M \leq 1$。如图 7-3-3 所示。

式中:I_a 表示正弦形靶板的振幅;

I_0 表示正弦形靶板的平均亮度。

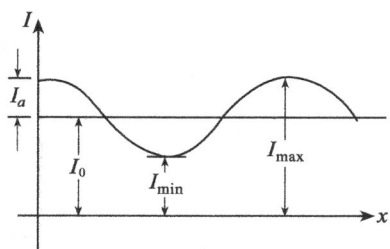

图 7-3-3　正弦形靶板的反差

我们称 M 为正弦形靶板的调制,也就是正弦形靶板的反差,由图 7-3-3 很容易看出,对于某一个空间频率为 ν 的正弦形靶板而言,任意一点处的光强分布 $I(x)$ 为

$$I(x) = I_0 + I_a \cos 2\pi\nu x \tag{7-3-5}$$

$$= I_0(1 + \frac{I_a}{I_0} \cos 2\pi\nu x)$$

$$= I_0(1 + M\cos 2\pi\nu x) \tag{7-3-6}$$

显然,景物反差 u 与调制值 M 之间有下列关系,即

$$M = \frac{u-1}{u+1} \tag{7-3-7}$$

我们知道,在分辨率测定中,一般有两种反差的靶板,一种是高反差(1000∶1)靶板,另一种是低反差(1.6∶1)靶板。按式(7-3-7)计算,其相应的调制值分别为 0.998 和 0.23。

4. 点扩散函数和线扩散函数

(1) 点扩散函数

物方一个亮点,通过摄影系统后,理想的情况下应该还是一个点,其亮度应该是很集中的,如图 7-3-4 中 x_0 处的虚线所示。

但是,由于光的衍射作用、物镜的像差、光在乳剂中的散射以及摄影系统中其他介质的影响,实际所得的点像是一个光斑,其亮度由中心向四周散开。若用测微密度仪沿着 x 方向量测其密度分布,并根据感光材料的特性曲线($D = \lg H$ 曲线),将密度变化换算成曝光量的变化,则得图 7-3-4 中实线所示的轨迹。我们将点像的光强分布定义为点扩散函数。

一般来说,点像的光强分布并不对称于中心,所以点扩散函数以二维坐标 $p(x,y)$ 表示。其中 x,y 表示像平面上光斑任意一点处的位置坐标,p 表示某一位置 (x,y) 处亮度的大小。一般 $p(x,y)$ 可以画成立体图,即将图 7-3-4 中的实线轮廓线绕中心 x_0 旋转一周而成的立体空间来代表点扩散函数。

(2)线扩散函数

物方一条亮线可以看做是由无穷多个亮点组成的,所以亮线通过摄影系统后的构像也就是无穷多个亮点构像的集合。由于同样的原因(光的衍射、像差等)亮线的影像不再是一条亮线,其影像将向两边扩散。如果把像面上线像的长度方向定义为 y 方向,那么线像沿 x 方向的光强分布 $A(x)$ 就称为线扩散函数,如图 7-3-5 所示。

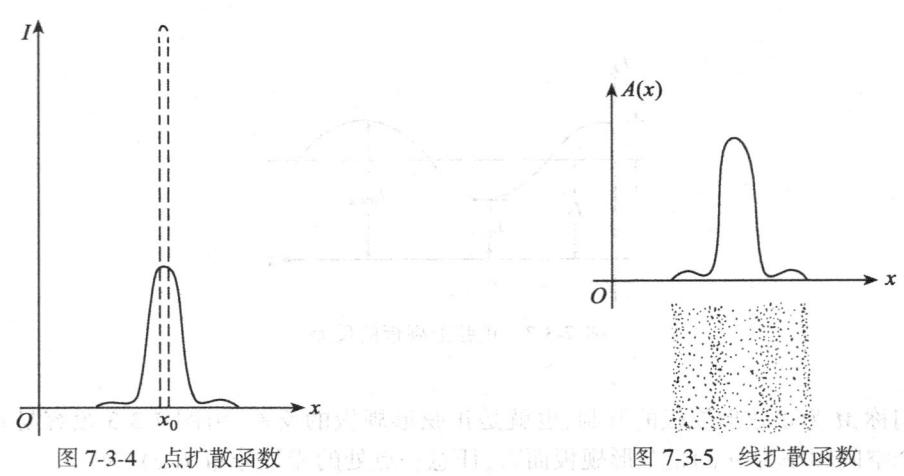

图 7-3-4　点扩散函数　　　　图 7-3-5　线扩散函数

由于 $A(x)$ 是一维函数,计算简单,因此在研究传递函数时,一般都从 x,y 两个方向分别研究线扩散函数,然后再综合分析成像系统的质量。

应该指出,一般来说线扩散函数的图形并不是对称的(即把 $A(x)$ 轴向右移到图形的中间,左右两半部分曲线的形状不是对称的),只有在线性的摄影系统中,线扩散函数 $A(x)$ 的图形才是对称的。

5. 空间不变线性系统

设 x 为系统的输入,$f(x)$ 为系统的输出,则对任意两个输入 x_1 和 x_2 及常数 c,满足下列条件的系统称为线性系统,即

$$f(x_1 + x_2) = f(x_1) + f(x_2) \qquad (7\text{-}3\text{-}8)$$
$$f(cx) = cf(x) \qquad (7\text{-}3\text{-}9)$$

对摄影系统而言,式(7-3-8)表示,只要知道组成摄影系统中各种介质对影像表达的质量,就可用简单的"叠加"方法来求得整个摄影系统对影像表达的质量。而式(7-3-9)表示系统的特性与输入信号的平均强度无关,即与曝光量无关。

所谓空间不变性,在摄影系统中则表示系统的特性在像场任何位置上都应该是一致的。

从理论上说,调制传递函数(MTF)的理论只适合于空间不变线性系统,但实际的摄影系统并不满足这一要求,因为诸如焦平面上的照度分布、摄影物镜残余像差在焦平面上的分

布、显影的邻界效应和摄影处理时反差系数不等于 1 等因素,都会影响空间不变线性。因此,在 MTF 测定中必须给予某些条件的限制,以便尽可能符合 MTF 理论的要求。

7.3.2 光学传递函数

在通信论中,当分析一个线性系统的物理过程时,总是把一个复杂的输入信号利用傅里叶变换理论分解为一系列简单的输入,然后研究组成这个线性系统的各种介质对这一系列简单输入的"响应",最后把每个单独的响应"叠加"起来,得到该系统的总响应。

光学传递函数理论也是根据这一思想发展起来的。所谓光学传递函数就是研究各种频率的正弦波光栅在通过光学系统后是经过怎样的变化才构成影像的。具体地说就是:组成物体的各个频率的正弦波在成像以前其振幅和相角如何,成像以后其振幅和相角发生了什么变化,加以对比。以比值作为纵坐标,频率 p 作为横坐标作图,这就是光学传递函数。

1. 调制传递函数(MTF)

图 7-3-6 表示一个频率为 ν,光强分布为

$$I(x) = I_0 + I_a \cos 2\pi\nu x$$

的正弦形光栅,通过摄影系统后,由于种种原因(光的衍射、物镜的像差、光在乳剂层中的散射等),其影像的光强分布将变成

$$I'(x) = I_0' + I_a' \cos 2\pi\nu x$$

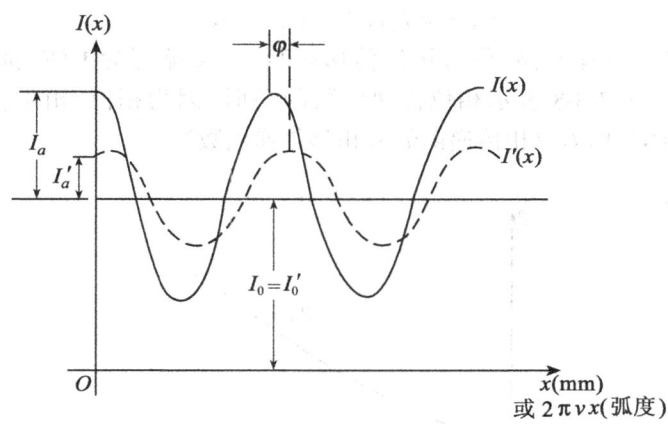

图 7-3-6 正弦形光栅调制传递函数

显然 $$M_{物} = \frac{I_a}{I_0} \quad M_{像} = \frac{I_a'}{I_0'}$$

而 $$M_{像} \leq M_{物}$$

正弦形光栅调制值 $M_{像}$ 降低的程度除了与摄影系统各种介质有关外,也与正弦形光栅的频率有关,现定义

$$T_{(\nu)} = \frac{M_{像(\nu)}}{M_{物(\nu)}} \tag{7-3-10}$$

我们称 $T_{(\nu)}$ 为调制传递函数。英文缩写为 MTF(modulation transfer function)。

图 7-3-7 为调制传递函数的图形,它如同一条瀑布状的曲线,在零频率处 MTF 恒等于 1,而到某一空间频率处 MTF 下降到几乎等于零。

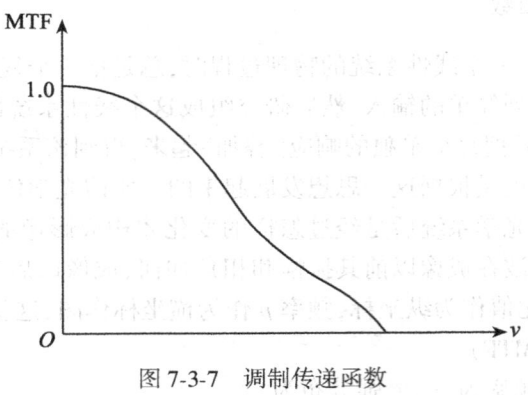

图 7-3-7　调制传递函数

2. 相位传递函数(PTF)

由图 7-3-6 还可以看出,正弦形光栅成像以后,除了上述调制值降低外,还可能产生相角的移动,即成像的位置不在理想成像的线条位置上,而是沿着 x 方向移动了一段距离。该距离用弧度值 φ 表示,即

$$I'(x) = I_0 + I_a' \cos(2\pi\nu x - \varphi)$$

相角移动也与频率有关,故称为相位传递函数,英文缩写为 PTF(phase transfer function),记作 $\varphi(\gamma)$。图 7-3-8 表示相位传递函数的图形(因为相位、相角、位相是同一个意思,所以也有人把 PTF 称为位相传递函数或相移传递函数)。

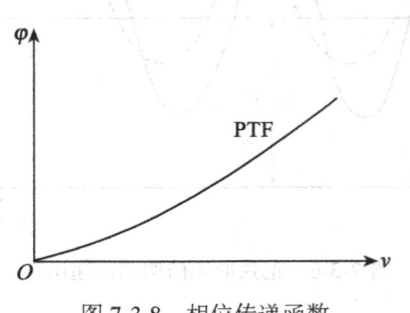

图 7-3-8　相位传递函数

所谓光学传递函数(optical transfer function),它是调制传递函数 MTF 和相位传递函数 PTF 的综合,其英文缩写为 OTF,即

$$\text{OTF} = T_{(\nu)} e^{-i\varphi(\nu)} \tag{7-3-11}$$

7.3.3　线扩散函数与传递函数

以上从物理意义上叙述了 OTF 的大概内容。下面分析为什么一个正弦形光栅通过摄影系统后,振幅、相角会发生变化,以及线扩散函数与传递函数有什么关系。

1. 正弦形光栅通过摄影系统后的光强分布

一个正弦形光栅可以认为它是由无穷多个非常密集的线条紧密排列在一起的,每一个线条通过摄影系统后,都会在感光层上形成自己的线扩散函数。由于光栅本身的亮度是呈正弦形分布的,因此每一线条的光强不一。也就是说,在感光层上形成的每个线扩散函数的高度并不相等,必须乘上线条所在的位置 $I(x)$。而正弦形光栅通过摄影系统后所构成的影像就是由这些线扩散函数叠加而成的,如图 7-3-9 所示。

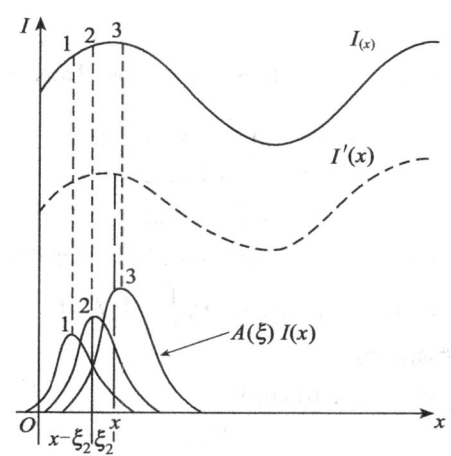

图 7-3-9 正弦形光栅通过摄影系统后的光强分布

若以 $A(\xi)$ 表示线扩散函数(ξ 是相对于 $A(\xi)$ 坐标系而言的),则各点散射到 x 处的光量分别为

点 1:$A(\xi_1)I(x-\xi_1)$

点 2:$A(\xi_2)I(x-\xi_2)$

点 3:$A(\xi_3)I(x-\xi_3)$

⋮

全部相加就得到了正弦形光栅通过摄影系统后的光强分布 $I'(x)$,即

$$I'(x) = \int_{-\infty}^{+\infty} A(\xi) I(x-\xi) \mathrm{d}\xi \tag{7-3-12}$$

上式称为 $I(x)$ 对 $A(\xi)$ 的卷积,记作 $I'(\xi) = A(\xi) * I(x)$。

因为 $I(x) = I_0 + I_a \cos 2\pi\nu x$

所以 $I(x-\xi) = I_0 + I_a \cos 2\pi\nu(x-\xi)$

故 $I'(x) = I_0 \int_{-\infty}^{\infty} A(\xi) \mathrm{d}\xi + I_a \int_{-\infty}^{\infty} \cos 2\pi\nu(x-\xi) A(\xi) \mathrm{d}\xi$

$= I_0 \int_{-\infty}^{\infty} A(\xi) \mathrm{d}\xi + I_a \left[\int_{-\infty}^{\infty} \cos 2\pi\nu x \cos 2\pi\nu\xi A(\xi) \mathrm{d}\xi + \int_{-\infty}^{\infty} \sin 2\pi\nu x \sin 2\pi\nu\xi A(\xi) \mathrm{d}\xi \right]$

$= I_0 \int_{-\infty}^{\infty} A(\xi) \mathrm{d}\xi + I_a \cos 2\pi\nu x \int_{-\infty}^{\infty} \cos 2\pi\nu\xi A(\xi) \mathrm{d}(\xi) + I_a \sin 2\pi\nu x \int_{-\infty}^{\infty} \sin 2\pi\nu\xi A(\xi) \mathrm{d}\xi$

或
$$I'(x) = I_0\int_{-\infty}^{\infty} A(\xi)\mathrm{d}\xi + I_a A^0_{(\nu)}\cos2\pi\nu x + I_a A^S_{(\nu)}\sin2\pi\nu x \tag{7-3-13}$$

$$A^0_{(\nu)} = \int_{-\infty}^{\infty} A(\xi)\cos2\pi\nu\xi\mathrm{d}\xi \tag{7-3-14}$$

$$A^S_{(\nu)} = \int_{-\infty}^{\infty} A(\xi)\sin2\pi\nu\xi\mathrm{d}\xi \tag{7-3-15}$$

式(7-3-14)称为线扩散函数的余弦傅里叶变换,式(7-3-15)称为线扩散函数的正弦傅里叶变换。所以

$$I'(x) = I_0\int_{-\infty}^{\infty} A(\xi)\mathrm{d}\xi + I_a|A|\cos(2\pi\nu x - \varphi) \tag{7-3-16}$$

式中:
$$|A| = \sqrt{[A^0_{(\nu)}]^2 + [A^S_{(\nu)}]^2} \tag{7-3-17}$$

$$A^0_{(\nu)} = |A|\cos\varphi \tag{7-3-18}$$

$$A^S_{(\nu)} = |A|\sin\varphi \tag{7-3-19}$$

由式(7-3-16)可以看出,$I'(x)$仍然是一个亮度呈正弦形分布的图案,频率不变。但是振幅由$I_a \to I_a|A|$,相角变动了φ角,平均值由$I_0 \to I_0\int_{-\infty}^{+\infty} A(\xi)\mathrm{d}\xi$。

2. 线扩散函数与调制传递函数

根据调制传递函数的定义式(7-3-10)可知

$$T_{(\nu)} = \frac{M_{像(\nu)}}{M_{物(\nu)}}$$

对于某一个频率ν而言

$$M_{物(\nu)} = \frac{I_a}{I_0}$$

$$M_{像} = \frac{I_a'}{I_0'} = \frac{I_a|A|}{I_0\int_{-\infty}^{\infty} A(\xi)\mathrm{d}\xi} \tag{7-3-20}$$

所以
$$T_{(\nu)} = \frac{M_{像}}{M_{物}} = \frac{|A|}{\int_{-\infty}^{\infty} A(\xi)\mathrm{d}\xi}$$

由上式可见,在求调制传递函数时,对于每一个空间频率ν而言,都要除以一个公共因子

$$\int_{-\infty}^{\infty} A(\xi)\mathrm{d}\xi$$

实际上这就是把传递函数规格化,所以一般假定$\int_{-\infty}^{\infty} A(\xi)\mathrm{d}\xi = 1$。

于是
$$T_{(\nu)} = |A| \tag{7-3-21}$$

公式(7-3-21)告诉我们,所谓调制传递函数,就是线扩散函数傅里叶变换的模(振幅),即

$$|A| = \sqrt{[A^0_{(\nu)}]^2 + [A^S_{(\nu)}]^2}$$
$$= \sqrt{\left[\int_{-\infty}^{\infty} A(\xi)\cos2\pi\nu\xi\mathrm{d}\xi\right]^2 + \left[\int_{-\infty}^{\infty} A(\xi)\sin2\pi\nu\xi\mathrm{d}\xi\right]^2}$$

因此,只要求出线扩散函数,就可以解算出调制传递函数(当然,利用式(7-3-18)或式(7-3-19)也可以同时解算出相位传递函数 $\varphi(\nu)$,因本章只讨论调制传递函数,故 $\varphi(\nu)$ 的解算从略)。

3. 讨论

(1)从数学上说,我们已经证明调制传递函数就是线扩散函数傅里叶变换的模,但应该如何来理解其物理意义呢?

对于一个线光源来说,它在物方的亮度分布如图 7-3-10(a)所示,在数学上称为 δ 函数(或单位冲量函数),即

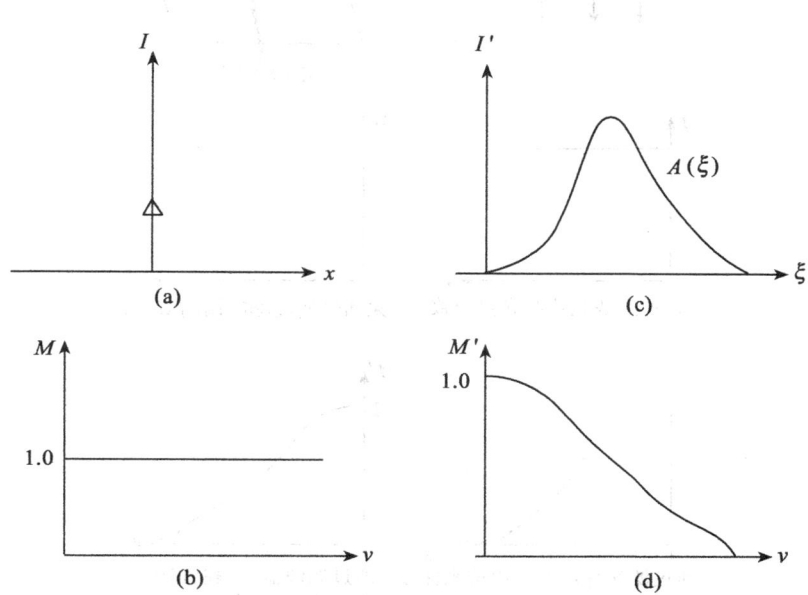

图 7-3-10 调制传递函数经过成像系统后调制损失的百分比

$$\delta(x) = \begin{cases} 0, & x \neq 0 \\ \infty, & x = 0 \end{cases} \quad 且 \int_{-\infty}^{\infty} \delta(x) dx = 1$$

我们可以对 δ 函数进行傅里叶变换,即进行频谱分析,则

$$\begin{aligned} F(\omega) &= \int_{-\infty}^{\infty} \delta(x) e^{-i\omega x} dx \\ &= \int_{-\infty}^{\infty} \delta(x) \cos\omega x dx - i \int_{-\infty}^{\infty} \delta(x) \sin\omega x dx \\ &= \cos(0) - i\sin(0) = 1 \end{aligned}$$

这就是说,$\delta(x)$ 函数在所有频率分量上的振幅都相等,而且等于1(即 $I_0 = 1$),它的频谱是一条平行于 x 轴的直线,如图 7-3-10(b)所示。

但是,通过摄影系统以后,$\delta(x)$ 的构像为线扩散函数 $A(\xi)$,如图 7-3-10(c)所示,而对线扩散函数进行傅里叶变换,就得到了组成线扩散函数 $A(\xi)$ 的所有频率分量的振幅 $|A|$,如图 7-3-10(d)所示。因此从物理意义上来理解,所谓调制传递函数就是各个空间频率的正弦波影像,经过成像系统后调制损失的百分比。如果将它的作用与滤光片作一比较,意义

就更为清楚:白光在未通过滤光片之前,可以认为它包含不同波长的色光,其强度是近似相等的,通过滤光片后,由于滤光片对光的选择性吸收,其中有些波长的色光被完全吸收,有些波长的色光被减弱,因此形成通过滤光片后的光谱透光曲线,如图 7-3-11 所示。

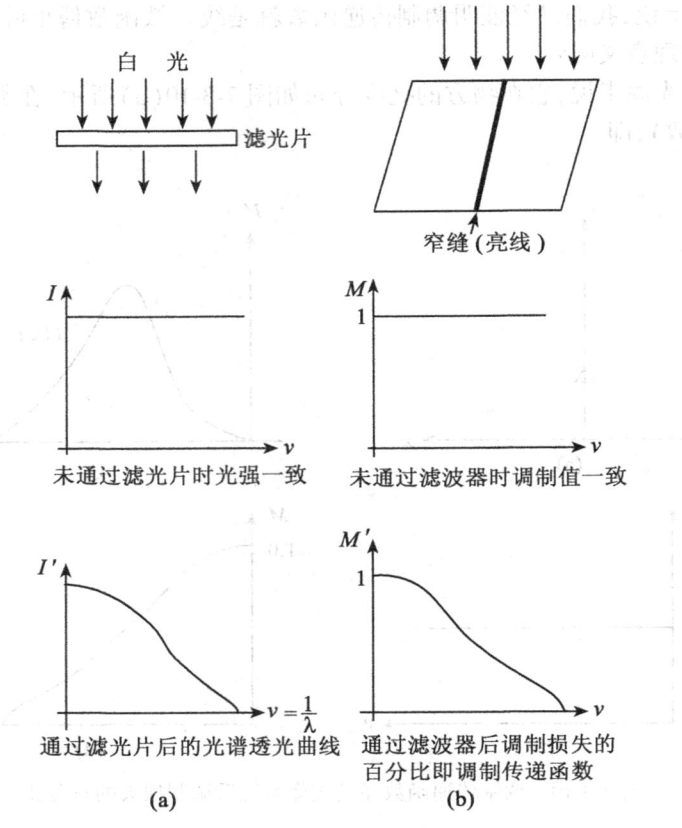

图 7-3-11 通过滤光片后的光谱透光曲线

(2) 如果 $\nu = 0$

则
$$T_{(0)} = |A| = \sqrt{[A_{(\nu)}^0]^2 + [A_{(\nu)}^s]^2} = A_{(\nu)}^0$$
$$= \int_{-\infty}^{\infty} A(\xi)\cos 2\pi\nu\xi d\xi = \int_{-\infty}^{\infty} A(\xi)d\xi = 1$$

这就表示,在空间频率为零时,调制传递函数 $T_{(0)}$ 恒等于1,这就是 MTF 曲线在零频率处一定等于1的原因。

(3) 如果 $A(\xi)$ 的图形对称于纵轴,即 $A(\xi)$ 为偶函数,这时线扩散函数 $A(\xi)$ 的正弦傅里叶变换为零,即

$$\int_{-\infty}^{\infty} A(\xi)\sin 2\pi\nu\xi d\xi = 0$$
$$T_{(\nu)} = \int_{-\infty}^{\infty} A(\xi)\cos 2\pi\nu\xi d\xi$$

显然,由于 $A_{(\nu)}^s = 0$,所以 $\varphi = 0$,也就是没有相位的变化,此时我们称这个摄影系统为线

性系统。

$$\int_{-\infty}^{\infty} A(\xi)\sin2\pi\nu\xi d\xi = 0$$

7.4 在航摄负片上测定调制传递函数的方法

7.4.1 刀刃曲线的成像过程

在实验室条件下测定摄影物镜或胶片调制传递函数的方法非常之多,本节只研究如何在航摄负片上测定摄影系统调制传递函数的方法。为此,先研究一下测定影像清晰度时所依据的刀刃曲线的成像过程。

在两个受到同样光照强度的半平面上,未被刀刃遮盖的半面可以看做是由无穷多个非常密集的狭长亮线所组成,如图7-4-1中的1,2,3,4…线。因为每一条狭长亮线通过摄影系统后,其影像的光强分布可以由线扩散函数 $A(x)$ 表示。由图7-4-1可见,刀刃曲线任意一点 x_0 处的光强分布 $I(x_0)$,就是影像每一点处所相应的线扩散函数值的总和。与上节正弦形觇板通过摄影系统后的光强分布所不同的是,在目前这种情况下,线扩散函数的高度都是相同的,即

$$I(x_0) = [A(x_0-x_4) + A(x_0-x_3) + A(x_0-x_2) + A(x_0-x_1) + \cdots] \cdot \Delta x$$
$$= \int_{-\infty}^{\infty} A(x)dx \tag{7-4-1}$$

在数学上式(7-4-1)称为刀口函数。

将式(7-4-1)两边微分得

$$dI = d\int_{-\infty}^{x_0} A(x)dx = A(x)dx$$

所以

$$\frac{dI}{dx} = A(x)$$

即刀刃影像光强分布曲线任何点处的斜率,就等于在该点的线扩散函数值。因此,利用刀刃曲线 $I(x)$,就可以求出线扩散函数 $A(x)$,而对 $A(x)$ 求傅里叶变换,就可以求出调制传递函数。

利用刀刃曲线可以求出调制传递函数有极为重要的意义,在航摄负片上直边地物是很多的,从而为在航摄负片上评定摄影系统的动态质量创造了条件。为此,以下讲述在航摄负片上测定调制传递函数的具体步骤。

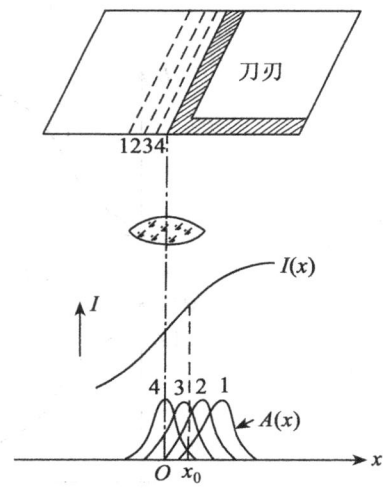

图 7-4-1 刀刃曲线成像过程

7.4.2 利用刀刃曲线测定调制传递函数

① 在航摄负片上选取直边地物(如道路、田埂、水坝、屋顶等),然后用密度标尺一致的测微密度仪,量测地物的边界曲线,即刀刃曲线,得 $D = f(x)$,如图7-4-2(a)所示。

量测时的有效缝隙宽度为 1～5μm，高度为 80～300μm。一般来说，缝隙的长度与宽度之比须大于 57.3，通常沿着同一个直边地物，在不同位置量测 10 次以上，最后取其平均值。

② 用测微密度仪量测的刀刃曲线是密度分布曲线 $D=f(x)$，为了求得刀刃曲线的光强分布，必须根据感光材料的特性曲线即 $D=\lg(H)$ 的数据进行换算。为此，航摄负片冲洗时，必须连同在感光仪上已经曝光的光楔试片一起冲洗，然后用测微密度仪以相同的缝隙量测试片各级密度，得到感光材料在此冲洗条件下的特性曲线，即 $D=\lg(H)$，如图 7-4-2(b) 所示。

③ 根据 $D=\lg(H)$ 曲线的数据，将刀刃曲线 $D=f(x)$ 换算成 $H=f(x)$，如图 7-4-2(c) 所示，一般采用线性内插的方法进行换算。

④ 将刀刃曲线 $H=f(x)$ 逐点求导数，从而得到线扩散函数 $A(x)$，如图 7-4-2(d) 所示。

⑤ 将 $A(x)$ 进行傅里叶变换，从而解算出调制传递函数 MTF，如图 7-4-2(e) 所示。

从上述测定过程中可以看出，这些步骤都包括大量的计算工作，因此测微密度仪必须与电子计算机相配合，而且测微密度仪本身应该是一台数字化器，将量测刀刃曲线和光楔试片的数据，用二进制为单位记录，然后输送到计算机中进行计算。

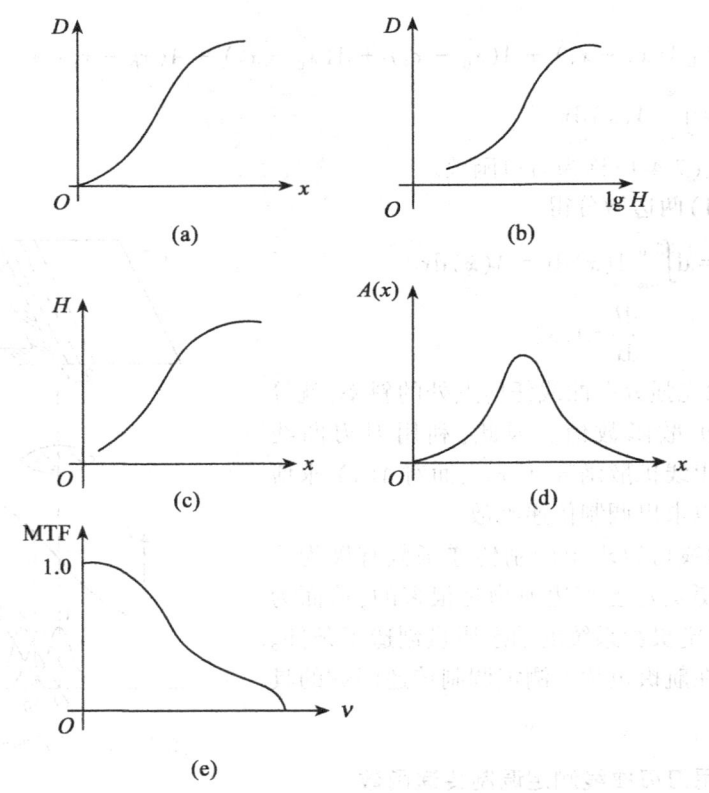

图 7-4-2　利用刀刃曲线测定调制传递函数

在 MTF 的测定过程中，主要的技术关键是刀刃的选择、缝隙的定向和对量测数据的滤波。

由上一节知道，MTF 的理论只适用于空间不变线性系统，但实际的摄影系统并不满足这一要求，尤其在用刀刃曲线测定 MTF 时，更应考虑刀刃两边的反差在显影中所产生的邻界效应，因为邻界效应将使刀刃曲线的两端产生畸变，这样由刀刃曲线求导而产生的线扩散函数就不能代表狭长亮线通过摄影系统后的光强分布，即邻界效应将使影像产生非线性的变化。因此，在选择刀刃时，刀刃的密度差应小于 0.7，以便将显影的邻界效应降低到可以忽略的程度。

由于航摄仪的像场角太大，难以满足空间不变性的要求，因而在测定 MTF 时，只能有目的地在像场各部分选择互相垂直的两条刀刃影像，然后按面积加权平均分辨率的计算方法，在相应频率处分别计算面积加权平均 MTF（AWAMTF）。

一般来说，量测时缝隙的长度与宽度之比需大于或等于 57.3。这是为了确保缝隙与刀刃影像之间的平行性，以尽可能减少量测时刀刃的定向误差。因为人眼的定向精度为 1，因此，若使缝隙的长度与宽度之比保持在 57.3 以上，就可以最大限度地减少缝隙的定向误差。另一方面，缝隙的宽度不能太大，根据取样定律，缝隙的宽度不能超过图像截止频率的一半，因此一般取缝隙的宽度为 2~5μm。

由于乳剂颗粒噪声和测微密度仪中光电噪声的影响，在量测的刀刃数据中必将含有大量的噪声，因此刀刃曲线（图 7-4-2(a)）决不可能是一条光滑的曲线，为了消除噪声的影响，以提高 MTF 的测定精度，必须对量测数据进行滤波（光滑）。滤波可以在空间域中进行（空间域滤波），也可以在频率域中进行（频率域滤波）。从数学意义上讲，滤波是一种卷积运算，以空间域滤波为例，即设法找到一个滤波函数 $h(x)$，将含有噪声的量测数据 $e(x)$ 与滤波函数 $h(x)$ 进行卷积运算，从而求得消除噪声后的数据 $e'(w)$，即

$$e'(x) = e(x) \cdot h(x) \tag{7-4-2}$$

在实际计算中，一次滤波并不能消除全部噪声的影响，因此，在图 7-4-2 的每一个计算步骤中，都应包括一次对曲线的滤波，以保证 MTF 的测定精度。

7.5 调制传递函数的应用

7.5.1 求摄影系统的调制传递函数

假定一个线性系统由 n 个介质组成，如果已知每一个介质的调制传递函数分别为 $T_{1(\nu)}, T_{2(\nu)}, \cdots, T_{n(\nu)}$ 则由图 7-5-1 可见，当一个调制为 M_0 的信号，输入到调制传递函数 $T_{1(\nu)}$

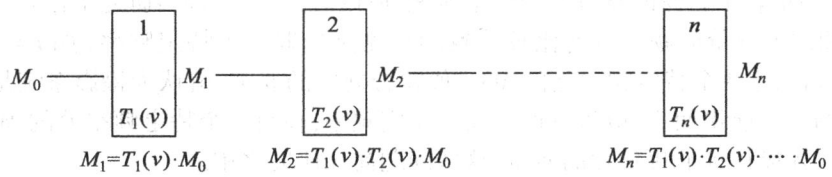

图 7-5-1　调制传递函数传递过程

的介质 1 之后,其输出信号的调制 M_1 由于

$$T_{(\nu)} = \frac{M_{像}}{M_{物}}$$

所以
$$M_1 = M_0 \cdot T_{(\nu)}$$

同理,M_1 的信号继续输入到调制传递函数为 $T_{2(\nu)}$ 的介质 2,则输出信号的调制 M_2 为

$$M_2 = M_1 \cdot T_{2(\nu)} = M_0 \cdot T_{1(\nu)} \cdot T_{2(\nu)}$$

依此类推得

$$M_n = M_0 \cdot T_{1(\nu)} \cdot T_{2(\nu)} \cdot \cdots \cdot T_{n(\nu)}$$

整个摄影系统的调制传递函数为

$$T_{S(\nu)} = \frac{M_n}{M_0}$$

所以
$$T_{S(\nu)} = T_{1(\nu)} \cdot T_{2(\nu)} \cdot \cdots \cdot T_{n(\nu)} \tag{7-5-1}$$

前面已讨论过,调制传递函数可以从物理意义上理解成各个空间频率的正弦波影像经过成像系统后调制降低的百分比,因此根据式(7-5-1),如果知道组成某一摄影系统各个介质的调制传递函数,用简单的"叠加"方法——对应频率处的 $T_{i(\nu)}$ 相乘,就可以求出整个摄影系统的调制传递函数 $T_{S(\nu)}$。这就解决了本章 7.2 节提出的评定影像质量的标准应该具有"叠加"性的要求。

就航摄系统而言,组成该摄影系统的主要介质是大气、物镜、航摄胶片、飞机发动机引起的震动和像点移位等,其中大气蒙雾对反差的降低一般认为是一致的,不随频率而变,物镜和航摄胶片的 $T_{(\nu)}$ 可以在实验室条件下测定,而其他两项,目前一般以下列公式表示

$$T_{震(\nu)} = J_0(\pi a\nu) \tag{7-5-2}$$

式中:J_0 为零阶贝塞尔函数;

a 为曝光瞬间由于飞机震动引起的 2 倍振幅值。

$$T_{移(\nu)} = \frac{\sin(\pi a\nu)}{\pi a\nu} \tag{7-5-3}$$

式中:a 为曝光瞬间由于飞机的前进运动引起的影像移位值。

显然,将实验室条件下测定的物镜、航摄胶片的调制传递函数综合起来,就可以估计出摄影系统的动态质量,这就为提高航摄负片质量的研究提供了非常有利的条件。

如果已经得到摄影系统的调制传递函数(见图 7-3-7),如何根据这条曲线来评定影像的质量呢?根据频谱分析知道,低频部分主要决定影像的反差,高频部分决定影像细部的表达能力和边沿的清晰度。因此,我们总是希望 MTF 的曲线所包含的面积越大越好,这样所摄的负片,不但反差良好,而且非常清晰。但实际上要完全满足这些要求是很困难的,而且用面积的大小来表示影像的质量本身就很笼统,所以近几年来,许多研究工作者一直致力于研究 MTF 曲线的评价问题。目前比较一致的意见是选取几个特定频率(如 $\nu = 12, 20, 30, 40, 50$ 等),如果这几个特定频率处的 MTF 值符合规定的要求,就认为摄影系统是符合要求的,是合格的。就航摄而言,应该选取哪几个特定频率,在每一个特定频率处的 MTF 值最低应该为多少,才能保证航摄负片的质量,这些问题尚在研究之中。

7.5.2 由 MTF 曲线求分辨率

人眼在固定的距离观测不同大小的物体时,能否区分开两个物体,主要取决于物体的反

差。显然,物体越大,区分这两个物体所需要的最低反差越小;反之,物体越小,区分这两个物体所需要的最低反差越大。我们把区分最小物体所需要的反差称为阈值,一般取调制值为 0.05。显然,如果我们求得了摄影系统或系统中某一介质的调制传递函数 MTF 曲线,则 MTF 曲线和 0.05 阈值的水平线交点就是该系统或某一介质的分辨率,如图 7-5-2 所示。用这种方法求出的分辨率符合分辨率的定义,在理论上是可靠的,而且不受主观因素的影响,比实验室条件下用显微镜观察所求的分辨率要客观得多。

图 7-5-3 表示两个摄影物镜的调制传递函数,分别以 a、b 表示,由图可以看出,对曲线 a 而言,它一直延伸到较高频率,因此物镜 a 的分辨率要比物镜 b 高,即 $R_a > R_b$,但是在低频率,物镜 b 的 MTF 的值要比物镜 a 好得多,由图 7-5-3 可以得到启示,为什么高分辨率的物镜不一定能摄得优质影像。

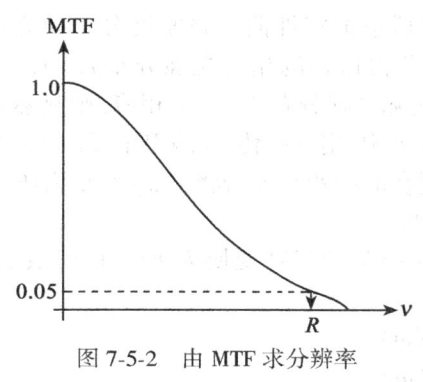

图 7-5-2 由 MTF 求分辨率

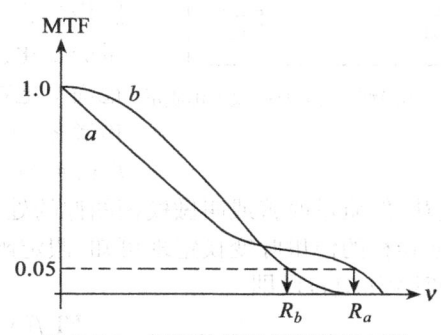

图 7-5-3 摄影物镜的调制传递函数

另一种计算分辨率的方法是根据线扩散函数的等效宽度 EQW,即

$$R = \frac{1}{\text{EQW}} \tag{7-5-4}$$

所谓线扩散函数的等效宽度,即依线扩散函数的高度为准,计算出一个与线扩散函数面积相同的矩形面积,则矩形的宽度就称为线扩散函数的等效宽度,如图 7-5-4 所示。

研究证明,只要经过适当的滤波,按阈值 0.05 求出的分辨率与按式(7-5-4)计算的分辨率相差并不太大,取其平均值,则更能进一步提高测定分辨率的精度,因而无需布设地面分辨率靶板就能在航摄负片上直接测定动态分辨率。

7.5.3 评定航摄仪的定焦质量

航摄仪在安装、调试过程中,需同时检查航摄仪的焦平面是否位于最清晰的位置上(定焦),检查定焦的方法很多,如分辨率、清晰度等。但是,由于调制传递函数是

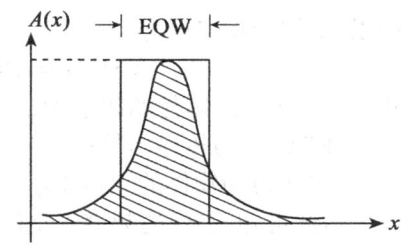

图 7-5-4 线扩展函数的等效宽度

在整个频率域内分析输入与输出信号之间的关系,故所提供的信息要比分辨率(只提供一个可分辨的极限频率)和清晰度(直边地物密度变化的速率)多。另一方面,评定清晰度和调制传递函数都需要刀刃曲线,求出 MTF 曲线后又可直接计算出分辨率,因此,调制传递函数无疑将是最适用的评价手段。

考虑到像场内中心部分和边缘部分的影像质量是不同的，因此检定时可在像场四角和中心处各布设两个互相垂直的直边（见图 7-5-5），直边地物两边的反差要保证冲洗后密度差小于 0.7，曝光时光圈号数一般选用 5.6，冲洗时必须连同光楔试片一起冲洗，以便进行曝光量的换算。

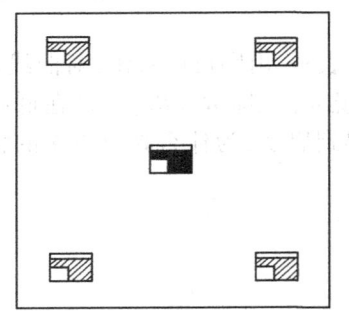

图 7-5-5　用 MTF 测定航摄仪定焦质量

按第四节所述方法分别测定出每条刀刃曲线的 MTF 曲线，然后按式（2-3-8）在相应频率处分别计算面积加权平均 MTF 曲线（AWAMTF），这样，就能全面地评定航摄的定焦质量。

7.5.4　影像质量的改善

在航摄负片上，可用测微密度仪量测任意一段地物影像的密度，然后根据特性曲线将密度分布换算成曝光量的变化，从而获得地物的相对光强分布 $f(x)$。若它与地面上地物的实际光强分布 $F(x)$ 不相应，则显然是由于摄影系统的滤波作用——传递函数的缘故，才使得 $f(x) \neq F(x)$。现在的问题是能否将 $f(x)$ 恢复为 $F(x)$，这就是所谓影像质量改善或叫做模糊图像的处理问题。

根据卷积的傅里叶变换定理可知，假定函数 $f(x)$ 的傅里叶变换为 $F(\omega)$，函数 $g(x)$ 的傅里叶变换为 $G(\omega)$，即

$$\text{FT} f(x) = F(\omega)$$
$$\text{FT} g(x) = G(\omega)$$

则
$$\text{FT} f(x) * g(x) = F(\omega) * G(\omega)$$

即两函数卷积的傅里叶变换为两函数各自傅里叶变换后的相乘积，上述卷积定理表示两个空间坐标函数在空间域的卷积关系，到了频率域就成了各自变换式的简单相乘。

由式（7-3-12）可知

$$I'(x) = \int_{-\infty}^{\infty} A(\xi) I(x-\xi) \, d\xi$$
$$I'(x) = A(x) * I(x)$$

所以，根据卷积定理得

$$\text{FT} I'(x) = \text{FT}(A(x) * I(x)) = \text{FT} A(X) * \text{FT} I(x)$$

式中：$\text{FT} I'(x)$ 为影像的频谱 $M_{像(\nu)}$；

$\text{FT} A(x)$ 为传递函数；

$\text{FT} I(x)$ 为物体的频谱 $M_{物(\nu)}$。

由此可知，影像的频谱就是传递函数与物的频谱的乘积，即

$$M_{像(\nu)} = T_{S(\nu)} * M_{物(\nu)}$$

所以
$$M_{物(\nu)} = \frac{1}{T_{S(\nu)}} * M_{像(\nu)} \tag{7-5-5}$$

式中：$\dfrac{1}{T_{S(\nu)}}$ 称为逆滤波器。

上述影像质量改善的问题，在影像数字化的预处理中首先需要用到，因为如果知道了逆滤波器，就可以求出 $M_{物(\nu)}$，而 $M_{物(\nu)}$ 的傅里叶逆变换就得到地物原来的光强分布。

但是,应该指出模糊图像的处理是一个非常复杂的问题。首先,逆滤波器中应该包括相位传递函数,因为实际的摄影系统其线扩散函数并不是对称的。也就是说,逆滤波器应该是 $\frac{1}{OTF}$,其次,在航摄负片上,无论哪个方向,无论在像幅的哪个位置上,OTF 都是不同的。此外,传递函数只表示了摄影系统对信号的传输特性,并不包括摄影系统自身的噪声影响,因此具体处理是一个非常复杂的问题。但是,传递函数毕竟为影像质量的改善开拓了前景,为今后的研究工作指出了方向,从这个意义上说,这是传递函数最有实用价值的地方。

7.6 航摄资料质量的综合评估

在航摄生产中,对航摄资料的验收工作,至今尚未很好地解决质量评估的问题,究其原因,主要有以下三点:

① 本章讨论的所有像质评价的方法,由于测定方法都有特殊的要求,除感光测定法外,在生产中难以推广。

② 质量评估是一个非常复杂的问题,就航摄资料而言,与质量有关的因素很多(如飞行质量、摄影质量等),单项指标只能决定返工与否,只有将所有与质量有关的因素综合起来进行评估,才能符合实际使用的要求。

③ 对航摄资料而言,质量的概念不是绝对的,具有很大的模糊性,因为不同的用途,根据摄区地物、地形的特征对质量有其不同的要求,由于信息的时限性,不需要对航摄资料的质量作出统一的规定,凡是能够满足用户要求的航摄资料都应该属于合格的产品。

因此,应该制订出区分航摄资料质量等级的方法,不同质量的航摄资料其收费标准也应该有所不同,从而以经济杠杆促使航摄单位提高自身的技术素质,以保证质量,满足不同用户的要求。自 20 世纪 80 年代起,根据模糊数学原理,提出了"综合评估"的基本思想,这种方法由于具有强大的生命力和渗透力,已经引起国民经济各部门的广泛重视。

综合评估的公式如下:

$$(S_1, S_2, \cdots, S_m) = (W_1, W_2, \cdots, W_m) \circ \begin{pmatrix} r_{11} & r_{12} & \cdots & r_{1m} \\ \vdots & & & \vdots \\ r_{n1} & r_{n2} & \cdots & r_{nm} \end{pmatrix} \quad (7\text{-}6\text{-}1)$$

式中:"。"表示模糊矩阵的合成运算符;

$S = (S_1, S_2, \cdots, S_m)$ 为质量评估的最后结果,可分为 m 个质量等级,如优、良、中、合格和不合格五种或优、良、合格和不合格四种;

$W = (W_1, W_2, \cdots, W_n)$ 为综合评估时,赋予的几个评定指标 $u_i(i=1,2,\cdots,n)$ 的权系数。

显然,$\sum_{i=1}^{n} W_i = 1$,$(r_{ij}) = R$ 是一个模糊矩阵,其中 r_{ij} 表示某一项评定指标 u_i,在评估时作出某一评估结果 $v_j(j=1,2,\cdots,m)$ 的可能性(隶属度)。

如果某一评价指标 u_i 又包括 k 个评定因素 $(u_{i1}, u_{i2}, \cdots, u_{ik})$,则又有上个 $k \times j$ 的模糊矩阵,其相应的权系数为 $(W_{i1}, W_{i2}, \cdots, W_{ik})$,此时,式(7-6-1)中的 r_{ij} 为

$$r_{ij} = (W_{i1}, W_{i2}, \cdots, W_{ik}) \circ (r_{K,j(u_i)}) \quad (7\text{-}6\text{-}2)$$

在求出综合评估结果 S 后,按最大接近度原则决定质量的等级。

就航摄资料而言,综合评估的步骤如下。

1. 确定评定指标(评定因素集 u)

评价指标既要客观、全面、实用,又要避免重复,能在生产实际中推广。不同的用户对评价指标的要求是不同的,而且对权系数的分配也不相同,在一般情况下,评价指标可由下列参数构成:

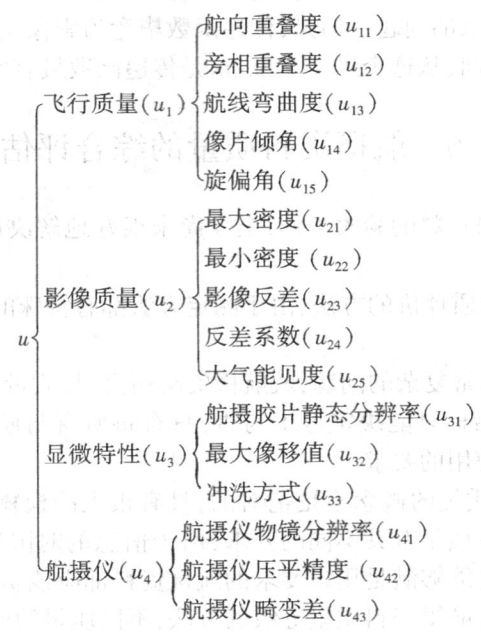

在显微特性中,由于分辨率、清晰度和调制传递函数等参数难以在生产实际中推广,因此改用航摄胶片静态分辨率、像移值和冲洗方式等参数。例如回转冲洗仪冲洗的像片将产生反差不均匀性和溪流条纹,对显出影像的物理特性有直接的影响,其冲洗质量要比全自动冲洗仪差。

2. 单项指标的质量评定

如果单项指标(u_i)的质量评估集 $V=(V_1, V_2, \cdots, V_m)$ 中包括优、良、合格和不合格四种,则如何区分其质量等级是综合评估中首先应解决的问题,这就需要进行科学的论证。其中既涉及成图的精度,也涉及作业率和经济效益。以影像反差 ΔD 为例,根据研究,当 $0.6 < \Delta D < 0.9$ 时,量测精度最为稳定,若以此评为优级,下限保持不变,上限每变化 0.2 为一个档次,则影像反差的等级可划分为

优	良	合格	不合格
$0.6 < \Delta D < 0.9$	$0.6 < \Delta D < 1.1$	$0.6 < \Delta D < 1.3$	$\Delta D < 0.6$ 或 $\Delta D > 1.3$

3. 模糊矩阵元素 r_{ij} 的确定

在模糊数学中,关键在于如何确定隶属度 r_{ij},即如何用数量来表示定性的指标。在航摄资料的质量评估中,隶属度 r_{ij} 的确定相对来说比较简单,因为任何一个评定指标的质量等级,在任何一个摄区内的分布都是不均匀的,可以借助于概率统计的数值来表示符合某一质量等级的隶属度,因此 r_{ij} 的确定就成为抽样调查的问题。以飞行质量为例,可以百分之百地

进行全面调查,然后用统计的方法确定属于某一等级的百分比,即 r_{ij}。

4. 权系数的分配和价值法则

各项评定指标权系数的分配应该由用户决定,航摄单位根据用户对权系数的分配制订相应的技术措施。为了使航摄单位和用户之间达成彼此都能接受的协议,价值法则应起主导作用。根据"按质论价"的方法来刺激航摄单位更新设备,加强技术培训,从而提高航摄质量乃是综合评估的精髓。

显然,要使用和推广综合评估法验收航摄资料,必将涉及许多基础理论课题的研究,并在此基础上进行航摄规范的修订。这就需要教学、科研和生产单位共同协作,对航空摄影和后续的各项航测作业过程进行系统的研究和分析,规定出全面而有效的评定指标,设计出确定每类隶属度的简便而实用的方法,对单项指标质量等级的划分和权系数的分配进行科学的论证,从而为航摄资料的综合评估奠定扎实的基础。

7.7　数字扫描图像的有效比特数

多光谱扫描仪或将航摄负片放在测微密度仪上进行影像数字化时,一般是将地物的亮度(或负片的密度)量化成 256 级(2^8),即 8 比特。这是因为计算机磁带上可提供 8 个磁道记录数据,但是任何遥感器所接收的信号中都带有随机噪声。就多光谱扫描仪而言,噪声主要来自扫描仪本身的量化噪声和景物相邻地物中反射光之间的交互反射。在航摄负片数字化时,除了上述噪声影响外,还要受到航空胶片颗粒度的影响,所有上述随机噪声(统称为量化噪声)都会对量化值产生影响。

现从影像数字化出发,介绍一种分析量化噪声的方法。

假定相邻两个像元的灰度值分别为 g_1 和 g_2,如果这两个像元实际上代表同一状态的地物,则 $g_1=g_2$,否则就表示存在量化噪声。噪声的大小可以用比特数表示。如同一状态的地物,相邻像元的灰度差为 2,则表示存在 1 比特的量化噪声;相差 4,表示存在 2 比特的量化噪声。依次类推,量化噪声如图 7-7-1 所示。

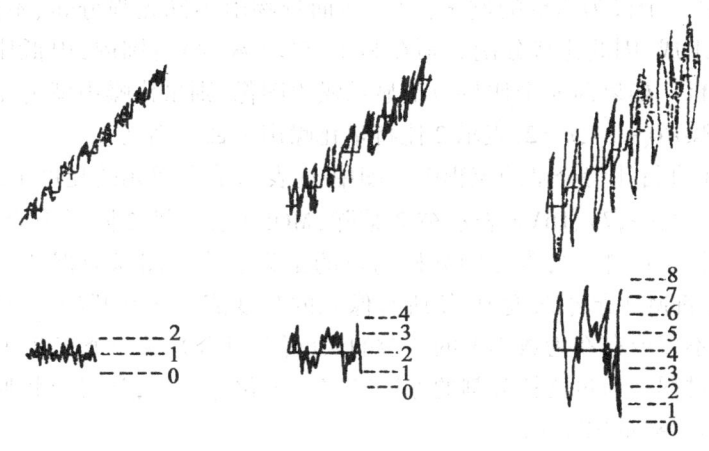

图 7-7-1　量化噪声

但是,对噪声的分析是不可能按像元逐个分析的,只能在一个包括各种地物要素且能代表典型地物的取样区域内进行综合的分析。以下介绍一种用"比特分割"分析量化噪声的方法。

比特分割就是将取样区域内量化后的数据分成不同的比特位,因为在每个比特位上只有 0 和 1 两个数字,因此,若在每个比特位上分别以黑、白标记表示 0 和 1,就能分别形成 8 幅独立的二值比特位图像。然后,逐个分析每个比特位(0~7 位)的图像,如果量化的等级是合理的,则从最低的比特位(0 位)起都应能显示出图像中某一部分的信息。

假如图像上有一条公路,量化后的灰度值在 24~27 之间,图 7-7-2(a)表示量化后的原始数据,图 7-7-2(b)、(c)、(d)表示比特分割后在 0、1 和 2 三个比特位上的图像。一条公路应该是光强均匀分布的地物,由图 7-7-2 可见,只有在 2 比特位上才能完整地显示出公路的图像,而在低于 2 比特位的图像上,由于量化级数太细(太多),显示不出公路的图像,因此在图 7-7-2 的情况下,量化噪声为 2 比特。

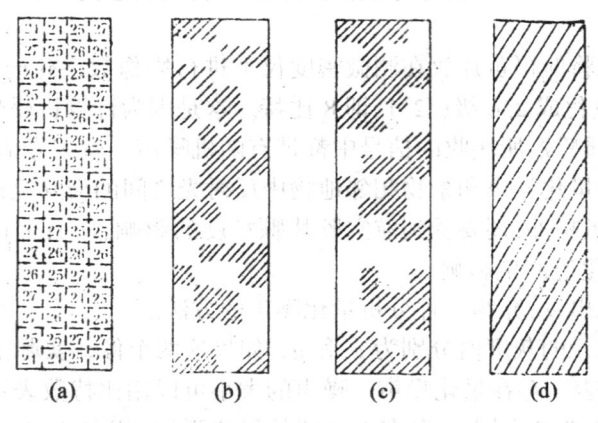

图 7-7-2　量化噪声的比特分割

图 7-7-2 只是一个极为简单的例子,由于地面景物由不同光强分布、不同地形、不同地貌特征的地物所组成,因此比特分割必须在整个亮度(灰度)范围内,由低比特位到高比特位进行系统的分析。如果前 n 个比特位都显示噪声图像,则量化噪声就为 n 比特,即 $n=1$,表示 1 比特量化噪声(± 1),$n=2$,表示 2 比特量化噪声(± 2),等等。

图 7-7-3 表示进行比特分割的流程图。图中 D_i 表示某个像元的亮度值或灰度值,n 表示比特位($n=0,1,2,\cdots,7$),DIV2 表示被 2 整除,MOD2 表示被 2 除后取余数,K_i 为中间变量,P 表示需要压缩的比特数,直方图分析的目的是为了检查图像数据的最大值和最小值后,将每一灰度值都减去最小灰度值,使所有像元的灰度值都从 0 开始。此外,如果灰度范围的两端像元数不多或存在为数不多的离散的灰度值,可合并成一个灰度,以便尽可能减少一次比特分割的过程。通过比特分割的方法确定了量化噪声后,就可以将原始灰度数据进行比特压缩,从而消除量化噪声。

图 7-7-4 是将航摄负片数字化后进行比特分割后的图像,由 a 至 h 分别表示 $0,1,\cdots,7$ 比特位。由图可见,在最低三个比特位上都是量化噪声,即实际有效的比特数为 5 bit。

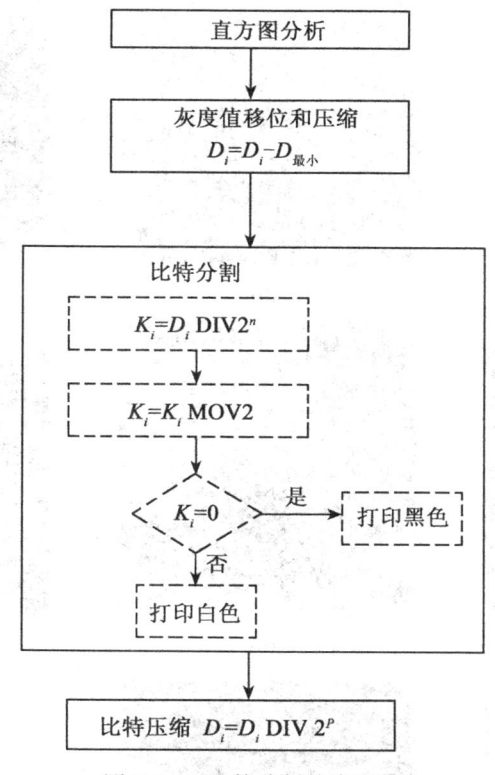

图 7-7-3 比特分割的流程图

图 7-7-5(a)为用 8 比特表示的原始扫描数据的图像,图 7-7-5(b)为压缩成 5 比特后的图像,这两张图像都是在 Optrohics C-4300 上用 50μm 的孔径将每个像元的灰度值曝光在胶片上形成的图像。由图可见,这两张图像完全相同,没有任何差别。

用比特分割方法确定了每个像元的有效比特数后,就可以评定出任何一种遥感器的有效信道容量 $C_{有效}$,此时式(7-2-9)和式(7-2-10)可改写成

$$C_{有效} = \left(\frac{23 \times 10^4}{d}\right)^2 \cdot N \quad (7-7-1)$$

及

$$C_{有效} = N_1 \cdot N_2 \cdot N \quad (7-7-2)$$

式中:N 为每个像元的有效比特数。

除了应用比特分割的方法外,在影像数字化中,根据负片的影像反差 ΔD 和胶片的颗粒度 RMS,也可以估算出影像数字化时每个像元灰度的有效比特数。因为灰度等级的划分,首先取决于负片的密度范围,影像反差越大,灰度等级数越多;反之,影像反差越小,灰度等级数越小。其次,灰度等级的大小取决于胶片的颗粒度,如果灰度分得太细,相邻两级的级差小于航摄胶片的颗粒噪声时,则地物信息将被乳剂的颗粒噪声所淹没;反之,如果灰度级差太大,则不能充分地保持记录在负片上的全部信息。按照最小二乘法原理,量化等级的划分应小于或等于航摄胶片 RMS 值的 2~3 倍。

如果以两倍 RMS 值为准,影像反差为 ΔD,则量化的级数 N 为

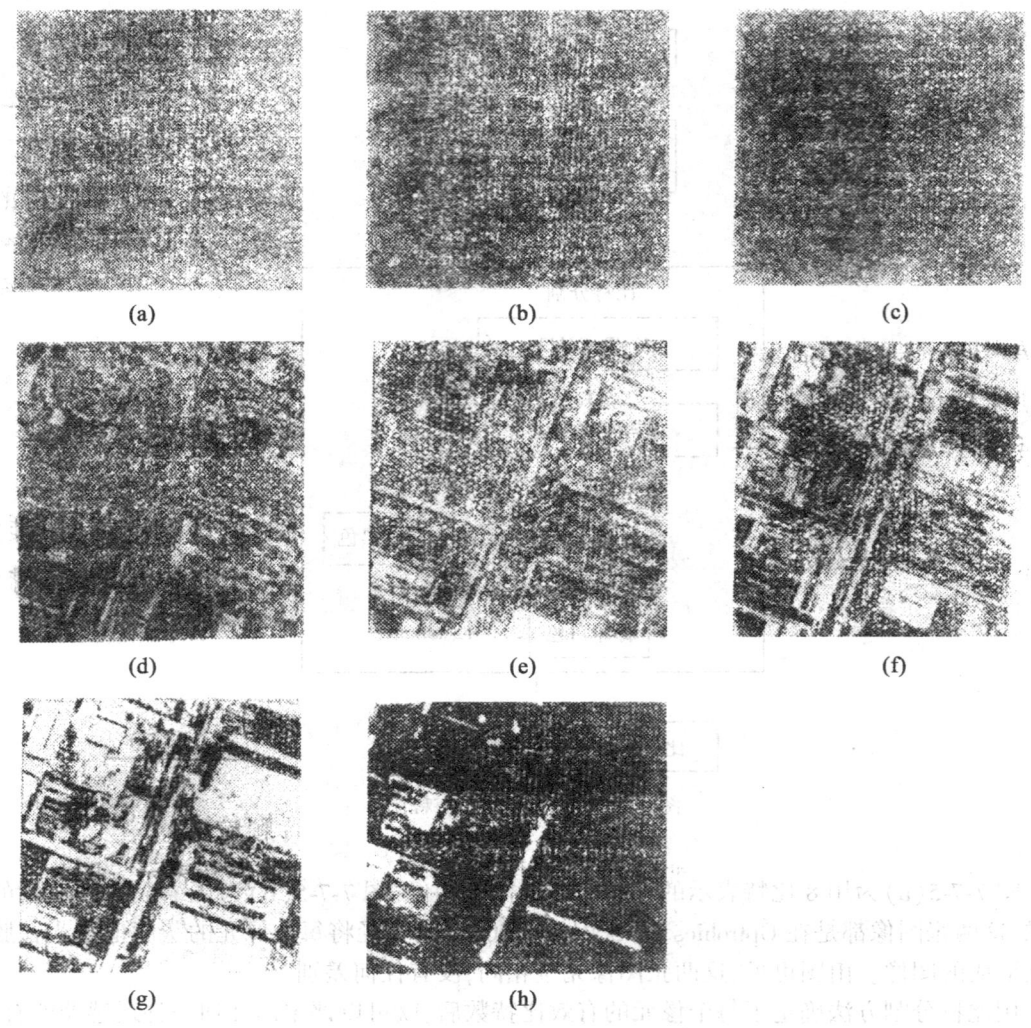

图 7-7-4 航摄负片数字化后进行比特分割后的图像

$$N = \frac{\Delta D \times 1\,000}{2\sigma_d} \tag{7-7-3}$$

式中：σ_d 为与最佳取样孔径相应的航摄胶片的颗粒度。

由摄影技术可知,对不同的取样孔径,有下列经验公式：

$$\sigma_d = \frac{\sigma_{50} \times 50}{d} \tag{7-7-4}$$

式中：σ_{50} 为以 50μm 孔径量测的胶片颗粒度。

根据信息论的要求,量化级数应以比特数表示,因此

$$N = \log_2\left(\frac{\Delta D \times 1\,000}{2\sigma_d}\right) \tag{7-7-5}$$

式(7-7-5)为航摄负片影像数字化时,估计有效比特数的又一种计算公式。

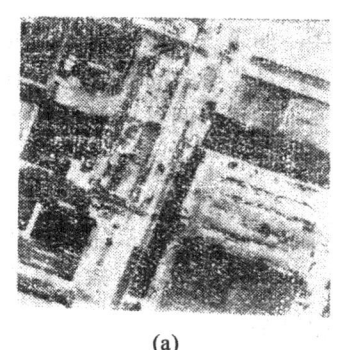 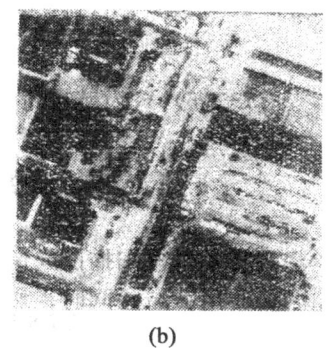

(a)　　　　　　　　　　　(b)

图7-7-5　原始扫描数据的图像及压缩成5比特后的图像

7.8　数字扫描成像系统调制传递函数的测定

随着多光谱扫描仪成像质量的不断提高,所摄取的图像数据开始从试验性应用阶段走向实际使用,与此同时,影像数字化技术也在不断发展,因此,从20世纪80年代开始不断探索数字扫描成像系统的像质评价方法。

一般来说,7.2节所讨论的像质评价方法,除胶片颗粒度和感光测定法外,对数字扫描成像系统的像质评价都是适用的,尤其是像元平均梯度、信道容量、信息量和数字扫描图像的有效比特数等,本身就是随着数字扫描成像和影像数学化技术的兴起而发展起来的,但是,对成像系统的质量评价,最全面、应用最广的还是调制传递函数。

本节以CCD摄像机为例,介绍测定数字扫描成像系统调制传递函数的方法。

假定CCD摄像机中,每个像元的构像特性都是相同的,而且其点扩散函数在任意一个方向上都呈高斯正态分布:则任一像元的点扩散函数也就代表了系统的线扩散函数,而其傅里叶变换的模就得到了调制传递函数。

与模拟图像(航摄负片)相比,只需将扫描图像显示在屏幕上,选定刀刃后,直接"开窗"取样,就能获得刀刃的扫描数据。此外,扫描图像由于没有经过摄影处理,不受非线性影响(显影的邻界效应)的干扰,因此,对刀刃的反差也无特殊要求,这比在航摄负片上选择和扫描刀刃要方便得多。但对数字扫描图像而言,扫描孔径太大(在航摄负片上数字化时),取样孔径为25~50μm,而CCD摄影机的像元宽度为13μm,沿着一条刀刃的扫描数据量太少,如果对扫描数据不作附加处理,则难以精确地表示出一条完整的刀刃曲线。

以下介绍两种对刀刃扫描数据进行附加处理的方法。

7.8.1　内插法

假设沿着一条刀刃扫描了n条数据,对每一条数据都按双线性三次内插函数进行内插,如图7-8-1所示,其计算公式为

$$B_P = \sum_{j=1}^{4}\sum_{i=1}^{4} B_{ij} \cdot W(x_{ip}) \cdot W(y_{jp}) \qquad (7\text{-}8\text{-}1)$$

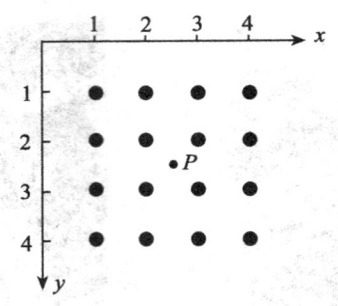

图 7-8-1 双线性三次内插

式中：B_p 为内插点 P 的亮度值；

B_{ij} 为 P 点四周 16 个已知点的亮度值；

x_{ip} 为以 P 点为原点，在 x 方向上，邻近像元(i)离 P 点的距离；

y_{jp} 为以 P 点为原点，在 y 方向上，邻近像元(j)离 P 点的距离；

$W(x_{ip})$、$W(y_{jp})$ 为权系数。

而
$$\left. \begin{array}{l} W(x_{ip}) = 1 - 2x_{iP}^2 + |x_{iP}|^3 \quad (0 \leqslant i, P \leqslant 1) \\ W(x_{ip}) = 4 - 8|x_{iP}| + 5x_{iP}^2 - |x_{iP}|^3 \quad (1 \leqslant i, P \leqslant 2) \end{array} \right\} \quad (7\text{-}8\text{-}2)$$

在 y 方向上计算权系数时，只要将 x_{ip} 换成 y_{jp} 即可。

为了节省计算时间，可以根据刀刃只在 x 或 y 方向上进行内插，得其计算公式为

$$\left. \begin{array}{l} B_P = \sum_{i=1}^{4} B_i \cdot W(x_{ip}) \\ B_P = \sum_{j=1}^{4} B_i \cdot W(y_{jp}) \end{array} \right\} \quad (7\text{-}8\text{-}3)$$

内插后，每一条扫描数据的数据量增加 1 倍，然后将 n 条扫描数据取平均后作为一条刀刃扫描数据，由于 CCD 摄像机是对地物的亮度进行量化，因此，不需要进行曝光量换算，由刀刃曲线逐点求导后，就得到了线扩散函数，而线扩散函数傅里叶变换的模就是 CCD 摄像机的调制传递函数。

7.8.2 综合法

内插法的优点是计算简单，但在使用上有局限性，对 CCD 摄像机而言，其像元宽度一般为 13μm，经内插后，刚能表示出一条刀刃曲线，但数据量仍显不足，影响调制传递函数的测定精度，尤其在影像数字化中，扫描孔径为 25~50μm，数据量更少，无法表示出一条完整的刀刃曲线。

为了增加数据量，使刀刃相对于扫描缝隙倾斜一个角度，这样沿着刀刃扫描 n 条数据后，每一条扫描数据只代表刀刃曲线中的 n 个离散值，而将 n 条扫描数据综合后，就能表示出一条完整的刀刃曲线。因为根据卷积成像原理(式(7-3-12))，像函数($I'(x)$)是物函数($I(x)$)和线扩散函数($A(x)$)的卷积，即

$$I'(x) = I(x) * A(x) \quad (7\text{-}8\text{-}4)$$

因此，在 n 条扫描数据中，任意一个扫描数据都可能是刀刃曲线中的某一个扫描值，利用线性回归原理，就可以将 n 条扫描数据综合成一条刀刃曲线。

利用综合法测定 CCD 摄像机调制传递函数的步骤如下：

① 在含有直边地物的取样区域内，逐行 (y_j) 求出最大亮度值 (A_i) 及其相应的坐标 x_i，如图 7-8-2 所示，此时直边地物的方向相对像元的扫描方向必须倾斜一个角度。

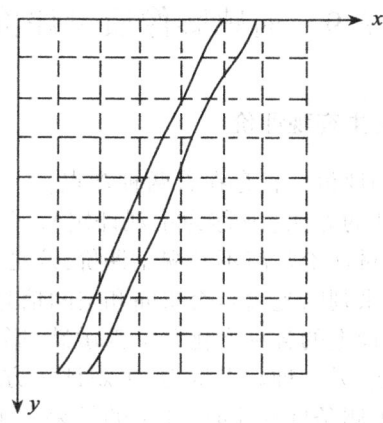

图 7-8-2　综合法测定 CCD 摄像机调制传递函数

② 在 x_i 的左右各取两点，于是在每一个 y_j 行上，各自得到了 5 对数据，即

$$x_{i-2,j}, \quad x_{i-1,j}, \quad x_{i,j}, \quad x_{i+1,j}, \quad x_{i+2,j}$$
$$A_{i-2,j}, \quad A_{i-1,j}, \quad A_{i,j}, \quad A_{i+1,j}, \quad A_{i+2,j}$$

③ 根据 n 行扫描数据，用一元线性回归方程求出系数 a, b，即

$$\bar{y} = a + b\bar{x} \tag{7-8-5}$$

而

$$b = \frac{\sum_{i=1}^{n}(x_i - \bar{x})(y_i - \bar{y})}{\sum_{i=1}^{n}(x_i - \bar{x})^2}$$
$$a = \bar{y} - b\bar{x}$$

式中：$\bar{x}$、$\bar{y}$ 为 x_i、y_i 的平均值。

④ 求出每一行上 x_i 的新坐标 $\tilde{x}_i$，即

$$\tilde{x}_i = \frac{y_i - a}{b}$$

⑤ 在每一行上对 5 个数据点的坐标都进行改正，即

$$\Delta x_i = x_i - \tilde{x}_i$$

⑥ 把各行的五对数据 ($\Delta x_i, A_i$) 合并，并按 Δx_i 的大小重新排列，就得到了一条完整的刀刃曲线

$$\Delta x_i = f(A_i)$$

⑦ 对刀刃曲线滤波后,即可逐点求导求出线扩散函数,而线扩散函数傅里叶变换的模即为调制传递函数。

显然,在调制传递函数的测定过程中,滤波是重要的技术关键。在我国,应用调制传递函数理论评定成像系统构像质量的工作起步较晚,但由于这种方法不但能用于像质的评价,而且对成像系统的检定和调试提供了新的技术手段,因此是一个值得深入开拓的研究领域。

7.9 遥感影像质量评价方法

7.9.1 遥感影像质量主客观评价

多年来,对影像像质的评价一直存在着两种观点。一种观点认为任何影像都是给人看的,因此应该采用目视评估的方法(或称为主观评定)。以目视评估为基础,根据统计数据而制定标准。融合影像质量评价常离不开视觉评价,这是不可缺少的。它具有直观的优点,可通过直接比较影像差异来判断光谱是否扭曲和空间信息(如纹理、空间结构等)的传递性能。但因为人的视觉对影像上的各种变化并不都敏感,影像的视觉质量强烈地取决于观察者,具有主观性、不全面性。另一种观点认为,主观评定方法不全面,有一定片面性,而且也经不起重复检查,因为当观测条件变化时,评定的结果有可能产生差异,因此提出了许多不受评估人员影响的客观评价方法。如反映亮度信息的影像均值、反映空间细节信息的信息熵、均方梯度反映光谱信息的偏差、相关系数等。但是,客观评价问题也受一定条件的限制,原因是:同一融合算法对不同类型的图像其融合效果不同,同一融合算法对同一图像观察者感兴趣的部分不同,则认为效果不同;不同的应用方面,对图像的各项参数的要求不同,导致选取的融合方法不同。很显然,这些方法在很大程度上都无法与人眼的视觉理论(HVS)统一起来。基于以上结论,从20世纪70年代以来,许多学者开始致力于寻找一种数学模型来模拟人眼的视觉系统,但令人遗憾的是,目前还没有一个模型能很好地符合 HVS 的理论。因此,无论哪一种评价方法都存在着一定的局限性,如何使主观评定和客观评定有机地结合起来,是今后值得注意的研究方向。

7.9.2 评价融合影像质量和融合方法性能的指标

假设影像大小为 $m \times n$,灰度范围是 $[0,255]$,$M(x,y)$ 代表低分辨率的多光谱影像,$F(x,y)$ 代表融合得到的影像。

1. 熵与联合熵

图像信息熵是衡量图像信息丰富程度的一个重要指标。通过对图像信息熵的比较,可以对比出图像的细节表现能力,可以反映空间细节信息。熵的大小,反映了图像携带的信息量的多少。融合图像的熵值越大,说明融合图像携带的信息量越大。

根据仙农[Shannon]信息论原理,一幅8比特位表示的影像 x 的熵为:

$$H(x) \sum_{i=0}^{255} P_i \log_2 P_1 \quad (比特) \tag{7-9-1}$$

式中:P_i 为影像像素灰度值为 I 的概率。同理,二、三、四幅影像的联合熵分别为:

$$H(x_1,x_2) = \sum_{i_1,i_2=0}^{255} P_{i_1 i_2} \log_2 P_{i_1 i_2}$$

$$H(x_1,x_2,x_3) = \sum_{i_1,i_2,i_3=0}^{255} P_{i_1i_2i_3}\log_2 P_{i_1i_2i_3} \qquad (7\text{-}9\text{-}2)$$

$$H(x_1,x_2,x_3,x_4) = \sum_{i_1,i_2,i_3,i_4=0}^{255} P_{i_1i_2i_3i_4}\log_2 P_{i_1i_2i_3i_4}$$

式中：$P_{i_1i_2}$ 为影像 x_1 中像素灰度为 i_1 与影像 x_2 中同名像素灰度为 i_2 时的联合概率，$P_{i_1i_2i_3}$、$P_{i_1i_2i_3i_4}$ 亦类推。

一般来说，$H(x)$、$H(x_1,x_2)$、$H(x_1,x_2,x_3)$ 和 $H(x_1,x_2,x_3,x_4)$ 越大，影像（或影像组）所含信息越丰富。因此可用信息量来评价影像信息增加程度。

2. 平均梯度

平均梯度是敏感地反映影像对微小细节反差表达的能力，反映出图像的清晰度。其计算公式为：

$$g = \frac{1}{(m-1)(n-1)} \sum_{i=1}^{(m-1)(n-1)} \sqrt{\left[\left(\frac{\Delta Fx}{\Delta x}\right)^2 + \left(\frac{\Delta Fy}{\Delta y}\right)^2\right]/2} \qquad (7\text{-}9\text{-}3)$$

一般来说，g 越大，表明影像越清晰。因此可以用来评价融合影像和原影像在微小细节表达能力上的差异。

3. 偏差与相对偏差

偏差 D_1 是表示融合影像原始分辨率多光谱影像在光谱信息上的偏离程度，是指原始影像 $M(x,y)$ 像素灰度平均值与融合影像 $F(x,y)$ 像素灰度平均之差，亦可以说是原始影像 $M(x,y)$ 与融合影像 $F(x,y)$ 之差影像的灰度平均值。表达式如下：

$$D_1 = \overline{M}(x,y) - \overline{F}(x,y) = \frac{1}{mn}\sum_{x=1}^{m}\sum_{y=1}^{n}(M(x,y) - F(x,y)) \qquad (7\text{-}9\text{-}4)$$

D_1 反映融合影像与原多光谱影像光谱特征变化的平均程度。理想的情况下，$D_1=0$。

此外，还可以用它反映每一地物覆盖类型融合后的光谱差异程度。

相对偏差是融合影像各个像素灰度值与原多光谱影像相应像素灰度值差的绝对值同原多光谱影像相应像素灰度之比的平均值，表达式如下：

$$D_2 = \frac{1}{mn}\sum_{x=1}^{m}\sum_{y=1}^{n}\frac{|M(x,y) - F(x,y)|}{M(x,y)} \qquad (7\text{-}9\text{-}5)$$

D_2 的大小表示在融合影像与原多光谱影像平均灰度值的相对差异，可反映出融合方法将高空间分辨率影像的细节传递给融合影像的能力，反映图像的光谱信息。

4. 差方差 D_3

差方差是融合影像的方差与相应原多光谱影像的方差之差，表达式如下：

$$D_3 = \sigma_F^2 - \sigma_M^2 \qquad (7\text{-}9\text{-}6)$$

一般地，$D_3 \geq 0$，D_3 表示空间分辨率增强时损失或增加的信息多少，与信息量具有相同的含义。由于它同时包含光谱值的变化和空间信息增加程度，因此具有模糊性。D_3 只是在一定意义上能反映融合影像空间信息增加程度。

5. 相关系数 ρ

融合的影像与相应多光谱影像的相关系数 ρ 能反映融合影像同原多光谱影像光谱特征相似程度，亦即保光谱特性能力。

$$\rho = \frac{\sum_{x=1}^{m}\sum_{y=1}^{n}(M(x,y)-\overline{M}(x,y)(F(x,y)-\overline{F}(x,y))}{\sqrt{\sum_{x=1}^{m}\sum_{y=1}^{n}(M(x,y)-\overline{M}(x,y))}\sqrt{\sum_{x=1}^{m}\sum_{y=1}^{n}(F(x,y)-\overline{F}(x,y))^2}} \quad (7\text{-}9\text{-}7)$$

通过比较融合增强前后的图像相关系数，可以看出多光谱信息改变程度。采用分量替换融合法进行融合时，光谱特征保持程度依赖于高分辨率影像和被替换分量影像相关系数的大小，是衡量分量替换融合法保光谱特性能力的因子。

融合影像与高分辨率影像的相关系数能反映融合影像空间分辨率改善程度。

6. 标准偏差 σ

标准偏差是融合的影像与相应多光谱影像的差。影像的标准偏差 σ 计算公式如下：

$$\sigma = \sqrt{\frac{1}{mn}\sum_{x=1}^{m}\sum_{y=1}^{n}(M(x,y)-\overline{M}(x,y))} \quad (7\text{-}9\text{-}8)$$

σ 反映影像所有像素值或某一区域像素值是否以同样方式变化及其变化强度。

调制传递函数的测定过程，是比较难实现的。为了评价遥感融合影像质量和各种融合方法的优缺点，理论上必须具备一套客观的、全面的评价指标。采用高空间分辨率影像和低空间分辨率多光谱影像融合的主要目标是获取高分辨率多光谱影像，因此对融合影像进行客观分析与质量评价，需要客观与主观的定量评价标准相结合进行综合评价，即对融合影像质量在主观定性的目视评价基础上，进行客观定量评价。目前，对遥感融合影像的客观定量评价还没有一套完全的理论体系，尚处于研究阶段。

主要参考文献

[1] 宣家斌. 航空与航天摄影技术[M]. 北京:测绘出版社,1992.
[2] 姜挺,龚志辉. 航天遥感空间系统.[M]. 北京:解放军出版社,2003.
[3] 钱曾波,刘静宇,肖国超. 航天摄影测量[M]. 北京:解放军出版社,1992.
[4] 梅安新,彭望琭,秦其明,刘慧平. 遥感导论[M]. 北京:高等教育出版社,2002.
[5] 张祖勋. 航空数码相机及其有关问题[J]. 测绘工程,2004(4).
[6] 勾志阳,赵红颖,晏磊. 无人机航空摄影质量评价[J]. 摄影技术. 2007(2).
[7] 文钱俊,孙艳华. 数码相机的曝光[J]. 技术应用,2004(6).
[8] 周云. CCD相机的像移补偿技术[J]. 激光与红外,2005(9).
[9] 俞浩清. 摄影与空中摄影[M]. 北京:测绘出版社,1985.
[10] R.G.利文斯基主编,沈鸣岐、盛德行译. 航空摄影机[M]. 北京:测绘出版社,1985.
[11] 叶金山,等. 大比例尺航空摄影质量评价[J]. 测绘通报,1999(1).

主要参考文献

[1] 范永新. 烟火药[M]. 北京: 海潮出版社, 1992.
[2] 李汀源. 烟火药及礼花弹[M]. 北京: 兵器工业出版社, 2002.
[3] 松永猛裕, 田村昌三, 吉田忠雄. 烟火药燃烧机理[M]. 上海: 劳动部 劳保所译, 1992.
[4] 潘功配, 杨硕, 关华, 等. 高等烟火学[M]. 哈尔滨: 哈尔滨工业大学出版社, 2005.
[5] 张志江. 基于视觉原理及其评估的烟花设计[D]. 南京理工大学, 2004.
[6] 孙也尊, 潘功配, 陆瑶. 无火药焰色焰花药配方设计[J]. 火工品, 2007, 2.
[7] 叶迎华. 烟火技术[M]. 南京理工大学校内教材, 2008 (6).
[8] 潘功配. CCD 摄相机用于燃烧温度测量[J]. 光学仪器, 2005, (4).
[9] 奥村正二. 烟花技术心得[M]. 北京: 国防出版社, 1958.
[10] 田中、松永猛裕, 等. 烟花燃烧温度[C]. 东京: 火药学会, 1992.
[11] 潘功配, 等. 无烟无味环保型烟花[J]. 花炮科技与市场, 1999 (5).